建筑结构检测鉴定案例分析

主　编　魏建友　杜　江　施同飞
副主编　谢　文　刘晓晨　逯　曦

中国建材工业出版社
北　京

图书在版编目（CIP）数据

建筑结构检测鉴定案例分析/魏建友，杜江，施同飞主编；谢文，刘晓晨，逯曦副主编．--北京：中国建材工业出版社，2024.3

ISBN 978-7-5160-3767-6

Ⅰ.①建… Ⅱ.①魏… ②杜… ③施… ④谢… ⑤刘… ⑥逯… Ⅲ.①建筑结构—检测②建筑结构—鉴定 Ⅳ.①TU3

中国国家版本馆 CIP 数据核字（2023）第 109692 号

建筑结构检测鉴定案例分析

JIANZHU JIEGOU JIANCE JIANDING ANLI FENXI

主　编　魏建友　杜　江　施同飞

副主编　谢　文　刘晓晨　逯　曦

出版发行：中国建材工业出版社

地　　址：北京市海淀区三里河路 11 号

邮　　编：100831

经　　销：全国各地新华书店

印　　刷：北京印刷集团有限责任公司

开　　本：787mm×1092mm　1/16

印　　张：18.25

字　　数：400 千字

版　　次：2024 年 3 月第 1 版

印　　次：2024 年 3 月第 1 次

定　　价：80.00 元

本社网址：www.jccbs.com，微信公众号：zgjcgycbs

前　言

随着我国建筑业快速发展，人们对房屋建筑的使用需求也越来越高，建筑行业作为我国的基础性行业，承担着维系经济社会基础运行的重要角色，而对建筑结构进行检测鉴定工作，也成为建筑结构自身安全性和稳固性的重要保障。房屋建筑工程质量在建设过程中会因为受到设计、施工和管理等多方面的影响而存在安全隐患。房屋的结构一旦出现损坏，久而久之会严重影响房屋自身的安全。为了确保房屋结构在各阶段的工作状态，需要定期开展房屋建筑结构检测鉴定。

建筑结构检测鉴定是在建筑工程推进过程中检验建筑结构是否合格、安全性和质量水平是否达标的重要手段。对于其应用现状及发展趋势的相关探讨，不仅有利于深化行业认知，提高从业人员对于这项技术相关作用机制的了解程度，还有利于在深化认知的过程当中发现新的发展空间，增添发展活力。同时，有利于当前建筑结构检测鉴定工作的经验积累，使得建筑行业的发展更具理论化水平和前瞻性视野，符合我国可持续发展战略的经济要求。

对建筑结构进行检测与鉴定，结合检测规范、标准条例对建筑主体结构的安全度、耐久性进行科学评定，全面分析建筑结构安全质量的影响因素，就上述影响因素制定加固处理建议，对已产生的经济损失应移交主管部门进行处理。最后，组织人员编写检测鉴定报告，检测鉴定报告内容主要涉及建筑物工程现状以及责任主体、检测鉴定目的、内容与范围、复核及计算结果，按照相关规范作出建筑工程质量、安全度和耐久性的评价等。然而检测鉴定报告中往往存在一些问题：对鉴定的建筑物的实际情况调查不清，资料收集不全，对无资料的老旧建筑所需的现场调查、检测、基础勘测等有效手段补充不足，导致鉴定的结论不全面、不准确；对建筑材料强度等级检测方法单一，没有考虑与其他手段的结合，相关重要构件没有进行检测，导致得出的结论反映深度不够、验算不准，容易留下安全隐患；有的鉴定报告给出的鉴定结论模糊、不明确、表述不清楚等。

中国国检测试控股集团股份有限公司作为中央企业系统内检验认证主板上市公司，拥有雄厚的技术实力、先进的检测设备和丰富的工程检测鉴定经验，完成了大量高水平的检测鉴定工作。本书从众多实际案例中优选出 13 个案例，分为安全性鉴定、抗震鉴定、危房鉴定、既有幕墙鉴定、司法鉴定和安全评估六部分，涉及混凝土结构、砌体结构、钢结构等结构形式。

本书可供相关从业人员参考，因编者水平有限，书中难免存在缺点和不足之处，敬请读者不吝指正。

编　者

2023 年 12 月

目　录

第一部分　安全性鉴定

第二部分　抗震鉴定

第三部分　危房鉴定

第四部分　既有幕墙鉴定

第五部分　司法鉴定

第六部分　安全评估

第一部分

安全性鉴定

第一章　混凝土结构

案例一　某公建楼安全性鉴定

一、房屋建筑概况

（一）一号公建楼

该项目位于北京市海淀区某小区。一号公建楼为地下一层和地上五层，地下一层至四层原为钢筋混凝土框架结构，建成于2003年，地上部分建筑总长度约为48.0m，总宽度约为19.6m，建筑高度约为19.5m，该建筑原结构设计单位为佳利德建筑有限公司，委托方提供了原结构设计图纸资料。

2013年，一号公建楼顶层加建了局部钢结构，并对一至四层部分框架梁两端进行粘贴钢板加固，部分楼板进行增设钢梁加固，加固改造工程设计单位为北京建工建筑设计研究院，委托方提供了部分加固改造图纸资料。

1. 根据委托方提供的图纸资料，一号公建楼房屋原结构概况如下。

（1）地基基础：该建筑采用天然地基，地基承载力特征值为300kPa，基础为筏板基础。

（2）上部承重结构：地下一层钢筋混凝土梁、柱、墙承重，梁、柱、墙混凝土强度等级设计值均为C45，受力钢筋采用HRB400，楼盖采用现浇钢筋混凝土板，混凝土强度等级设计值为C45，受力钢筋采用HRB400，地下一层顶板厚300mm，地下一层夹层顶板厚100mm；地上一层至地上四层钢筋混凝土梁、柱承重，梁、柱混凝土强度等级设计值均为C35，受力钢筋采用HRB400，楼盖采用现浇钢筋混凝土板，混凝土强度等级设计值为C35，受力钢筋采用HRB400，楼板厚均为120mm。

（3）围护承重结构：围护墙体采用轻质混凝土砌块墙。

2. 原结构改造情况概述如下。

2013年，一号公建楼进行了加固改造。其中，一层至四层部分框架梁两端进行粘贴钢板加固，钢材强度等级为Q235，部分楼板进行增设钢梁加固，钢梁采用热轧H型钢；顶层加建了局部钢框架结构，采用钢梁、钢柱承重，均采用热轧H型钢，钢材强度等级为Q235，其中⑨-⑩/Ⓒ-Ⓓ区域屋盖采用压型钢板组合屋盖板，⑥-⑧/Ⓒ-Ⓓ区域屋盖采用钢化玻璃阳光棚，其他钢框架区域屋盖均为钢檩条＋加芯保温板结构。

（二）二号公建楼

二号公建楼为地下一层和地上四层钢筋混凝土框架结构，建成于2003年，建筑总长度约为28.8m，总宽度约为28.8m，建筑高度约为16.0m，该建筑结构设计单位为佳利德建筑有限公司，委托方提供了结构设计图纸资料。

根据委托方提供的图纸资料，二号公建楼房屋概况如下。

(1) 地基基础：该建筑采用天然地基，地基承载力特征值为 300kPa，基础为筏板基础。

(2) 上部承重结构：地下一层至地上一层钢筋混凝土梁、柱承重，梁、柱混凝土强度等级设计值均为 C35，受力钢筋采用 HRB335，楼盖采用现浇钢筋混凝土板，混凝土强度等级设计值为 C35，受力钢筋采用 HRB335，地下一层及地上一层顶板厚 180mm；地上二层至地上四层钢筋混凝土梁、柱承重，梁、柱混凝土强度等级设计值均为 C25，受力钢筋采用 HRB335，楼、屋盖采用现浇钢筋混凝土板，混凝土强度等级设计值为 C25，受力钢筋采用 HRB335，楼、屋盖板厚均为 180mm。

(3) 围护承重结构：围护墙体采用轻质混凝土砌块墙。

为充分了解一号公建楼和二号公建楼建筑结构主体安全性能，委托方特委托中国建材检验认证集团股份有限公司对一号公建楼和二号公建楼进行安全性鉴定。

建筑实景如图 1-1、图 1-2 所示，平面布置及加固形式如图 1-3～图 1-13 所示。

图 1-1　一号公建楼建筑外观

图 1-2　二号公建楼建筑外观

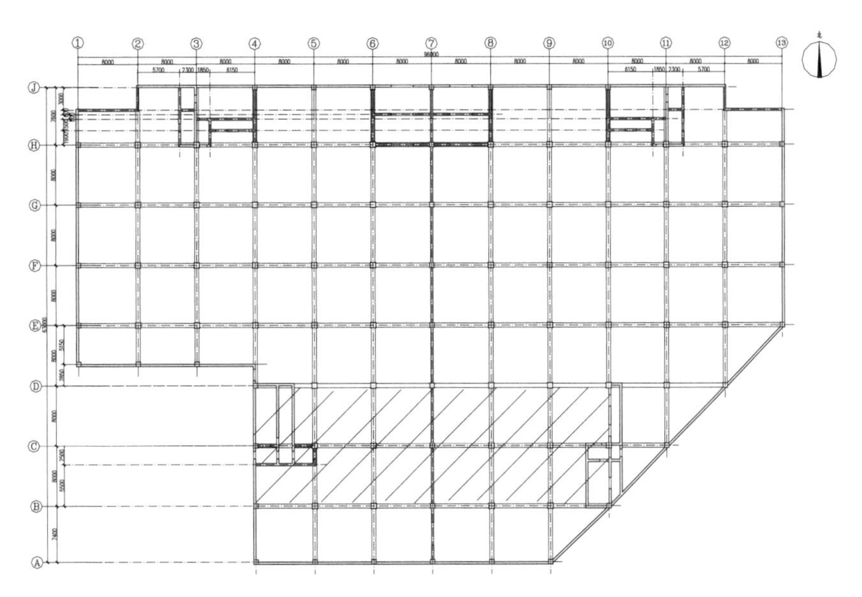

图 1-3　一号公建楼地下一层结构平面布置图（单位：mm）
（阴影区域为夹层，夹层梁顶标高为－0.05m；除夹层外，梁顶标高为－1.55m）

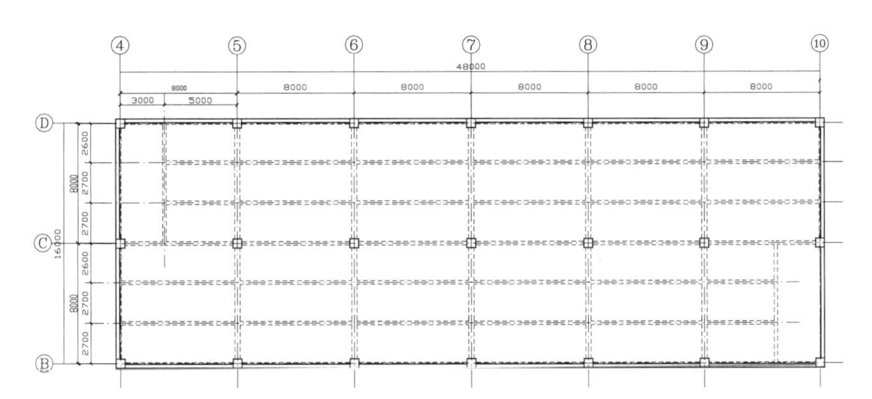

图 1-4　一号公建楼地下一层夹层结构平面布置图（单位：mm，夹层梁顶标高为－0.05m）

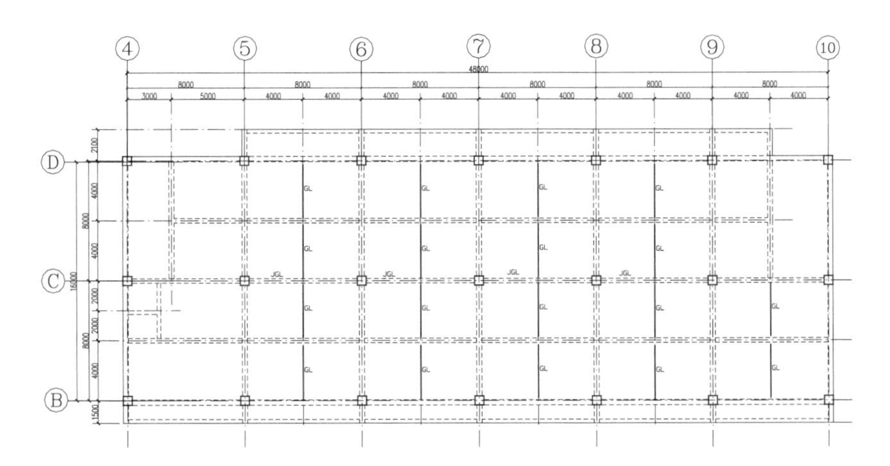

图 1-5　一号公建楼一层结构平面布置图（单位：mm，梁顶标高为 3.9m）
注：GL 表示增设钢梁 HN 300×150×6.5×9，JGL 表示粘贴钢板加固的混凝土梁，其他构件均为原结构构件。

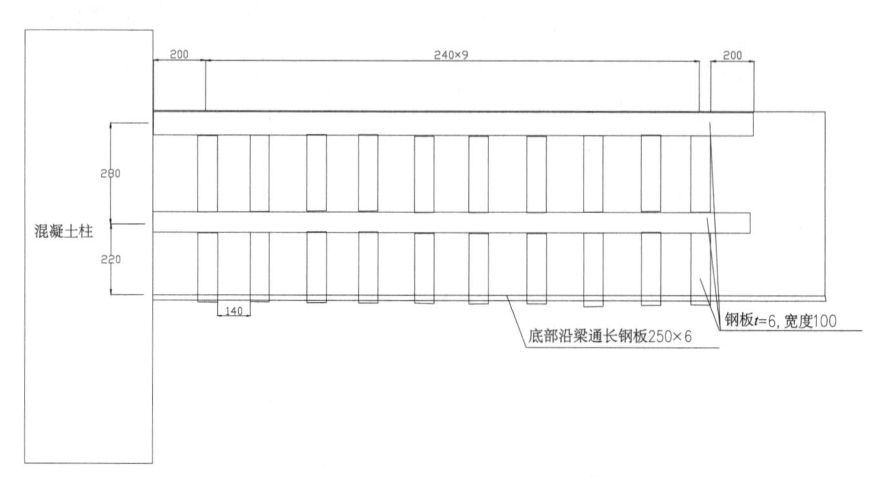

图 1-6　框架梁两端粘贴钢板加固形式示意图（单位：mm）

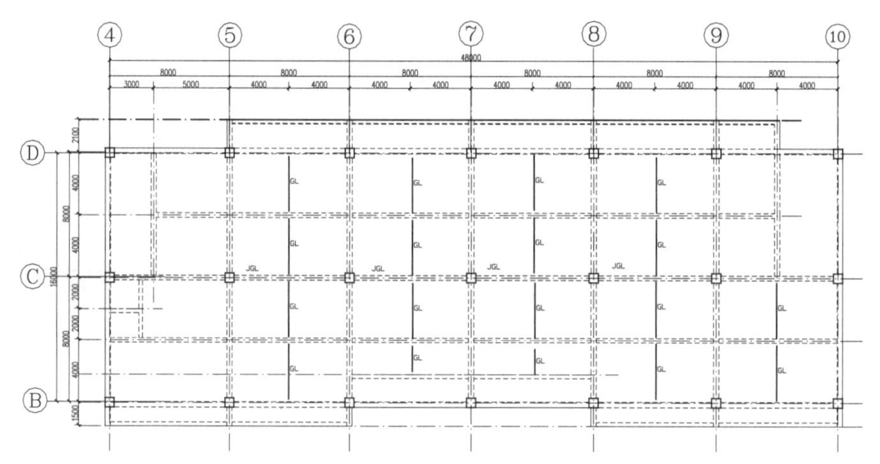

图 1-7　一号公建楼二层结构平面布置图（单位：mm，梁顶标高为 7.9m）

注：GL 表示增设钢梁 HN300×150×6.5×9，JGL 表示粘贴钢板加固的混凝土梁，其他构件均为原结构构件。

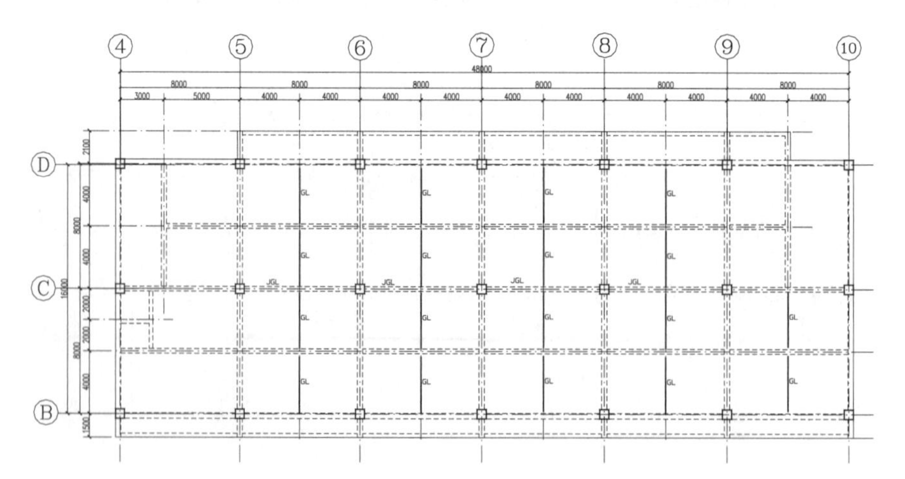

图 1-8　一号公建楼三层结构平面布置图（单位：mm，梁顶标高为 11.9m）

注：GL 表示增设钢梁 HN300×150×6.5×9，JGL 表示粘贴钢板加固的混凝土梁，其他构件均为原结构构件。

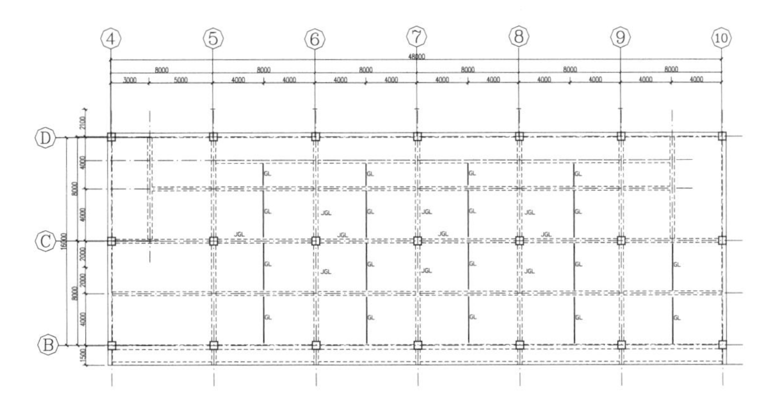

图 1-9 一号公建楼四层结构平面布置图（单位：mm，梁顶标高为 16.0m）

注：GL 表示增设钢梁 HN300×150×6.5×9，JGL 表示粘贴钢板加固的混凝土梁，其他构件均为原结构构件。

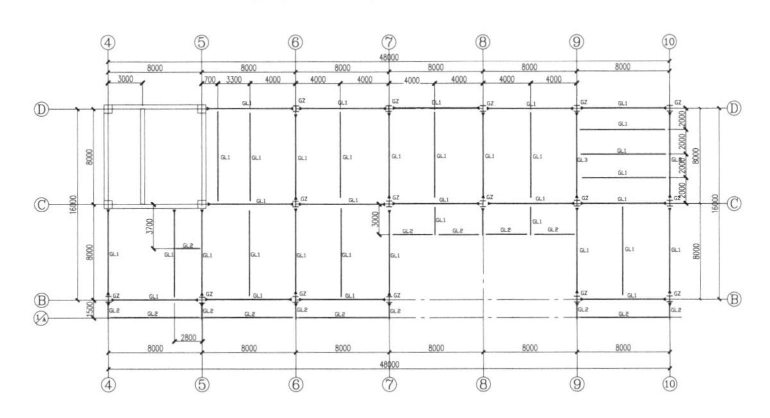

图 1-10 一号公建楼五层结构平面布置图（单位：mm，梁顶标高为 19.6m）

注：GL1 表示钢梁 HN400×200×8×13，GL2 表示钢梁 HN300×150×6.5×9，GL3 表示钢梁 HN500×200×10×16，GZ 表示钢柱 HW300×300×10×15。

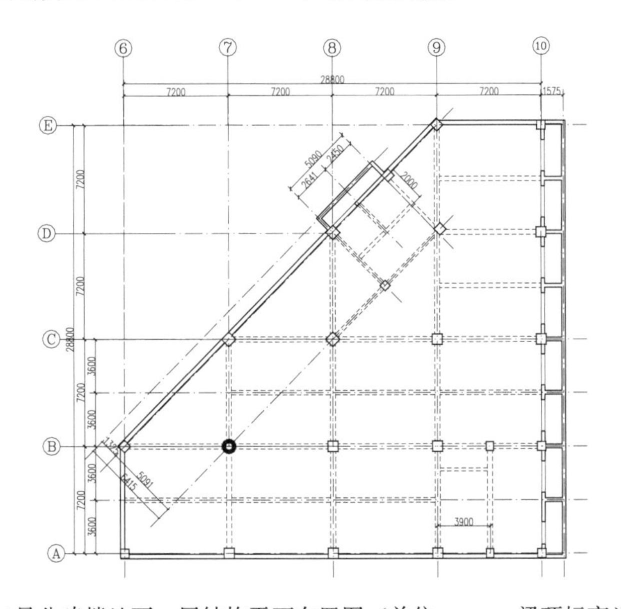

图 1-11 二号公建楼地下一层结构平面布置图（单位：mm，梁顶标高为－0.08m）

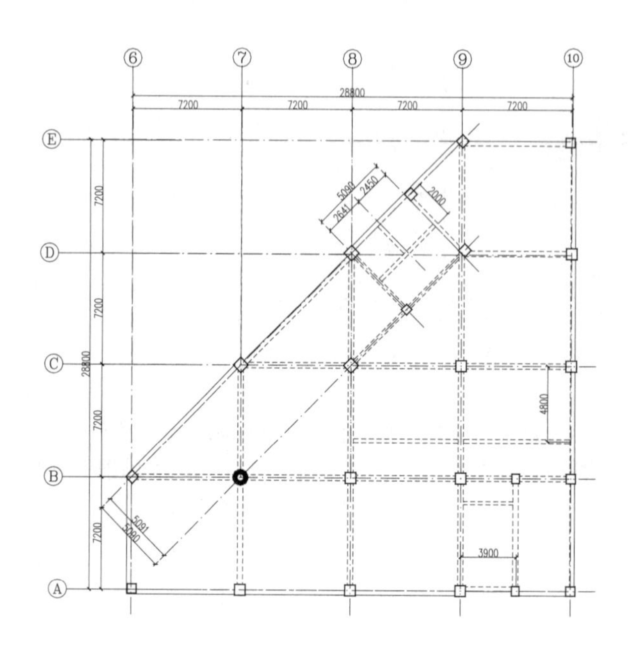

图 1-12　二号公建楼一层至三层结构平面布置图（单位：mm，梁顶标高分别为 4.52m、8.32m、12.12m）

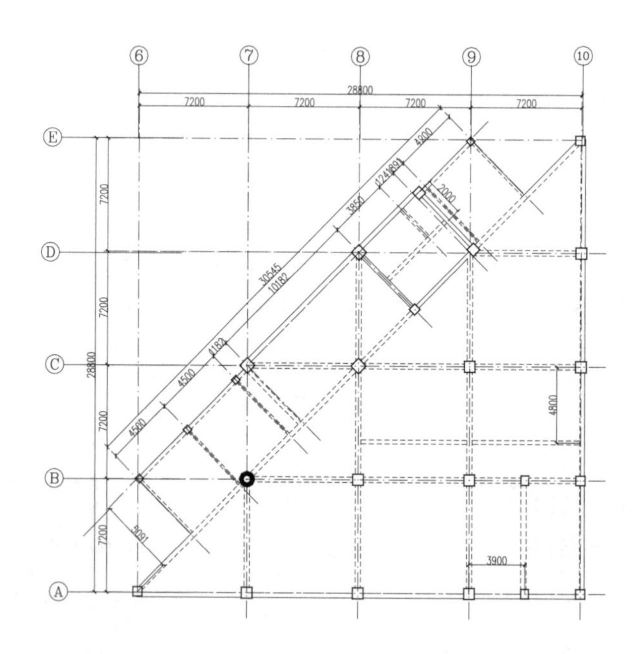

图 1-13　二号公建楼四层结构平面布置图（单位：mm，梁顶标高为 16.0m）

二、鉴定范围和内容

（1）建筑环境及结构现状检查。

对建筑结构使用条件与环境进行核查。

（2）地基、基础。

对建筑物现状及沉降、变形等情况进行检查。

（3）上部承重结构现状检查。

（4）围护结构承重部分现状检查。

（5）上部承重结构检测。

①采用回弹法对柱、梁混凝土强度进行抽样检测。

②在满足检测条件下，对梁、柱构件钢筋配置情况进行抽样检测。

③在满足检测条件下，对梁、柱构件截面尺寸进行抽样检测。

④采用回弹法对钢柱、钢梁及加固钢板钢材强度进行抽样检测。

⑤在满足检测条件下，对钢梁、钢柱构件截面尺寸进行抽样检测。

⑥在满足检测条件下，使用经纬仪对建筑整体倾斜进行检测。

（6）房屋整体承载力计算。

（7）房屋安全性鉴定。

根据检查、检测结果，依据《民用建筑可靠性鉴定标准》（GB 50292—2015）对该项目所属一号公建楼和二号公建楼结构安全性能进行鉴定，并提出相关处理意见。

三、检测鉴定的依据和设备

（一）检测鉴定依据

（1）《建筑结构检测技术标准》（GB/T 50344—2019）。

（2）《混凝土结构工程施工质量验收规范》（GB 50204—2015）。

（3）《回弹法检测混凝土抗压强度技术规程》（JGJ/T 23—2011）。

（4）《混凝土中钢筋检测技术标准》（JGJ/T 152—2019）。

（5）《钢结构工程施工质量验收标准》（GB 50205—2020）。

（6）《钢结构现场检测技术标准》（GB/T 50621—2010）。

（7）《金属材料　里氏硬度试验　第1部分：试验方法》（GB/T 17394.1—2014）。

（8）《黑色金属硬度及强度换算值》（GB/T 1172—1999）。

（9）《建筑结构荷载规范》（GB 50009—2012）。

（10）《建筑结构加固工程施工质量验收规范》（GB 50550—2010）。

（11）《混凝土结构加固设计规范》（GB 50367—2013）。

（12）《民用建筑可靠性鉴定标准》（GB 50292—2015）。

（13）委托单、委托方提供的图纸资料。

（二）检测设备

（1）一体式数字回弹仪（ZT-170、171、172、173、174、175）。

（2）钢筋探测仪（ZT-120）。

（3）数显碳化深度尺（ZT-208）。

（4）钢卷尺（ZT-198）。

（5）里氏硬度计（GJ-068）。

（6）超声波测厚仪（GJ-064）。

（7）激光测距仪（ZT-080）。

（8）经纬仪（ZT-113）。

（9）数码相机。

四、现场检查、检测情况

（一）一号公建楼

2021年3月12日至3月19日对一号公建楼现状进行现场检查、检测，具体结果如下。

1. 建筑结构使用条件与环境核查

经现场检查和调查，该建筑设计使用功能为民用建筑，实际使用功能为办公楼；建筑使用环境未发生明显变化，结构构件所处环境类别、条件未发生明显改变；2013年，一号公建楼顶层加建了局部钢框架结构，并对一层至四层部分框架梁两端进行粘贴钢板加固，部分楼板进行增设钢梁加固。

经现场检查测量，该建筑地下一层除夹层区域外，顶板的覆土厚度约为1.5m。

2. 建筑地基、基础现状调查

通过现场结构现状检查，未发现该建筑有影响房屋安全的明显沉降和变形，未发现由于地基承载力不足或不均匀沉降所造成的构件开裂和损伤。

3. 上部承重结构现状检查

一号公建楼原结构地下一层至四层为钢筋混凝土框架结构，采用钢筋混凝土梁、柱承重，楼盖采用现浇钢筋混凝土板。

2013年，一层至四层部分框架梁两端进行了粘钢板加固，一层至四层部分楼板进行了增设钢梁加固，楼板增设钢梁与原混凝土梁连接方式为螺栓连接（铰接），五层增建局部钢框架结构，采用钢梁、钢柱承重，均采用热轧H型钢，钢构件与原混凝土构件预埋件、钢梁柱连接方式为刚接，主次梁构件连接方式为螺栓连接（铰接），⑨-⑩/Ⓒ-Ⓓ区域屋盖为压型钢板组合屋盖板，⑥-⑧/Ⓒ-Ⓓ区域屋盖为钢化玻璃阳光棚，其他钢框架区域屋盖均为钢檩条＋加芯保温板结构。

经现场检查，一号公建楼结构体系合理，地下一层至四层主要混凝土承重构件外观质量基本完好，未发现明显的倾斜、歪扭等现象以及明显影响结构安全性的缺陷及损伤，构件连接节点未见明显异常，各层楼板构件未见明显异常。

原结构一层至四层加固框架梁现状未见明显异常，一层至四层楼板增设钢梁现状完好，涂层基本完整，与原混凝土构件连接未见明显异常，五层加建钢结构体系较为合理，大部分钢构件外观质量基本完好，涂层基本完整，钢构件连接现状完好，主要承重钢构件未发现明显的变形、弯曲等现象以及明显影响结构安全性的缺陷及损伤。个别钢构件的一般锈蚀损伤见表1-1。

表1-1 损伤情况检查结果

序号	损伤部位	损伤描述	照片编号
1	1＃地上五层⑦/Ⓒ钢柱	钢柱脚表面锈蚀明显	照片1
2	1＃地上五层④/Ⓑ钢柱	钢柱脚表面锈蚀明显	照片2
3	1＃地上五层⑦/Ⓑ-Ⓒ钢梁	钢梁表面锈蚀明显	照片3

续表

序号	损伤部位	损伤描述	照片编号
4	1＃地上五层⑨/Ⓑ-Ⓒ钢梁	钢梁表面锈蚀明显	照片 4
5	1＃地上五层⑥-⑦/Ⓑ钢梁	钢梁表面锈蚀明显	照片 5

照片 1　1＃地上五层⑦/Ⓒ钢柱脚表面锈蚀明显

照片 2　1＃地上五层④/Ⓑ钢柱脚表面锈蚀明显

照片 3　1＃地上五层⑦/Ⓑ-Ⓒ钢梁表面锈蚀明显

照片 4　1＃地上五层⑨/Ⓑ-Ⓒ钢梁表面锈蚀明显

照片 5　1＃地上五层⑥-⑦/Ⓑ钢梁表面锈蚀明显

4. 围护结构承重部分现状检查

经现场检查，一号公建楼围护结构承重构件外观质量基本完好，未发现明显的倾斜、歪扭等现象以及明显影响结构安全性的缺陷及损伤。现场检查情况如图 1-14、图 1-15 所示。

图 1-14　一号公建楼二层室内隔墙现状未见明显异常

图 1-15　一号公建楼夹芯彩钢板屋面板未见明显异常

5. 上部承重结构现场检测结果

（1）原结构混凝土强度

采用回弹法对一号公建楼可检区域内构件混凝土强度进行抽检检测。应委托方要求不进行混凝土钻芯取样修正。依据《民用建筑可靠性鉴定标准》（GB 50292—2015）附录 K 中老龄混凝土回弹值龄期修正的规定，混凝土浇筑时间约为 2003 年，依据表 K. 0. 3 混凝土抗压强度换算值修正系数取 0. 94，检测结果见表 1-2、表 1-3。

表 1-2　回弹法批量检测混凝土强度评定汇总（一号公建楼柱）

检验批	序号	构件名称及位置	批抗压强度换算值/MPa			设计强度等级
			测区强度平均值	标准差	换算强度平均值	
一号公建楼地下一层柱	1	1＃地下一层柱⑥/Ⓑ	50. 6	1. 88	47. 5	C45
	2	1＃地下一层柱⑥/Ⓒ				
	3	1＃地下一层柱⑦/Ⓒ				
	4	1＃地下一层柱⑧/Ⓒ				
	5	1＃地下一层柱⑥/Ⓓ				
	6	1＃地下一层柱⑧/Ⓓ				
	7	1＃地下一层柱⑨/Ⓓ				
	8	1＃地下一层柱②/Ⓔ				
	9	1＃地下一层柱⑥/Ⓔ				
	10	1＃地下一层柱⑫/Ⓔ				
	11	1＃地下一层柱④/Ⓕ				
	12	1＃地下一层柱⑥/Ⓕ				
	13	1＃地下一层柱⑧/Ⓕ				
	14	1＃地下一层柱⑨/Ⓕ				
	15	1＃地下一层柱⑫/Ⓕ				
	16	1＃地下一层柱④/Ⓖ				
	17	1＃地下一层柱⑤/Ⓖ				
	18	1＃地下一层柱⑧/Ⓖ				
	19	1＃地下一层柱⑩/Ⓖ				
	20	1＃地下一层柱⑪/Ⓖ				

续表

检验批	序号	构件名称及位置	批抗压强度换算值/MPa			设计强度等级
			测区强度平均值	标准差	换算强度平均值	
一号公建楼一层至二层柱	1	1#地上一层柱⑤/Ⓑ	45.0	2.25	41.3	C35
	2	1#地上一层柱⑥/Ⓑ				
	3	1#地上一层柱⑦/Ⓑ				
	4	1#地上一层柱④/Ⓒ				
	5	1#地上一层柱④/Ⓓ				
	6	1#地上一层柱⑩/Ⓒ				
	7	1#地上二层柱④/Ⓒ				
	8	1#地上二层柱④/Ⓓ				
	9	1#地上二层柱⑦/Ⓑ				
	10	1#地上二层柱⑩/Ⓒ				
一号公建楼三层至四层柱	1	1#地上三层柱⑩/Ⓒ	43.1	2.52	39.0	C35
	2	1#地上三层柱⑩/Ⓓ				
	3	1#地上三层柱⑦/Ⓑ				
	4	1#地上三层柱④/Ⓒ				
	5	1#地上三层柱④/Ⓓ				
	6	1#地上四层柱⑩/Ⓒ				
	7	1#地上四层柱④/Ⓒ				
	8	1#地上四层柱④/Ⓓ				
	9	1#地上四层柱⑥/Ⓑ				
	10	1#地上四层柱⑩/Ⓒ				

检测结果表明，以上各批次柱混凝土强度推定值符合设计要求。

表 1-3　回弹法批量检测混凝土强度评定汇总（一号公建楼梁）

检验批	序号	构件名称及位置	批抗压强度换算值/MPa			设计强度等级
			测区强度平均值	标准差	换算强度平均值	
一号公建楼地下一层梁	1	1#地下一层梁⑤/Ⓒ-Ⓓ	50.2	2.20	46.6	C45
	2	1#地下一层梁⑤/Ⓑ-Ⓒ				
	3	1#地下一层梁⑤-⑥/Ⓒ				
	4	1#地下一层梁⑥/Ⓒ-Ⓓ				
	5	1#地下一层梁⑥/Ⓑ-Ⓒ				
	6	1#地下一层梁⑥-⑦/Ⓒ				
	7	1#地下一层梁⑦/Ⓒ-Ⓓ				

续表

<table>
<tr><th rowspan="2">检验批</th><th rowspan="2">序号</th><th rowspan="2">构件名称及位置</th><th colspan="3">批抗压强度换算值/MPa</th><th rowspan="2">设计强度等级</th></tr>
<tr><th>测区强度平均值</th><th>标准差</th><th>换算强度平均值</th></tr>
<tr><td rowspan="13">一号公建楼地下一层梁</td><td>8</td><td>1#地下一层梁⑦/Ⓑ-Ⓒ</td><td rowspan="13">50.2</td><td rowspan="13">2.20</td><td rowspan="13">46.6</td><td rowspan="13">C45</td></tr>
<tr><td>9</td><td>1#地下一层梁⑦-⑧/Ⓒ</td></tr>
<tr><td>10</td><td>1#地下一层梁⑧/Ⓒ-Ⓓ</td></tr>
<tr><td>11</td><td>1#地下一层梁⑧/Ⓑ-Ⓒ</td></tr>
<tr><td>12</td><td>1#地下一层梁⑧-⑨/Ⓒ</td></tr>
<tr><td>13</td><td>1#地下一层梁⑨/Ⓒ-Ⓓ</td></tr>
<tr><td>14</td><td>1#地下一层梁⑨/Ⓑ-Ⓒ</td></tr>
<tr><td>15</td><td>1#地下一层梁⑫-⑬/Ⓗ</td></tr>
<tr><td>16</td><td>1#地下夹层梁⑤/Ⓒ-Ⓓ</td></tr>
<tr><td>17</td><td>1#地下夹层梁⑤/Ⓑ-Ⓒ</td></tr>
<tr><td>18</td><td>1#地下夹层梁⑥/Ⓒ-Ⓓ</td></tr>
<tr><td>19</td><td>1#地下夹层梁⑥/Ⓑ-Ⓒ</td></tr>
<tr><td>20</td><td>1#地下夹层梁⑦/Ⓒ-Ⓓ</td></tr>
<tr><td rowspan="20">一号公建楼一层至二层梁</td><td>1</td><td>1#地上一层梁④/Ⓒ-Ⓓ</td><td rowspan="20">43.8</td><td rowspan="20">2.26</td><td rowspan="20">40.1</td><td rowspan="20">C35</td></tr>
<tr><td>2</td><td>1#地上一层梁⑥/Ⓒ-Ⓓ</td></tr>
<tr><td>3</td><td>1#地上一层梁④-⑤/Ⓒ</td></tr>
<tr><td>4</td><td>1#地上一层梁⑦/Ⓒ-Ⓓ</td></tr>
<tr><td>5</td><td>1#地上一层梁⑦/Ⓑ-Ⓒ</td></tr>
<tr><td>6</td><td>1#地上一层梁⑧/Ⓒ-Ⓓ</td></tr>
<tr><td>7</td><td>1#地上一层梁⑧/Ⓑ-Ⓒ</td></tr>
<tr><td>8</td><td>1#地上一层梁⑨/Ⓒ-Ⓓ</td></tr>
<tr><td>9</td><td>1#地上一层梁⑨-⑩/Ⓓ</td></tr>
<tr><td>10</td><td>1#地上一层梁⑩/Ⓒ-Ⓓ</td></tr>
<tr><td>11</td><td>1#地上二层梁④/Ⓒ-Ⓓ</td></tr>
<tr><td>12</td><td>1#地上二层梁⑥/Ⓒ-Ⓓ</td></tr>
<tr><td>13</td><td>1#地上二层梁④-⑤/Ⓒ</td></tr>
<tr><td>14</td><td>1#地上二层梁⑦/Ⓒ-Ⓓ</td></tr>
<tr><td>15</td><td>1#地上二层梁⑦/Ⓑ-Ⓒ</td></tr>
<tr><td>16</td><td>1#地上二层梁⑧/Ⓒ-Ⓓ</td></tr>
<tr><td>17</td><td>1#地上二层梁⑧/Ⓑ-Ⓒ</td></tr>
<tr><td>18</td><td>1#地上二层梁⑨/Ⓒ-Ⓓ</td></tr>
<tr><td>19</td><td>1#地上二层梁⑨-⑩/Ⓓ</td></tr>
<tr><td>20</td><td>1#地上二层梁⑨/Ⓑ-Ⓒ</td></tr>
</table>

续表

检验批	序号	构件名称及位置	批抗压强度换算值/MPa			设计强度等级
			测区强度平均值	标准差	换算强度平均值	
一号公建楼三层至四层梁	1	1#地上三层梁④/Ⓒ-Ⓓ	42.8	2.33	39.0	C35
	2	1#地上三层梁⑥/Ⓒ-Ⓓ				
	3	1#地上三层梁④-⑤/Ⓒ				
	4	1#地上三层梁④-⑤/Ⓓ				
	5	1#地上三层梁⑦/Ⓑ-Ⓒ				
	6	1#地上三层梁⑧/Ⓒ-Ⓓ				
	7	1#地上三层梁⑧/Ⓑ-Ⓒ				
	8	1#地上三层梁⑨/Ⓒ-Ⓓ				
	9	1#地上三层梁⑨-⑩/Ⓓ				
	10	1#地上三层梁⑩/Ⓒ-Ⓓ				
	11	1#地上三层梁⑨/Ⓑ-Ⓒ				
	12	1#地上四层梁④-⑤/Ⓓ				
	13	1#地上四层梁④-⑤/Ⓒ				
	14	1#地上四层梁④/Ⓒ-Ⓓ				
	15	1#地上四层梁⑨/Ⓒ-Ⓓ				
	16	1#地上四层梁⑩/Ⓒ-Ⓓ				
	17	1#地上四层梁⑨/Ⓑ-Ⓒ				
	18	1#地上四层梁⑨-⑩/Ⓓ				
	19	1#地上四层梁⑨-⑩/Ⓒ				
	20	1#地上四层梁⑧/Ⓑ-Ⓒ				

检测结果表明，以上各批次梁混凝土强度推定值符合设计要求。

（2）原结构钢筋配置

采用钢筋探测仪对一号公建楼梁、柱的钢筋配置进行抽样检测，检测结果见表1-4、表1-5。

表1-4　柱钢筋配置检测汇总（一号公建楼）

序号	构件名称及部位	箍筋间距/mm		单侧主筋根数
		设计值	实测值	实测值/根
1	1#地下一层柱⑥/Ⓑ	200	195	5
2	1#地下一层柱⑥/Ⓒ	200	201	5
3	1#地下一层柱⑦/Ⓒ	200	196	5
4	1#地下一层柱⑧/Ⓒ	200	195	5
5	1#地下一层柱⑥/Ⓓ	200	203	5

续表

序号	构件名称及部位	箍筋间距/mm		单侧主筋根数
		设计值	实测值	实测值/根
6	1#地下一层柱⑧/Ⓓ	200	199	5
7	1#地下一层柱⑨/Ⓓ	200	196	5
8	1#地下一层柱②/Ⓔ	100	108	5
9	1#地下一层柱⑥/Ⓔ	100	97	5
10	1#地下一层柱⑫/Ⓔ	100	98	5
11	1#地下一层柱④/Ⓕ	100	101	5
12	1#地下一层柱⑥/Ⓕ	100	98	5
13	1#地下一层柱⑧/Ⓕ	100	94	5
14	1#地下一层柱⑨/Ⓕ	100	101	5
15	1#地下一层柱⑫/Ⓕ	100	98	5
16	1#地下一层柱④/Ⓖ	100	99	5
17	1#地下一层柱⑤/Ⓖ	100	101	5
18	1#地下一层柱⑧/Ⓖ	100	103	5
19	1#地下一层柱⑩/Ⓖ	100	106	5
20	1#地下一层柱⑪/Ⓖ	100	100	5
21	1#地下一层柱⑩/Ⓔ	100	102	5
22	1#地下一层柱⑪/Ⓔ	100	108	5
23	1#地下一层柱④/Ⓔ	100	107	5
24	1#地下一层柱⑤/Ⓔ	100	103	5
25	1#地上一层柱⑤/Ⓑ	200	203	4
26	1#地上一层柱⑥/Ⓑ	200	205	4
27	1#地上一层柱⑦/Ⓑ	200	202	4
28	1#地上一层柱⑤/Ⓒ	200	191	4
29	1#地上一层柱⑥/Ⓒ	200	194	4
30	1#地上二层柱⑦/Ⓑ	200	203	4
31	1#地上三层柱⑥/Ⓑ	200	199	4
32	1#地上四层柱⑦/Ⓑ	200	194	4

表 1-5　梁箍筋配置、纵筋数量检测汇总（一号公建楼）

序号	构件名称及部位	箍筋间距/mm	
		设计值	实测值
1	1#地下一层梁⑤-⑥/Ⓒ	200	201
2	1#地下一层梁⑥/Ⓒ-Ⓓ	200	201
3	1#地下一层梁⑥/Ⓑ-Ⓒ	200	202

续表

序号	构件名称及部位	箍筋间距/mm	
		设计值	实测值
4	1＃地下一层梁⑥-⑦/Ⓒ	200	206
5	1＃地下一层梁⑦/Ⓒ-Ⓓ	150	151
6	1＃地下一层梁⑦/Ⓑ-Ⓒ	150	156
7	1＃地下一层梁⑦-⑧/Ⓒ	200	203
8	1＃地下一层梁⑧/Ⓒ-Ⓓ	200	203
9	1＃地下一层梁⑧/Ⓑ-Ⓒ	200	204
10	1＃地下一层梁⑧-⑨/Ⓒ	200	197
11	1＃地下一层梁⑨/Ⓒ-Ⓓ	200	199
12	1＃地下一层梁⑨/Ⓑ-Ⓒ	200	206
13	1＃地上一层梁④/Ⓒ-Ⓓ	200	204
14	1＃地上一层梁⑥/Ⓒ-Ⓓ	200	197
15	1＃地上一层梁④-⑤/Ⓒ	100	98
16	1＃地上一层梁⑦/Ⓒ-Ⓓ	200	204
17	1＃地上一层梁⑦/Ⓑ-Ⓒ	200	205
18	1＃地上一层梁⑧/Ⓒ-Ⓓ	200	197
19	1＃地上一层梁⑧/Ⓑ-Ⓒ	200	199
20	1＃地上一层梁⑨/Ⓒ-Ⓓ	200	204
21	1＃地上一层梁⑨-⑩/Ⓓ	200	203
22	1＃地上一层梁⑩/Ⓒ-Ⓓ	200	196
23	1＃地上二层梁④/Ⓒ-Ⓓ	200	198
24	1＃地上二层梁⑥/Ⓒ-Ⓓ	200	200
25	1＃地上二层梁④-⑤/Ⓒ	100	103
26	1＃地上二层梁⑦/Ⓒ-Ⓓ	200	197
27	1＃地上二层梁⑦/Ⓑ-Ⓒ	200	199
28	1＃地上二层梁⑧/Ⓒ-Ⓓ	200	204
29	1＃地上二层梁⑧/Ⓑ-Ⓒ	200	194
30	1＃地上二层梁⑨/Ⓒ-Ⓓ	200	198
31	1＃地上二层梁⑨-⑩/Ⓓ	200	200
32	1＃地上二层梁⑨/Ⓑ-Ⓒ	200	205
33	1＃地上三层梁④/Ⓒ-Ⓓ	200	202
34	1＃地上三层梁⑥/Ⓒ-Ⓓ	200	196
35	1＃地上三层梁④-⑤/Ⓒ	100	96
36	1＃地上三层梁④-⑤/Ⓓ	200	204
37	1＃地上三层梁⑦/Ⓑ-Ⓒ	200	201

续表

序号	构件名称及部位	箍筋间距/mm	
		设计值	实测值
38	1#地上三层梁⑧/Ⓒ-Ⓓ	200	198
39	1#地上三层梁⑧/Ⓑ-Ⓒ	200	202
40	1#地上三层梁⑨/Ⓒ-Ⓓ	200	196
41	1#地上三层梁⑨-⑩/Ⓓ	200	197
42	1#地上三层梁⑩/Ⓒ-Ⓓ	200	202
43	1#地上三层梁⑨/Ⓑ-Ⓒ	200	195
44	1#地上四层梁④-⑤/Ⓓ	200	196
45	1#地上四层梁④-⑤/Ⓒ	100	102
46	1#地上四层梁④/Ⓒ-Ⓓ	200	199
47	1#地上四层梁⑨/Ⓒ-Ⓓ	200	200
48	1#地上四层梁⑩/Ⓒ-Ⓓ	200	205
49	1#地上四层梁⑨/Ⓑ-Ⓒ	200	200
50	1#地上四层梁⑨-⑩/Ⓓ	200	204

检测结果表明，以上所检测混凝土梁、柱钢筋配置，符合《混凝土结构工程施工质量验收规范》（GB 50204—2015）的设计图纸资料要求。

（3）原结构混凝土构件截面尺寸

采用钢卷尺对一号公建楼钢筋混凝土梁、柱的截面尺寸进行抽样检测，检测结果见表1-6、表1-7。

表1-6　混凝土柱截面尺寸检测结果汇总（一号公建楼）

序号	构件名称及部位	设计值/mm		实测值/mm	
		长度	宽度	长度	宽度
1	1#地下一层柱⑥/Ⓑ	700	700	700	697
2	1#地下一层柱⑥/Ⓒ	700	700	696	701
3	1#地下一层柱⑦/Ⓒ	700	700	699	697
4	1#地下一层柱⑧/Ⓒ	700	700	704	700
5	1#地下一层柱⑥/Ⓓ	700	700	696	701
6	1#地下一层柱⑧/Ⓓ	700	700	704	697
7	1#地下一层柱⑨/Ⓓ	700	700	699	705
8	1#地下一层柱②/Ⓔ	700	700	698	700
9	1#地下一层柱⑥/Ⓔ	700	700	698	701
10	1#地下一层柱⑫/Ⓔ	700	700	701	699
11	1#地下一层柱④/Ⓕ	700	700	701	702
12	1#地下一层柱⑥/Ⓕ	700	700	698	702

续表

序号	构件名称及部位	设计值/mm		实测值/mm	
		长度	宽度	长度	宽度
13	1#地下一层柱⑧/Ⓕ	700	700	706	699
14	1#地下一层柱⑨/Ⓕ	700	700	703	702
15	1#地下一层柱⑫/Ⓕ	700	700	698	704
16	1#地下一层柱④/Ⓖ	700	700	706	699
17	1#地下一层柱⑤/Ⓖ	700	700	698	705
18	1#地下一层柱⑧/Ⓖ	700	700	701	699
19	1#地下一层柱⑩/Ⓖ	700	700	697	702
20	1#地下一层柱⑪/Ⓖ	700	700	697	698
21	1#地下一层柱⑩/Ⓔ	700	700	701	702
22	1#地下一层柱⑪/Ⓔ	700	700	698	702
23	1#地下一层柱④/Ⓔ	700	700	706	699
24	1#地下一层柱⑤/Ⓔ	700	700	703	702
25	1#地上一层柱⑤/Ⓑ	600	600	598	599
26	1#地上一层柱⑥/Ⓑ	600	600	602	603
27	1#地上一层柱⑦/Ⓑ	600	600	599	603
28	1#地上一层柱⑤/Ⓒ	600	600	607	600
29	1#地上一层柱⑥/Ⓒ	600	600	604	605
30	1#地上二层柱⑦/Ⓑ	600	600	—	606
31	1#地上三层柱⑥/Ⓑ	600	600	—	600
32	1#地上四层柱⑦/Ⓑ	600	600	—	603

表 1-7　混凝土梁截面尺寸检测结果汇总（一号公建楼）

序号	构件名称及部位	设计值/mm		实测值/mm	
		宽度	高度	宽度	高度
1	1#地下一层梁⑤-⑥/Ⓒ	550	1200	552	—
2	1#地下一层梁⑥/Ⓒ-Ⓓ	550	1200	547	—
3	1#地下一层梁⑥/Ⓑ-Ⓒ	550	1200	554	—
4	1#地下一层梁⑥-⑦/Ⓒ	550	1200	549	—
5	1#地下一层梁⑦/Ⓒ-Ⓓ	550	1200	550	—
6	1#地下一层梁⑦/Ⓑ-Ⓒ	550	1200	551	—
7	1#地下一层梁⑦-⑧/Ⓒ	550	1200	549	—
8	1#地下一层梁⑧/Ⓒ-Ⓓ	550	1200	550	—
9	1#地下一层梁⑧/Ⓑ-Ⓒ	550	1200	547	—
10	1#地下一层梁⑧-⑨/Ⓒ	550	1200	546	—

续表

序号	构件名称及部位	设计值/mm		实测值/mm	
		宽度	高度	宽度	高度
11	1#地下一层梁⑨/Ⓒ-Ⓓ	550	1200	554	—
12	1#地下一层梁⑨/Ⓑ-Ⓒ	550	1200	550	—
13	1#地上一层梁④/Ⓒ-Ⓓ	300	700	—	705
14	1#地上一层梁⑥/Ⓒ-Ⓓ	350	700	346	703
15	1#地上一层梁④-⑤/Ⓒ	300	700	—	697
16	1#地上一层梁⑦/Ⓒ-Ⓓ	350	700	350	705
17	1#地上一层梁⑦/Ⓑ-Ⓒ	350	700	347	702
18	1#地上一层梁⑧/Ⓒ-Ⓓ	350	700	352	705
19	1#地上一层梁⑧/Ⓑ-Ⓒ	350	700	350	706
20	1#地上一层梁⑨/Ⓒ-Ⓓ	350	700	347	703
21	1#地上一层梁⑨-⑩/Ⓓ	300	700	—	705
22	1#地上一层梁⑩/Ⓒ-Ⓓ	300	700	—	697
23	1#地上二层梁④/Ⓒ-Ⓓ	300	700	—	905
24	1#地上二层梁⑥/Ⓒ-Ⓓ	350	700	350	703
25	1#地上二层梁④-⑤/Ⓒ	300	700	—	697
26	1#地上二层梁⑦/Ⓒ-Ⓓ	350	700	347	705
27	1#地上二层梁⑦/Ⓑ-Ⓒ	350	700	352	702
28	1#地上二层梁⑧/Ⓒ-Ⓓ	350	700	348	705
29	1#地上二层梁⑧/Ⓑ-Ⓒ	350	700	350	706
30	1#地上二层梁⑨/Ⓒ-Ⓓ	350	700	347	703
31	1#地上二层梁⑨-⑩/Ⓓ	300	700	—	705
32	1#地上二层梁⑨/Ⓑ-Ⓒ	350	700	352	697
33	1#地上三层梁④/Ⓒ-Ⓓ	300	700	302	697
34	1#地上三层梁⑥/Ⓒ-Ⓓ	350	700	347	705
35	1#地上三层梁④-⑤/Ⓒ	300	700	299	702
36	1#地上三层梁④-⑤/Ⓓ	350	700	352	705
37	1#地上三层梁⑦/Ⓑ-Ⓒ	350	700	350	706
38	1#地上三层梁⑧/Ⓒ-Ⓓ	350	700	347	703
39	1#地上三层梁⑧/Ⓑ-Ⓒ	350	700	347	705
40	1#地上三层梁⑨/Ⓒ-Ⓓ	350	700	352	697
41	1#地上三层梁⑨-⑩/Ⓓ	300	700	—	705
42	1#地上三层梁⑩/Ⓒ-Ⓓ	300	700	—	697
43	1#地上三层梁⑨/Ⓑ-Ⓒ	350	700	347	697

续表

序号	构件名称及部位	设计值/mm		实测值/mm	
		宽度	高度	宽度	高度
44	1#地上四层梁④-⑤/Ⓓ	300	800	—	799
45	1#地上四层梁④-⑤/Ⓒ	300	700	—	702
46	1#地上四层梁④/Ⓒ-Ⓓ	300	800	—	805
47	1#地上四层梁⑨/Ⓒ-Ⓓ	350	700	347	706
48	1#地上四层梁⑩/Ⓒ-Ⓓ	300	800	—	803
49	1#地上四层梁⑨/Ⓑ-Ⓒ	350	700	347	705
50	1#地上四层梁⑨-⑩/Ⓓ	300	800	—	797

检测结果表明，以上所检测混凝土梁、柱尺寸偏差，符合《混凝土结构工程施工质量验收规范》（GB 50204—2015）的设计图纸资料要求。

（4）一号公建楼加建结构钢构件及加固钢板钢材强度

采用表面硬度法对该项目一号公建楼加建结构钢构及加固钢板件钢材进行强度抽样检测，检测结果见表 1-8。

表 1-8 表面硬度法检测钢构件强度汇总

序号	构件	位置	硬度均值	换算强度值/（N/mm²）
1	五层梁④/Ⓑ-Ⓒ	上翼缘	121	421
		下翼缘	118	412
		腹板	119	415
2	五层梁④-⑤/Ⓑ	上翼缘	119	415
		下翼缘	117	409
		腹板	118	412
3	五层梁⑤-⑥/Ⓒ	上翼缘	118	412
		下翼缘	118	412
		腹板	117	409
4	五层梁⑥/Ⓒ-Ⓓ	上翼缘	117	409
		下翼缘	115	402
		腹板	116	407
5	五层梁⑥-⑦/Ⓒ	上翼缘	119	415
		下翼缘	120	418
		腹板	117	409
6	五层梁⑤-⑥/Ⓑ	上翼缘	119	415
		下翼缘	115	402
		腹板	118	412

续表

序号	构件	位置	硬度均值	换算强度值/(N/mm²)
7	五层梁⑦/Ⓒ-Ⓓ	上翼缘	113	397
		下翼缘	116	407
		腹板	118	412
8	五层梁⑦-⑧/Ⓒ	上翼缘	118	418
		下翼缘	120	424
		腹板	119	421
9	五层梁⑦/Ⓑ-Ⓒ	上翼缘	117	415
		下翼缘	119	421
		腹板	111	393
10	五层梁⑧-⑨/Ⓒ	上翼缘	124	430
		下翼缘	128	440
		腹板	117	409
11	五层梁⑨-⑩/Ⓒ	上翼缘	110	388
		下翼缘	112	395
		腹板	111	393
12	五层梁⑨/Ⓑ-Ⓒ	上翼缘	115	402
		下翼缘	117	409
		腹板	115	407
13	五层梁⑧-⑨/Ⓓ	上翼缘	112	395
		下翼缘	112	395
		腹板	116	407
14	五层梁④/Ⓐ-Ⓑ	上翼缘	118	412
		下翼缘	118	412
		腹板	119	415
15	五层梁⑤/Ⓐ-Ⓑ	上翼缘	118	412
		下翼缘	120	418
		腹板	121	421
16	五层梁⑥/Ⓐ-Ⓑ	上翼缘	121	421
		下翼缘	121	421
		腹板	120	418
17	五层梁⑦/Ⓐ-Ⓑ	上翼缘	113	397
		下翼缘	119	415
		腹板	113	397

续表

序号	构件	位置	硬度均值	换算强度值/（N/mm²）
18	五层梁⑨/Ⓐ-Ⓑ	上翼缘	115	402
		下翼缘	117	409
		腹板	114	399
19	四层梁⑮/Ⓒ-(1/C)	上翼缘	115	402
		下翼缘	112	395
		腹板	114	399
20	四层梁⑯/Ⓒ-(1/C)	上翼缘	110	388
		下翼缘	112	395
		腹板	114	399
21	四层梁⑰/Ⓒ-(1/C)	上翼缘	113	397
		下翼缘	115	402
		腹板	114	399
22	四层梁⑱/Ⓒ-(1/C)	上翼缘	112	395
		下翼缘	114	399
		腹板	111	393
23	三层梁⑮/Ⓒ-(1/C)	上翼缘	117	409
		下翼缘	116	407
		腹板	116	407
24	三层梁⑯/Ⓒ-(1/C)	上翼缘	118	412
		下翼缘	120	418
		腹板	119	415
25	三层梁⑰/Ⓒ-(1/C)	上翼缘	123	427
		下翼缘	122	424
		腹板	123	427
26	三层梁⑱/Ⓑ-(1/B)	上翼缘	112	395
		下翼缘	112	395
		腹板	116	407
27	二层梁⑮/Ⓒ-(1/C)	上翼缘	117	409
		下翼缘	118	412
		腹板	119	415
28	二层梁⑯/Ⓒ-(1/C)	上翼缘	118	412
		下翼缘	120	418
		腹板	121	421

续表

序号	构件	位置	硬度均值	换算强度值/（N/mm²）
29	二层梁⑰/Ⓑ-⑬	上翼缘	125	433
		下翼缘	121	421
		腹板	120	418
30	二层梁⑱/Ⓒ-⑩	上翼缘	124	430
		下翼缘	122	424
		腹板	123	427
31	一层梁⑯/Ⓑ-⑬	上翼缘	118	412
		下翼缘	119	415
		腹板	116	407
32	一层梁⑰/Ⓒ-⑩	上翼缘	121	421
		下翼缘	114	399
		腹板	117	409
33	一层梁⑱/Ⓑ-⑬	上翼缘	112	395
		下翼缘	115	402
		腹板	117	409
34	五层梁⑨/Ⓒ-Ⓓ	上翼缘	118	412
		下翼缘	118	412
		腹板	119	415
35	五层梁⑩/Ⓒ-Ⓓ	上翼缘	119	415
		下翼缘	121	421
		腹板	122	424
36	五层柱④/Ⓑ	左翼缘	118	412
		右翼缘	118	412
		腹板	119	415
37	五层柱⑥/Ⓒ	左翼缘	121	421
		右翼缘	123	430
		腹板	124	415
38	五层柱⑧/Ⓓ	左翼缘	124	415
		右翼缘	127	424
		腹板	123	418
39	五层柱⑧/Ⓒ	左翼缘	114	399
		右翼缘	115	404
		腹板	114	399

续表

序号	构件	位置	硬度均值	换算强度值/(N/mm²)
40	五层柱⑨/Ⓒ	左翼缘	115	402
		右翼缘	117	409
		腹板	118	412
41	一层⑤-⑥/Ⓒ梁加固钢板	侧面	115	402
42	一层⑦-⑧/Ⓒ梁加固钢板	侧面	117	409
43	二层⑤-⑥/Ⓒ梁加固钢板	侧面	118	41
44	二层⑥-⑦/Ⓒ梁加固钢板	侧面	118	412
45	三层⑤-⑥/Ⓒ梁加固钢板	侧面	127	424
46	三层⑦-⑧/Ⓒ梁加固钢板	侧面	119	415
47	四层⑤-⑥/Ⓒ梁加固钢板	侧面	121	421
48	四层⑦/Ⓑ-Ⓒ梁加固钢板	侧面	122	424
49	四层⑦-⑧/Ⓒ梁加固钢板	侧面	118	412
50	四层⑧/Ⓑ-Ⓒ梁加固钢板	侧面	124	415

Q235 钢材抗拉强度 σ_b 范围为 370～500MPa，经现场检测，所测构件及钢板维氏硬度（HV）换算抗拉强度值达到 Q235 钢材抗拉强度。

（5）一号公建楼加建结构钢构件截面尺寸

对一号公建楼加建结构钢构件截面尺寸进行抽样检测，检测结果见表 1-9。

表 1-9 一号公建楼钢构件截面尺寸汇总

序号	构件名称及位置	实测尺寸/mm
1	五层梁④/Ⓑ-Ⓒ	400×200×7.9×13.0（上）/12.9（下）
2	五层梁④-⑤/Ⓑ	399×199×7.9×12.9（上）/12.9（下）
3	五层梁⑤-⑥/Ⓒ	399×199×8.0×12.9（上）/13.0（下）
4	五层梁⑥/Ⓒ-Ⓓ	401×201×7.9×12.9（上）/12.8（下）
5	五层梁⑥-⑦/Ⓒ	400×199×7.8×12.9（上）/12.9（下）
6	五层梁⑤-⑥/Ⓑ	400×200×7.9×12.8（上）/12.9（下）
7	五层梁⑦/Ⓒ-Ⓓ	399×198×7.8×12.9（上）/12.8（下）
8	五层梁⑦-⑧/Ⓒ	400×201×8.0×13.0（上）/12.9（下）
9	五层梁⑦/Ⓑ-Ⓒ	399×200×7.9×12.8（上）/12.9（下）
10	五层梁⑧-⑨/Ⓒ	401×201×7.8×12.9（上）/12.8（下）
11	五层梁⑨-⑩/Ⓒ	400×198×8.0×13.0（上）/12.9（下）
12	五层梁⑨/Ⓑ-Ⓒ	399×200×8.0×13.0（上）/12.9（下）
13	五层梁⑧-⑨/Ⓓ	400×200×7.8×12.9（上）/12.9（下）
14	五层梁④/Ⓐ-Ⓑ	301×149×6.5×8.9（上）/9.0（下）
15	五层梁⑤/Ⓐ-Ⓑ	301×149×6.4×8.9（上）/8.8（下）
16	五层梁⑥/Ⓐ-Ⓑ	299×151×6.3×9.0（上）/8.9（下）

续表

序号	构件名称及位置	实测尺寸/mm
17	五层梁⑦/Ⓐ-Ⓑ	300×150×6.3×8.8（上）/8.9（下）
18	五层梁⑨/Ⓐ-Ⓑ	301×149×6.4×8.8（上）/8.9（下）
19	四层梁⑮/Ⓒ-1C	300×149×6.3×9.0（上）/8.9（下）
20	四层梁⑯/Ⓒ-1C	299×149×6.5×8.9（上）/9.0（下）
21	四层梁⑰/Ⓒ-1C	300×150×6.4×8.9（上）/8.8（下）
22	四层梁⑱/Ⓒ-1C	301×150×6.3×9.0（上）/8.9（下）
23	三层梁⑮/Ⓒ-1C	300×151×6.3×9.0（上）/8.9（下）
24	三层梁⑯/Ⓒ-1C	300×150×6.4×8.8（上）/8.9（下）
25	三层梁⑰/Ⓒ-1C	301×150×6.3×8.8（上）/8.9（下）
26	三层梁⑱/Ⓑ-1B	300×149×6.4×9.0（上）/8.9（下）
27	二层梁⑮/Ⓒ-1C	299×151×6.4×8.9（上）/8.8（下）
28	二层梁⑯/Ⓒ-1C	301×151×6.3×9.0（上）/8.9（下）
29	二层梁⑰/Ⓑ-1B	300×150×6.3×8.8（上）/8.9（下）
30	二层梁⑱/Ⓒ-1C	300×149×6.4×9.0（上）/8.9（下）
31	一层梁⑯/Ⓑ-1B	300×151×6.5×8.9（上）/9.0（下）
32	一层梁⑰/Ⓒ-1C	299×149×6.4×9.0（上）/8.9（下）
33	一层梁⑱/Ⓑ-1B	300×149×6.4×8.9（上）/8.8（下）
34	五层梁⑨/Ⓒ-Ⓓ	501×200×10.1×16.1（上）/15.9（下）
35	五层梁⑩/Ⓒ-Ⓓ	499×199×9.8×15.7（上）/15.7（下）
36	五层柱④/Ⓑ	299×301×10.0×15.1（左）/14.9（右）
37	五层柱⑥/Ⓒ	299×301×9.7×14.9（左）/15.0（右）
38	五层柱⑧/Ⓓ	299×299×9.8×14.9（左）/15.1（右）
39	五层柱⑧/Ⓒ	299×301×9.7×14.9（左）/15.0（右）
40	五层柱⑨/Ⓒ	300×301×10.0×15.1（左）/14.9（右）

（6）建筑倾斜

在现场具备测量条件的位置对一号公建楼建筑物进行倾斜测量，结果见表1-10。

表1-10　建筑倾斜测量结果

测量位置		倾斜方向	偏差值/mm	测斜高度/mm	倾斜率/%
一号公建楼	④/Ⓑ轴	南	25	16000	0.16
		—	—	—	—
	⑩/Ⓓ轴	南	35	16000	0.22
		西	20	16000	0.12

注：“—”表示现场条件限制，无法观测。

根据表 1-10 检测结果，建筑整体倾斜率未超过规范限值。

（二）二号公建楼

2021 年 3 月 12 日至 3 月 19 日对二号公建楼进行现场检查、检测，具体结果如下。

1. 建筑结构使用条件与环境核查

经现场检查和调查，该建筑设计使用功能为民用建筑，实际使用功能为办公楼；建筑使用环境未发生明显变化，结构构件所处环境类别、条件未发生明显改变。

2. 建筑地基、基础现状调查

通过现场结构现状检查，未发现该建筑有影响房屋安全的明显沉降和变形，未发现由于地基承载力不足或不均匀沉降所造成的构件开裂和损伤。

3. 二号公建楼上部承重结构现状检查

二号公建楼为地下一层至四层，且为钢筋混凝土框架结构，采用钢筋混凝土梁、柱承重，楼屋盖采用现浇钢筋混凝土板。

经现场检查，二号公建楼结构体系合理，地下一层至四层主要承重构件外观质量基本完好，未发现明显的倾斜、歪扭等现象以及明显影响结构安全性的缺陷及损伤，构件连接节点未见明显异常，各层楼盖及屋盖构件未见明显异常。

4. 围护结构承重部分现状检查

经现场检查，二号公建楼围护结构承重构件外观质量基本完好，未发现明显的倾斜、歪扭等现象以及明显影响结构安全性的缺陷及损伤。

5. 上部承重结构现场检测

（1）混凝土强度

采用回弹法对二号公建楼可检区域内构件混凝土强度进行抽检检测。应委托方要求不进行混凝土钻芯取样修正。依据《民用建筑可靠性鉴定标准》（GB 50292—2015）附录 K 中老龄混凝土回弹值龄期修正的规定，混凝土浇筑时间约为 2003 年，依据表 K. 0. 3 混凝土抗压强度换算值修正系数取 0. 94，检测结果见表 1-11、表 1-12。

表 1-11　回弹法批量检测混凝土强度评定汇总（二号公建楼柱）

检验批	序号	构件名称及位置	批抗压强度换算值/MPa			设计强度等级
			测区强度平均值	标准差	换算强度平均值	
二号公建楼地下一层柱	1	2＃地下一层柱⑦/Ⓒ	40. 2	2. 13	36. 7	C35
	2	2＃地下一层柱⑧/Ⓒ				
	3	2＃地下一层柱⑧/Ⓑ				
	4	2＃地下一层柱⑧/Ⓓ				
	5	2＃地下一层柱⑨/Ⓒ				
	6	2＃地下一层柱⑨/Ⓑ				
	7	2＃地下一层柱⑨/Ⓓ				
	8	2＃地下一层柱⑨/Ⓔ				
	9	2＃地下一层柱⑩/Ⓒ				
	10	2＃地下一层柱⑩/Ⓔ				

续表

检验批	序号	构件名称及位置	批抗压强度换算值/MPa			设计强度等级
			测区强度平均值	标准差	换算强度平均值	
二号公建楼地上一层柱	1	2#地上一层柱⑧/Ⓓ	39.4	2.31	35.6	C35
	2	2#地上一层柱⑧/Ⓒ				
	3	2#地上一层柱⑧/Ⓑ				
	4	2#地上一层柱⑦/Ⓐ				
	5	2#地上一层柱⑨/Ⓒ				
	6	2#地上一层柱⑨/Ⓑ				
	7	2#地上一层柱⑨/Ⓓ				
	8	2#地上一层柱⑨/Ⓐ				
	9	2#地上一层柱⑩/Ⓒ				
	10	2#地上一层柱⑩/Ⓓ				
二号公建楼地上二层至四层柱	1	2#地上二层柱⑧/Ⓓ	36.0	2.35	32.1	C25
	2	2#地上二层柱⑧/Ⓒ				
	3	2#地上二层柱⑧/Ⓑ				
	4	2#地上二层柱⑦/Ⓐ				
	5	2#地上二层柱⑨/Ⓒ				
	6	2#地上二层柱⑨/Ⓑ				
	7	2#地上三层柱⑧/Ⓓ				
	8	2#地上三层柱⑧/Ⓒ				
	9	2#地上三层柱⑧/Ⓑ				
	10	2#地上三层柱⑦/Ⓐ				
	11	2#地上三层柱⑨/Ⓒ				
	12	2#地上三层柱⑨/Ⓑ				
	13	2#地上四层柱⑧/Ⓓ				
	14	2#地上四层柱⑧/Ⓒ				
	15	2#地上四层柱⑧/Ⓑ				
	16	2#地上四层柱⑦/Ⓐ				
	17	2#地上四层柱⑨/Ⓒ				
	18	2#地上四层柱⑨/Ⓑ				
	19	2#地上四层柱⑩/Ⓒ				
	20	2#地上四层柱⑧/Ⓐ				

检测结果表明，以上各批次柱混凝土强度推定值符合设计要求。

表 1-12 回弹法批量检测混凝土强度评定汇总（二号公建楼梁）

检批	序号	构件名称及位置	批抗压强度换算值/MPa			设计强度等级
			测区强度平均值	标准差	换算强度平均值	
二号公建楼地下一层梁	1	2#地下一层梁⑥-⑦/Ⓑ	39.8	2.03	36.5	C35
	2	2#地下一层梁⑦-⑧/Ⓑ				
	3	2#地下一层梁⑦/Ⓑ-Ⓒ				
	4	2#地下一层梁⑦-⑧/Ⓒ				
	5	2#地下一层梁⑧-⑨/Ⓒ				
	6	2#地下一层梁⑧/Ⓑ-Ⓒ				
	7	2#地下一层梁⑧/Ⓒ-Ⓓ				
	8	2#地下一层梁⑨/Ⓑ-Ⓒ				
	9	2#地下一层梁⑨-⑩/Ⓒ				
	10	2#地下一层梁⑨/Ⓒ-Ⓓ				
	11	2#地下一层梁⑨-⑩/Ⓓ				
	12	2#地下一层梁⑨/Ⓓ-Ⓔ				
	13	2#地下一层梁⑨-⑩/Ⓑ				
二号公建楼地上一层梁	1	2#地上一层梁⑥-⑦/Ⓑ	38.5	2.11	35.1	C35
	2	2#地上一层梁⑦-⑧/Ⓑ				
	3	2#地上一层梁⑦/Ⓑ-Ⓒ				
	4	2#地上一层梁⑦-⑧/Ⓒ				
	5	2#地上一层梁⑧-⑨/Ⓒ				
	6	2#地上一层梁⑧/Ⓑ-Ⓒ				
	7	2#地上一层梁⑧/Ⓒ-Ⓓ				
	8	2#地上一层梁⑨/Ⓑ-Ⓒ				
	9	2#地上一层梁⑨-⑩/Ⓒ				
	10	2#地上一层梁⑨/Ⓒ-Ⓓ				
	11	2#地上一层梁⑨-⑩/Ⓓ				
	12	2#地上一层梁⑨/Ⓓ-Ⓔ				
	13	2#地上一层梁⑨-⑩/Ⓑ				
二号公建楼地上二层至四层梁	1	2#地上二层梁⑥-⑦/Ⓑ	37.0	2.32	33.2	C25
	2	2#地上二层梁⑦-⑧/Ⓒ				
	3	2#地上二层梁⑦/Ⓑ-Ⓒ				
	4	2#地上二层梁⑧/Ⓒ-Ⓓ				
	5	2#地上二层梁⑨-⑩/Ⓑ				
	6	2#地上二层梁⑨/Ⓑ-Ⓒ				
	7	2#地上二层梁⑧-⑨/Ⓑ				

续表

检批	序号	构件名称及位置	批抗压强度换算值/MPa			设计强度等级
			测区强度平均值	标准差	换算强度平均值	
二号公建楼地上二层至四层梁	8	2#地上二层梁⑧/Ⓑ-Ⓒ	37.0	2.32	33.2	C25
	9	2#地上三层梁⑥-⑦/Ⓑ				
	10	2#地上三层梁⑦-⑧/Ⓒ				
	11	2#地上三层梁⑦/Ⓑ-Ⓒ				
	12	2#地上三层梁⑧/Ⓒ-Ⓓ				
	13	2#地上三层梁⑨-⑩/Ⓑ				
	14	2#地上三层梁⑨/Ⓑ-Ⓒ				
	15	2#地上三层梁⑧-⑨/Ⓑ				
	16	2#地上三层梁⑧/Ⓑ-Ⓒ				
	17	2#地上四层梁⑥-⑦/Ⓑ				
	18	2#地上四层梁⑦-⑧/Ⓒ				
	19	2#地上四层梁⑦/Ⓑ-Ⓒ				
	20	2#地上四层梁⑧/Ⓒ-Ⓓ				
	21	2#地上四层梁⑨-⑩/Ⓑ				
	22	2#地上四层梁⑨/Ⓑ-Ⓒ				
	23	2#地上四层梁⑧-⑨/Ⓑ				
	24	2#地上四层梁⑧/Ⓑ-Ⓒ				
	25	2#地上四层梁⑨-⑩/Ⓒ				
	26	2#地上四层梁⑨/Ⓒ-Ⓓ				
	27	2#地上四层梁⑨-⑩/Ⓓ				
	28	2#地上四层梁⑩/Ⓒ-Ⓓ				
	29	2#地上四层梁⑦/Ⓐ-Ⓑ				
	30	2#地上四层梁⑧/Ⓐ-Ⓑ				
	31	2#地上四层梁⑨/Ⓐ-Ⓑ				
	32	2#地上四层梁⑦-⑧/Ⓑ				

检测结果表明，以上各批次梁混凝土强度推定值符合设计要求。

（2）钢筋配置

采用钢筋探测仪对二号公建楼梁、柱的钢筋配置进行抽样检测，检测结果详见表1-13、表1-14。

表 1-13　柱钢筋配置检测汇总（二号公建楼）

序号	构件名称及部位	箍筋间距/mm		单侧主筋根数
		设计值	实测值	实测值/根
1	2＃地下一层柱⑧/Ⓓ	200	193	7
2	2＃地下一层柱⑧/Ⓑ	200	202	5
3	2＃地下一层柱⑨/Ⓒ	200	197	5
4	2＃地下一层柱⑨/Ⓑ	200	196	5
5	2＃地下一层柱⑨/Ⓓ	200	204	4
6	2＃地下一层柱⑩/Ⓒ	200	200	5
7	2＃地上一层柱⑧/Ⓓ	200	197	7
8	2＃地上一层柱⑧/Ⓒ	200	206	5
9	2＃地上一层柱⑨/Ⓒ	200	192	5
10	2＃地上一层柱⑨/Ⓑ	200	193	5
11	2＃地上一层柱⑧/Ⓑ	200	200	5
12	2＃地上一层柱⑩/Ⓒ	200	197	—
13	2＃地上二层柱⑧/Ⓓ	200	193	7
14	2＃地上二层柱⑧/Ⓒ	200	200	5
15	2＃地上二层柱⑨/Ⓒ	200	197	5
16	2＃地上二层柱⑨/Ⓑ	200	198	5
17	2＃地上二层柱⑧/Ⓑ	200	199	5
18	2＃地上二层柱⑩/Ⓒ	200	195	—
19	2＃地上三层柱⑧/Ⓓ	200	204	7
20	2＃地上三层柱⑧/Ⓒ	200	198	5
21	2＃地上三层柱⑨/Ⓒ	200	208	5
22	2＃地上三层柱⑨/Ⓑ	200	201	5
23	2＃地上三层柱⑧/Ⓑ	200	201	5
24	2＃地上三层柱⑩/Ⓒ	200	195	—
25	2＃地上四层柱⑧/Ⓓ	200	202	7
26	2＃地上四层柱⑧/Ⓒ	200	200	5
27	2＃地上四层柱⑨/Ⓒ	200	205	5
28	2＃地上三层柱⑨/Ⓑ	200	199	5
29	2＃地上三层柱⑧/Ⓑ	200	202	5
30	2＃地上三层柱⑩/Ⓒ	200	200	5
31	2＃地上四层柱⑦/Ⓐ	200	203	—
32	2＃地上四层柱⑧/Ⓐ	200	205	—

表 1-14 梁箍筋配置、纵筋数量检测汇总（二号公建楼）

序号	构件名称及部位	箍筋间距/mm	
		设计值	实测值
1	2#地下一层梁⑥-⑦/Ⓑ	200	201
2	2#地下一层梁⑦-⑧/Ⓑ	200	201
3	2#地下一层梁⑦/Ⓑ-Ⓒ	200	202
4	2#地下一层梁⑦-⑧/Ⓒ	200	206
5	2#地下一层梁⑧-⑨/Ⓒ	200	207
6	2#地下一层梁⑧/Ⓑ-Ⓒ	200	204
7	2#地下一层梁⑧/Ⓒ-Ⓓ	200	203
8	2#地下一层梁⑨/Ⓑ-Ⓒ	200	203
9	2#地下一层梁⑨-⑩/Ⓒ	200	204
10	2#地下一层梁⑨/Ⓒ-Ⓓ	200	192
11	2#地下一层梁⑨-⑩/Ⓓ	200	199
12	2#地下一层梁⑨/Ⓓ-Ⓔ	200	26
13	2#地下一层梁⑨-⑩/Ⓑ	200	204
14	2#地上一层梁⑦-⑧/Ⓒ	200	197
15	2#地上一层梁⑧/Ⓒ-Ⓓ	200	199
16	2#地上一层梁⑧/Ⓑ-Ⓒ	200	204
17	2#地上一层梁⑨/Ⓑ-Ⓒ	200	205
18	2#地上一层梁⑨-⑩/Ⓑ	200	197
19	2#地上一层梁⑧-⑨/Ⓑ	200	199
20	2#地上一层梁⑨-⑩/Ⓒ	200	204
21	2#地上一层梁⑦/Ⓐ-Ⓑ	200	203
22	2#地上一层梁⑦-⑧/Ⓑ	200	196
23	2#地上二层梁⑦-⑧/Ⓒ	200	198
24	2#地上二层梁⑧/Ⓒ-Ⓓ	200	200
25	2#地上二层梁⑧/Ⓑ-Ⓒ	200	204
26	2#地上二层梁⑨/Ⓑ-Ⓒ	200	197
27	2#地上二层梁⑨-⑩/Ⓑ	200	199
28	2#地上二层梁⑧-⑨/Ⓑ	200	204
29	2#地上二层梁⑨-⑩/Ⓒ	200	194
30	2#地上二层梁⑦/Ⓐ-Ⓑ	200	198
31	2#地上二层梁⑦-⑧/Ⓑ	200	200
32	2#地上三层梁⑦-⑧/Ⓒ	200	205
33	2#地上三层梁⑧/Ⓒ-Ⓓ	200	199
34	2#地上三层梁⑧/Ⓑ-Ⓒ	200	199

续表

序号	构件名称及部位	箍筋间距/mm	
		设计值	实测值
35	2#地上三层梁⑨/Ⓑ-Ⓒ	200	204
36	2#地上三层梁⑨-⑩/Ⓑ	200	203
37	2#地上三层梁⑧-⑨/Ⓑ	200	200
38	2#地上三层梁⑨-⑩/Ⓒ	200	195
39	2#地上三层梁⑦/Ⓐ-Ⓑ	200	205
40	2#地上三层梁⑦-⑧/Ⓑ	200	204
41	2#地上四层梁⑦-⑧/Ⓒ	200	201
42	2#地上四层梁⑧/Ⓒ-Ⓓ	200	197
43	2#地上四层梁⑧/Ⓑ-Ⓒ	200	196
44	2#地上四层梁⑨/Ⓑ-Ⓒ	200	192
45	2#地上四层梁⑨-⑩/Ⓑ	200	201
46	2#地上四层梁⑧-⑨/Ⓑ	200	196
47	2#地上四层梁⑨-⑩/Ⓒ	200	200
48	2#地上四层梁⑦/Ⓐ-Ⓑ	200	199
49	2#地上四层梁⑦-⑧/Ⓑ	200	205
50	2#地上四层梁⑧-⑨/Ⓒ	200	197

检测结果表明，以上所检测混凝土梁、柱钢筋配置，符合《混凝土结构工程施工质量验收规范》（GB 50204—2015）的设计图纸资料要求。

（3）混凝土构件截面尺寸

采用钢卷尺对二号公建楼钢筋混凝土梁、柱的截面尺寸进行抽样检测，检测结果见表 1-15、表 1-16。

表 1-15　混凝土柱截面尺寸检测结果汇总（二号公建楼）

序号	构件名称及部位	设计值/mm		实测值/mm	
		长度	宽度	长度	宽度
1	2#地下一层柱⑧/Ⓓ	700	700	—	697
2	2#地下一层柱⑧/Ⓑ	700	700	—	701
3	2#地下一层柱⑨/Ⓒ	700	700	699	697
4	2#地下一层柱⑨/Ⓑ	700	700	707	700
5	2#地下一层柱⑨/Ⓓ	600	600	—	609
6	2#地下一层柱⑩/Ⓒ	700	700	—	697
7	2#地上一层柱⑧/Ⓓ	700	700	—	705
8	2#地上一层柱⑧/Ⓒ	700	700	700	704
9	2#地上一层柱⑨/Ⓒ	700	700	—	699

续表

序号	构件名称及部位	设计值/mm		实测值/mm	
		长度	宽度	长度	宽度
10	2#地上一层柱⑨/Ⓑ	700	700	—	699
11	2#地上一层柱⑧/Ⓑ	700	700	—	707
12	2#地上一层柱⑩/Ⓒ	700	700	—	702
13	2#地上二层柱⑧/Ⓓ	700	700	—	701
14	2#地上二层柱⑧/Ⓒ	700	700	697	704
15	2#地上二层柱⑨/Ⓒ	700	700	—	701
16	2#地上二层柱⑨/Ⓑ	700	700	—	699
17	2#地上二层柱⑧/Ⓑ	700	700	—	699
18	2#地上二层柱⑩/Ⓒ	700	700	—	702
19	2#地上三层柱⑧/Ⓓ	700	700	—	705
20	2#地上三层柱⑧/Ⓒ	700	700	702	703
21	2#地上三层柱⑨/Ⓒ	700	700	—	699
22	2#地上三层柱⑨/Ⓑ	700	700	—	698
23	2#地上三层柱⑧/Ⓑ	700	700	—	708
24	2#地上三层柱⑩/Ⓒ	700	700	—	700
25	2#地上四层柱⑧/Ⓓ	700	700	—	705
26	2#地上四层柱⑧/Ⓒ	700	700	698	702
27	2#地上四层柱⑨/Ⓒ	700	700	—	699
28	2#地上三层柱⑨/Ⓑ	700	700	—	697
29	2#地上三层柱⑧/Ⓑ	700	700	—	706
30	2#地上三层柱⑩/Ⓒ	700	700	—	702
31	2#地上四层柱⑦/Ⓐ	700	700	—	698
32	2#地上四层柱⑧/Ⓐ	700	700	—	708

表 1-16　混凝土梁截面尺寸检测结果汇总（二号公建楼）

序号	构件名称及部位	设计值/mm		实测值/mm	
		宽度	高度	宽度	高度
1	2#地下一层梁⑥-⑦/Ⓑ	350	700	—	697
2	2#地下一层梁⑦-⑧/Ⓑ	350	700	—	703
3	2#地下一层梁⑦/Ⓑ-Ⓒ	350	700	348	697
4	2#地下一层梁⑦-⑧/Ⓒ	350	700	349	704
5	2#地下一层梁⑧-⑨/Ⓒ	350	700	350	705
6	2#地下一层梁⑧/Ⓑ-Ⓒ	350	700	—	706
7	2#地下一层梁⑧/Ⓒ-Ⓓ	350	700	—	707

续表

序号	构件名称及部位	设计值/mm		实测值/mm	
		宽度	高度	宽度	高度
8	2＃地下一层梁⑨/Ⓑ-Ⓒ	350	700	351	703
9	2＃地下一层梁⑨-⑩/Ⓒ	350	700	349	697
10	2＃地下一层梁⑨/Ⓒ-Ⓓ	350	700	350	706
11	2＃地下一层梁⑨-⑩/Ⓓ	350	700	—	705
12	2＃地下一层梁⑨/Ⓓ-Ⓔ	350	700	—	706
13	2＃地下一层梁⑨-⑩/Ⓑ	350	700	347	705
14	2＃地上一层梁⑦-⑧/Ⓒ	350	550	346	553
15	2＃地上一层梁⑧/Ⓒ-Ⓓ	350	550	354	547
16	2＃地上一层梁⑧/Ⓑ-Ⓒ	350	700	352	705
17	2＃地上一层梁⑨/Ⓑ-Ⓒ	350	700	347	703
18	2＃地上一层梁⑨-⑩/Ⓑ	350	400	350	400
19	2＃地上一层梁⑧-⑨/Ⓑ	350	700	—	697
20	2＃地上一层梁⑨-⑩/Ⓒ	350	700	—	705
21	2＃地上一层梁⑦/Ⓐ-Ⓑ	350	700	—	702
22	2＃地上一层梁⑦-⑧/Ⓑ	350	700	—	705
23	2＃地上二层梁⑦-⑧/Ⓒ	350	550	352	547
24	2＃地上二层梁⑧/Ⓒ-Ⓓ	350	550	350	555
25	2＃地上二层梁⑧/Ⓑ-Ⓒ	350	700	347	703
26	2＃地上二层梁⑨/Ⓑ-Ⓒ	350	700	349	703
27	2＃地上二层梁⑨-⑩/Ⓑ	350	400	352	398
28	2＃地上二层梁⑧-⑨/Ⓑ	350	700	—	705
29	2＃地上二层梁⑨-⑩/Ⓒ	350	700	—	705
30	2＃地上二层梁⑦/Ⓐ-Ⓑ	350	700	—	697
31	2＃地上二层梁⑦-⑧/Ⓑ	350	700	—	705
32	2＃地上三层梁⑦-⑧/Ⓒ	350	550	347	553
33	2＃地上三层梁⑧/Ⓒ-Ⓓ	350	550	350	547
34	2＃地上三层梁⑧/Ⓑ-Ⓒ	350	700	351	705
35	2＃地上三层梁⑨/Ⓑ-Ⓒ	350	700	347	702
36	2＃地上三层梁⑨-⑩/Ⓑ	350	400	347	398
37	2＃地上三层梁⑧-⑨/Ⓑ	350	700	—	706
38	2＃地上三层梁⑨-⑩/Ⓒ	350	700	—	703
39	2＃地上三层梁⑦/Ⓐ-Ⓑ	350	700	—	705

续表

序号	构件名称及部位	设计值/mm		实测值/mm	
		宽度	高度	宽度	高度
40	2#地上三层梁⑦-⑧/Ⓑ	350	700	—	697
41	2#地上四层梁⑦-⑧/Ⓒ	350	550	349	553
42	2#地上四层梁⑧/Ⓒ-Ⓓ	350	550	348	549
43	2#地上四层梁⑧/Ⓑ-Ⓒ	350	700	353	706
44	2#地上四层梁⑨/Ⓑ-Ⓒ	350	700	349	701
45	2#地上四层梁⑨-⑩/Ⓑ	350	400	346	397
46	2#地上四层梁⑧-⑨/Ⓑ	350	700	—	697
47	2#地上四层梁⑨-⑩/Ⓒ	350	700	—	705
48	2#地上四层梁⑦/Ⓐ-Ⓑ	350	700	—	702
49	2#地上四层梁⑦-⑧/Ⓑ	350	700	—	705
50	2#地上四层梁⑧-⑨/Ⓒ	350	700	—	697

检测结果表明，以上所检测混凝土梁、柱尺寸偏差，符合《混凝土结构工程施工质量验收规范》（GB 50204—2015）的设计图纸资料要求。

（4）建筑倾斜

在现场具备测量条件的位置对该项目所属建筑物进行倾斜测量，结果见表1-17。

表1-17　建筑倾斜测量结果

测量位置		倾斜方向	偏差值/mm	测斜高度/mm	倾斜率/%
二号公建楼	⑥/Ⓐ轴	北	25	14000	0.18
		—	—	—	—
	⑩/Ⓔ轴	北	35	14000	0.25
		东	18	14000	0.13

注：“—”表示现场条件限制，无法观测。

根据表1-17检测结果，建筑整体倾斜率未超过规范限值。

五、复核计算

计算软件：中国建筑科学研究院PKPM2010。

六、一号公建楼鉴定评级

依据《民用建筑可靠性鉴定标准》（GB 50292—2015）中的相关规定对该建筑结构安全性进行鉴定。

（一）上部承重结构构件安全性鉴定评级

依据《民用建筑可靠性鉴定标准》（GB 50292—2015）中5.2.1的规定，混凝土结构构件的安全性鉴定应按承载能力、构造、不适于继续承载的位移（或变形）和裂缝

（或其他损伤）等四个检查项目，分别评定每一受检构件等级，并取其中最低一级作为该构件的安全性等级。围护结构安全性鉴定并入上部承重结构中进行评定。

依据《民用建筑可靠性鉴定标准》（GB 50292—2015）中5.3.1的规定，钢结构构件的安全性鉴定，应按承载能力、构造和不适于继续承载的位移（或变形）等三个检查项目，分别评定每一受检构件等级，并取其中最低一级作为该构件的安全性等级。围护结构安全性鉴定并入上部承重结构中进行评定。

1. 按承载能力评定（混凝土构件）

依据《民用建筑可靠性鉴定标准》（GB 50292—2015）中5.2.2的规定，经计算各混凝土构件承载能力安全性评价汇总见表1-18、表1-19。

表1-18　主要构件承载能力安全性评价汇总

构件名称		检查构件总数	检查构件数量、级别			
			a_u	b_u	c_u	d_u
地下一层及夹层	柱	117	117	—	—	—
	墙	74	74	—	—	—
	主梁	146	146	—	—	—
地上一层	柱	21	21	—	—	—
	主梁	44	44	—	—	—
地上二层	柱	21	21	—	—	—
	主梁	44	44	—	—	—
地上三层	柱	21	21	—	—	—
	主梁	44	44	—	—	—
地上四层	柱	21	21	—	—	—
	主梁	39	39	—	—	—

表1-19　一般构件承载能力安全性评价汇总

构件名称		检查构件总数	检查构件数量、级别			
			a_u	b_u	c_u	d_u
地下一层及夹层	板	117	117	—	—	—
	次梁	30	30	—	—	—
地上一层	板	44	44	—	—	—
	次梁	30	30	—	—	—
地上二层	板	46	46	—	—	—
	次梁	32	32	—	—	—
地上三层	板	44	44	—	—	—
	次梁	30	30	—	—	—
地上四层	板	48	48	—	—	—
	次梁	30	30	—	—	—

2. 按构造评定（混凝土构件）

依据《民用建筑可靠性鉴定标准》（GB 50292—2015）中 5.2.3 的规定，经现场检查，各混凝土构件构造安全性评价汇总见表 1-20、表 1-21。

表 1-20　主要构件构造安全性评价汇总

构件名称		检查构件总数	检查构件数量、级别			
			a_u	b_u	c_u	d_u
地下一层及夹层	柱	117	117	—	—	—
	墙	74	74	—	—	—
	主梁	146	146	—	—	—
地上一层	柱	21	21	—	—	—
	主梁	44	44	—	—	—
地上二层	柱	21	21	—	—	—
	主梁	44	44	—	—	—
地上三层	柱	21	21	—	—	—
	主梁	44	44	—	—	—
地上四层	柱	21	21	—	—	—
	主梁	39	39	—	—	—

表 1-21　一般构件构造安全性评价汇总

构件名称		检查构件总数	检查构件数量、级别			
			a_u	b_u	c_u	d_u
地下一层及夹层	板	117	117	—	—	—
	次梁	30	30	—	—	—
地上一层	板	44	44	—	—	—
	次梁	30	30	—	—	—
地上二层	板	46	46	—	—	—
	次梁	32	32	—	—	—
地上三层	板	44	44	—	—	—
	次梁	30	30	—	—	—
地上四层	板	48	48	—	—	—
	次梁	30	30	—	—	—

3. 按不适于承载的位移或变形评定（混凝土构件）

依据《民用建筑可靠性鉴定标准》（GB 50292—2015）中 5.2.4 的规定，经现场检查，各混凝土构件不适于承载的位移或变形安全性评价汇总见表 1-22、表 1-23。

表 1-22　主要构件不适于承载的位移或变形安全性评价汇总

构件名称		检查构件总数	检查构件数量、级别			
			a_u	b_u	c_u	d_u
地下一层及夹层	柱	117	117	—	—	—
	墙	74	74	—	—	—
	主梁	146	146	—	—	—
地上一层	柱	21	21	—	—	—
	主梁	44	44	—	—	—
地上二层	柱	21	21	—	—	—
	主梁	44	44	—	—	—
地上三层	柱	21	21	—	—	—
	主梁	44	44	—	—	—
地上四层	柱	21	21	—	—	—
	主梁	39	39	—	—	—

表 1-23　一般构件不适于承载的位移或变形安全性评价汇总

构件名称		检查构件总数	检查构件数量、级别			
			a_u	b_u	c_u	d_u
地下一层及夹层	板	117	117	—	—	—
	次梁	30	30	—	—	—
地上一层	板	44	44	—	—	—
	次梁	30	30	—	—	—
地上二层	板	46	46	—	—	—
	次梁	32	32	—	—	—
地上三层	板	44	44	—	—	—
	次梁	30	30	—	—	—
地上四层	板	48	48	—	—	—
	次梁	30	30	—	—	—

4. 按裂缝或其他损伤评定（混凝土构件）

依据《民用建筑可靠性鉴定标准》（GB 50292—2015）中 5.2.5 的规定，经现场检查，各混凝土构件裂缝或其他损伤安全性评价汇总见表 1-24、表 1-25。

表 1-24　主要构件裂缝及损失安全性评价汇总

构件名称		检查构件总数	检查构件数量、级别			
			a_u	b_u	c_u	d_u
地下一层及夹层	柱	117	117	—	—	—
	墙	74	74	—	—	—
	主梁	146	146	—	—	—
地上一层	柱	21	21	—	—	—
	主梁	44	44	—	—	—

续表

构件名称		检查构件总数	检查构件数量、级别			
			a_u	b_u	c_u	d_u
地上二层	柱	21	21	—	—	—
	主梁	44	44	—	—	—
地上三层	柱	21	21	—	—	—
	主梁	44	44	—	—	—
地上四层	柱	21	21	—	—	—
	主梁	39	39	—	—	—

表 1-25　一般构件裂缝及损失安全性评价汇总

构件名称		检查构件总数	检查构件数量、级别			
			a_u	b_u	c_u	d_u
地下一层及夹层	板	117	117	—	—	—
	次梁	30	30	—	—	—
地上一层	板	44	44	—	—	—
	次梁	30	30	—	—	—
地上二层	板	46	46	—	—	—
	次梁	32	32	—	—	—
地上三层	板	44	44	—	—	—
	次梁	30	30	—	—	—
地上四层	板	48	48	—	—	—
	次梁	30	30	—	—	—

5. 混凝土结构构件的安全性评定

根据对该建筑混凝土结构构件的安全性评定进行汇总，汇总结果见表 1-26、表 1-27。

表 1-26　主要构件安全性评价汇总

构件名称		检查构件总数	检查构件数量、级别及比例							
			a_u	比例	b_u	比例	c_u	比例	d_u	比例
地下一层及夹层	柱	117	117	100%	—	—	—	—	—	—
	墙	74	74	100%	—	—	—	—	—	—
	主梁	146	146	100%	—	—	—	—	—	—
地上一层	柱	21	21	100%	—	—	—	—	—	—
	主梁	44	44	100%	—	—	—	—	—	—
地上二层	柱	21	21	100%	—	—	—	—	—	—
	主梁	44	44	100%	—	—	—	—	—	—

续表

构件名称		检查构件总数	检查构件数量、级别及比例							
			a_u	比例	b_u	比例	c_u	比例	d_u	比例
地上三层	柱	21	21	100%	—	—	—	—	—	—
	主梁	44	44	100%	—	—	—	—	—	—
地上四层	柱	21	21	100%	—	—	—	—	—	—
	主梁	39	39	100%	—	—	—	—	—	—

表 1-27　一般构件安全性评价汇总

构件名称		检查构件总数	检查构件数量、级别及比例							
			a_u	比例	b_u	比例	c_u	比例	d_u	比例
地下一层及夹层	板	117	117	100%	—	—	—	—	—	—
	次梁	30	30	100%	—	—	—	—	—	—
地上一层	板	44	44	100%	—	—	—	—	—	—
	次梁	30	30	100%	—	—	—	—	—	—
地上二层	板	46	46	100%	—	—	—	—	—	—
	次梁	32	32	100%	—	—	—	—	—	—
地上三层	板	44	44	100%	—	—	—	—	—	—
	次梁	30	30	100%	—	—	—	—	—	—
地上四层	板	48	48	100%	—	—	—	—	—	—
	次梁	30	30	100%	—	—	—	—	—	—

6. 按承载能力评定（钢构件）

依据《民用建筑可靠性鉴定标准》（GB 50292—2015）中 5.3.2 的规定，经计算各钢构件承载能力安全性评价汇总见表 1-28、表 1-29。

表 1-28　主要构件承载能力安全性评价汇总

构件名称		检查构件总数	检查构件数量、级别			
			a_u	b_u	c_u	d_u
地上五层	柱	16	16	—	—	—
	主梁	32	32	—	—	—

表 1-29　一般构件承载能力安全性评价汇总

构件名称		检查构件总数	检查构件数量、级别			
			a_u	b_u	c_u	d_u
地上一层	次梁	18	18	—	—	—
地上二层	次梁	18	18	—	—	—
地上三层	次梁	18	18	—	—	—
地上四层	次梁	18	18	—	—	—
地上五层	次梁	23	23	—	—	—

7. 按构造评定（钢构件）

依据《民用建筑可靠性鉴定标准》（GB 50292—2015）中5.3.3的规定，经现场检查，部分钢柱、钢梁存在表面锈蚀等缺陷损伤，各钢构件构造安全性评价汇总见表1-30、表1-31。

表1-30　主要构件构造安全性评价汇总

构件名称		检查构件总数	检查构件数量、级别			
			a_u	b_u	c_u	d_u
地上五层	柱	16	14	2	—	—
	主梁	32	29	3	—	—

表1-31　一般构件构造安全性评价汇总

构件名称		检查构件总数	检查构件数量、级别			
			a_u	b_u	c_u	d_u
地上一层	次梁	18	18	—	—	—
地上二层	次梁	18	18	—	—	—
地上三层	次梁	18	18	—	—	—
地上四层	次梁	18	18	—	—	—
地上五层	次梁	23	23	—	—	—

8. 按不适于承载的位移和变形评定（钢构件）

依据《民用建筑可靠性鉴定标准》（GB 50292—2015）中5.3.4的规定，经现场检查，各钢构件不适于承载的位移和变形安全性评价汇总见表1-32、表1-33。

表1-32　主要构件不适于承载的位移和变形安全性评价汇总

构件名称		检查构件总数	检查构件数量、级别			
			a_u	b_u	c_u	d_u
地上五层	柱	16	16	—	—	—
	主梁	32	32	—	—	—

表1-33　一般构件不适于承载的位移和变形安全性评价汇总

构件名称		检查构件总数	检查构件数量、级别			
			a_u	b_u	c_u	d_u
地上一层	次梁	18	18	—	—	—
地上二层	次梁	18	18	—	—	—
地上三层	次梁	18	18	—	—	—
地上四层	次梁	18	18	—	—	—
地上五层	次梁	23	23	—	—	—

9. 钢结构构件的安全性评定

根据对该建筑钢结构构件的安全性评定进行汇总，汇总结果见表1-34、表1-35。

表 1-34　主要构件安全性评价汇总

构件名称		检查构件总数	检查构件数量、级别及比例							
			a_u	比例	b_u	比例	c_u	比例	d_u	比例
地上五层	柱	16	14	87.5%	2	12.5%	—	—	—	—
	主梁	32	29	90.6%	3	9.4%	—	—	—	—

表 1-35　一般构件安全性评价汇总

构件名称		检查构件总数	检查构件数量、级别及比例							
			a_u	比例	b_u	比例	c_u	比例	d_u	比例
地上一层	次梁	18	18	100%	—	—	—	—	—	—
地上二层	次梁	18	18	100%	—	—	—	—	—	—
地上三层	次梁	18	18	100%	—	—	—	—	—	—
地上四层	次梁	18	18	100%	—	—	—	—	—	—
地上五层	次梁	23	23	100%	—	—	—	—	—	—

（二）子单元安全性鉴定评级

1. 地基和基础安全性鉴定评级

经现场检查，该建筑未发现有明显不均匀沉降，上部承重构件未出现不均匀沉降裂缝，未发现结构整体有明显倾斜现象，依据《民用建筑可靠性鉴定标准》（GB 50292—2015）中 7.2.3 的规定，一号公建楼地基基础的安全性按上部结构反应的检查结果评定为 A_u 级。

2. 上部承重结构安全性鉴定评级

依据《民用建筑可靠性鉴定标准》（GB 50292—2015）中 7.3 的规定，上部承重结构子单元的安全性鉴定评级，应根据其结构承载功能等级，结构整体性等级以及结构侧向位移等级的评定结果进行评定。

（1）按结构承载功能评定

依据《民用建筑可靠性鉴定标准》（GB 50292—2015）中 7.3.2～7.3.8 的规定，各层构件承载功能安全性评定汇总见表 1-36、表 1-37，上部承重结构安全性鉴定评级为 A_u 级。

表 1-36　主要构件承载功能鉴定评级

楼层	分级标准	鉴定评级
地下一层及夹层	该构件集内，不含 c_u 级和 d_u 级	A_u
地上一层	该构件集内，不含 c_u 级和 d_u 级	A_u
地上二层	该构件集内，不含 c_u 级和 d_u 级	A_u
地上三层	该构件集内，不含 c_u 级和 d_u 级	A_u
地上四层	该构件集内，不含 c_u 级和 d_u 级	A_u
地上五层	该构件集内，不含 c_u 级和 d_u 级， B_u 级含量为 12.5%，小于 25%	A_u

表 1-37　一般构件承载功能鉴定评级

楼层	分级标准	鉴定评级
地下一层及夹层	该构件集内，不含 c_u 级和 d_u 级	A_u
地上一层	该构件集内，不含 c_u 级和 d_u 级	A_u
地上二层	该构件集内，不含 c_u 级和 d_u 级	A_u
地上三层	该构件集内，不含 c_u 级和 d_u 级	A_u
地上四层	该构件集内，不含 c_u 级和 d_u 级	A_u
地上五层	该构件集内，不含 c_u 级和 d_u 级	A_u

（2）按整体牢固性评定

依据《民用建筑可靠性鉴定标准》（GB 50292—2015）中 7.3.9 进行评定，该建筑布置合理，形成完整的体系，且结构选型及传力路线明确。结构、构件间的联系设计合理、无疏漏；连接方式正确、可靠，无松动变形或其他残损。因此，该建筑整体牢固性等级评定为 A_u 级。

（3）按上部承重结构不适于承载的侧向位移评定

依据《民用建筑可靠性鉴定标准》（GB 50292—2015）中 7.3.10 进行评定，根据检查结果，该建筑按上部承重结构不适于承载的侧向位移评定为 A_u 级。

3. 围护系统承重结构安全性鉴定评级

依据《民用建筑可靠性鉴定标准》（GB 50292—2015）中 7.4 进行评定，根据现场检查结果，该建筑按围护系统承重结构安全性评定为 A_u 级。

子单元安全性鉴定评级结果见表 1-38。

表 1-38　子单元安全性鉴定评级结果

<table>
<tr><th colspan="6">子单元安全性鉴定评级</th></tr>
<tr><td rowspan="3">地基基础</td><td>地基变形评级</td><td colspan="3">A_u</td><td rowspan="3">A_u</td></tr>
<tr><td>边坡场地稳定性评级</td><td colspan="3">—</td></tr>
<tr><td>基础承载力评级</td><td colspan="3">—</td></tr>
<tr><td rowspan="6">上部承重结构</td><td rowspan="6">楼层结构安全性鉴定评级</td><td>地下一层及夹层</td><td>A_u</td><td rowspan="6">A_u</td><td rowspan="6">A_u</td></tr>
<tr><td>地上一层</td><td>A_u</td></tr>
<tr><td>地上二层</td><td>A_u</td></tr>
<tr><td>地上三层</td><td>A_u</td></tr>
<tr><td>地上四层</td><td>A_u</td></tr>
<tr><td>地上五层</td><td>A_u</td></tr>
<tr><td rowspan="6">围护结构承重部分</td><td rowspan="6">楼层结构安全性鉴定评级</td><td>地下一层及夹层</td><td>A_u</td><td rowspan="6">A_u</td><td rowspan="6">A_u</td></tr>
<tr><td>地上一层</td><td>A_u</td></tr>
<tr><td>地上二层</td><td>A_u</td></tr>
<tr><td>地上三层</td><td>A_u</td></tr>
<tr><td>地上四层</td><td>A_u</td></tr>
<tr><td>地上五层</td><td>A_u</td></tr>
</table>

（三）鉴定单元安全性鉴定评级

根据现场检验、检测及计算结果，依据《民用建筑可靠性鉴定标准》（GB 50292—2015）中 9.1 的相关规定，一号公建楼鉴定单元的安全性等级评定为 A_{su} 级。鉴定单元的安全性鉴定评级结果见表 1-39。

表 1-39　鉴定单元的安全性鉴定评级

子单元	鉴定评级	鉴定单元评级
地基和基础	A_u	按 9.1 鉴定单元安全性评级原则，评定该建筑的安全性等级为 A_{su} 级
上部承重结构	A_u	
围护结构承重部分	A_u	

七、二号公建楼鉴定评级

依据《民用建筑可靠性鉴定标准》（GB 50292—2015）中的相关规定对该建筑结构安全性进行鉴定。

（一）上部承重结构构件安全性鉴定评级

依据《民用建筑可靠性鉴定标准》（GB 50292—2015）中 5.2.1 的规定，混凝土结构构件的安全性鉴定，应按承载能力、构造、不适于继续承载的位移（或变形）和裂缝（或其他损伤）等四个检查项目，分别评定每一受检构件等级，并取其中最低一级作为该构件的安全性等级。围护结构安全性鉴定并入上部承重结构中进行评定。

1. 按承载能力评定（混凝土构件）

依据《民用建筑可靠性鉴定标准》（GB 50292—2015）中 5.2.2 的规定，经计算各混凝土构件承载能力安全性评价汇总见表 1-40、表 1-41。

表 1-40　主要构件承载能力安全性评价汇总

构件名称		检查构件总数	检查构件数量、级别			
			a_u	b_u	c_u	d_u
地下一层	柱	23	23	—	—	—
	墙	24	24	—	—	—
	主梁	20	20	—	—	—
地上一层	柱	23	23	—	—	—
	主梁	30	30	—	—	—
地上二层	柱	23	23	—	—	—
	主梁	30	30	—	—	—
地上三层	柱	23	23	—	—	—
	主梁	30	30	—	—	—
地上四层	柱	24	24	—	—	—
	主梁	38	38	—	—	—

表 1-41　一般构件承载能力安全性评价汇总

构件名称		检查构件总数	检查构件数量、级别			
			a_u	b_u	c_u	d_u
地下一层	板	24	24	—	—	—
	次梁	11	11	—	—	—
地上一层	板	18	18	—	—	—
	次梁	6	6	—	—	—
地上二层	板	18	18	—	—	—
	次梁	6	6	—	—	—
地上三层	板	18	18	—	—	—
	次梁	6	6	—	—	—
地上四层	板	19	19	—	—	—
	次梁	9	9	—	—	—

2. 按构造评定（混凝土构件）

依据《民用建筑可靠性鉴定标准》（GB 50292—2015）中 5.2.3 的规定，经现场检查，各混凝土构件构造安全性评价汇总见表 1-42、表 1-43。

表 1-42　主要构件构造安全性评价汇总

构件名称		检查构件总数	检查构件数量、级别			
			a_u	b_u	c_u	d_u
地下一层	柱	23	23	—	—	—
	墙	24	24	—	—	—
	主梁	20	20	—	—	—
地上一层	柱	23	23	—	—	—
	主梁	30	30	—	—	—
地上二层	柱	23	23	—	—	—
	主梁	30	30	—	—	—
地上三层	柱	23	23	—	—	—
	主梁	30	30	—	—	—
地上四层	柱	24	24	—	—	—
	主梁	38	38	—	—	—

表 1-43　一般构件构造安全性评价汇总

构件名称		检查构件总数	检查构件数量、级别			
			a_u	b_u	c_u	d_u
地下一层	板	24	24	—	—	—
	次梁	11	11	—	—	—

续表

构件名称		检查构件总数	检查构件数量、级别			
			a_u	b_u	c_u	d_u
地上一层	板	18	18	—	—	—
	次梁	6	6	—	—	—
地上二层	板	18	18	—	—	—
	次梁	6	6	—	—	—
地上三层	板	18	18	—	—	—
	次梁	6	6	—	—	—
地上四层	板	19	19	—	—	—
	次梁	9	9	—	—	—

3. 按不适于承载的位移或变形评定（混凝土构件）

依据《民用建筑可靠性鉴定标准》（GB 50292—2015）中 5.2.4 的规定，经现场检查，各混凝土构件不适于承载的位移或变形安全性评价汇总见表 1-44、表 1-45。

表 1-44　主要构件不适于承载的位移或变形安全性评价汇总

构件名称		检查构件总数	检查构件数量、级别			
			a_u	b_u	c_u	d_u
地下一层	柱	23	23	—	—	—
	墙	24	24	—	—	—
	主梁	20	20	—	—	—
地上一层	柱	23	23	—	—	—
	主梁	30	30	—	—	—
地上二层	柱	23	23	—	—	—
	主梁	30	30	—	—	—
地上三层	柱	23	23	—	—	—
	主梁	30	30	—	—	—
地上四层	柱	24	24	—	—	—
	主梁	38	38	—	—	—

表 1-45　一般构件不适于承载的位移或变形安全性评价汇总

构件名称		检查构件总数	检查构件数量、级别			
			a_u	b_u	c_u	d_u
地下一层	板	24	24	—	—	—
	次梁	11	11	—	—	—
地上一层	板	18	18	—	—	—
	次梁	6	6	—	—	—

续表

构件名称		检查构件总数	检查构件数量、级别			
			a_u	b_u	c_u	d_u
地上二层	板	18	18	—	—	—
	次梁	6	6	—	—	—
地上三层	板	18	18	—	—	—
	次梁	6	6	—	—	—
地上四层	板	19	19	—	—	—
	次梁	9	9	—	—	—

4. 按裂缝或其他损伤评定（混凝土构件）

依据《民用建筑可靠性鉴定标准》（GB 50292—2015）中 5.2.5 的规定，经现场检查，各混凝土构件裂缝或其他损伤安全性评价汇总见表 1-46、表 1-47。

表 1-46　主要构件裂缝及损失安全性评价汇总

构件名称		检查构件总数	检查构件数量、级别			
			a_u	b_u	c_u	d_u
地下一层	柱	23	23	—	—	—
	墙	24	24	—	—	—
	主梁	20	20	—	—	—
地上一层	柱	23	23	—	—	—
	主梁	30	30	—	—	—
地上二层	柱	23	23	—	—	—
	主梁	30	30	—	—	—
地上三层	柱	23	23	—	—	—
	主梁	30	30	—	—	—
地上四层	柱	24	24	—	—	—
	主梁	38	38	—	—	—

表 1-47　一般构件裂缝及损失安全性评价汇总

构件名称		检查构件总数	检查构件数量、级别			
			a_u	b_u	c_u	d_u
地下一层	板	24	24	—	—	—
	次梁	11	11	—	—	—
地上一层	板	18	18	—	—	—
	次梁	6	6	—	—	—
地上二层	板	18	18	—	—	—
	次梁	6	6	—	—	—

续表

构件名称		检查构件总数	检查构件数量、级别			
			a_u	b_u	c_u	d_u
地上三层	板	18	18	—	—	—
	次梁	6	6	—	—	—
地上四层	板	19	19	—	—	—
	次梁	9	9	—	—	—

5. 混凝土结构构件的安全性评定

根据对该建筑混凝土结构构件的安全性评定进行汇总，汇总结果见表1-48、表1-49。

表1-48 主要构件安全性评价汇总

构件名称		检查构件总数	检查构件数量、级别及比例							
			a_u	比例	b_u	比例	c_u	比例	d_u	比例
地下一层及夹层	柱	23	23	100%	—	—	—	—	—	—
	墙	24	24	100%	—	—	—	—	—	—
	主梁	20	20	100%	—	—	—	—	—	—
地上一层	柱	23	23	100%	—	—	—	—	—	—
	主梁	30	30	100%	—	—	—	—	—	—
地上二层	柱	23	23	100%	—	—	—	—	—	—
	主梁	30	30	100%	—	—	—	—	—	—
地上三层	柱	23	23	100%	—	—	—	—	—	—
	主梁	30	30	100%	—	—	—	—	—	—
地上四层	柱	24	24	100%	—	—	—	—	—	—
	主梁	38	38	100%	—	—	—	—	—	—

表1-49 一般构件安全性评价汇总

构件名称		检查构件总数	检查构件数量、级别及比例							
			a_u	比例	b_u	比例	c_u	比例	d_u	比例
地下一层	板	24	24	100%	—	—	—	—	—	—
	次梁	11	11	100%	—	—	—	—	—	—
地上一层	板	18	18	100%	—	—	—	—	—	—
	次梁	6	6	100%	—	—	—	—	—	—
地上二层	板	18	18	100%	—	—	—	—	—	—
	次梁	6	6	100%	—	—	—	—	—	—
地上三层	板	18	18	100%	—	—	—	—	—	—
	次梁	6	6	100%	—	—	—	—	—	—
地上四层	板	19	19	100%	—	—	—	—	—	—
	次梁	9	9	100%	—	—	—	—	—	—

（二）子单元安全性鉴定评级

1. 地基和基础安全性鉴定评级

经现场检查，该建筑未发现有明显不均匀沉降，上部承重构件未出现不均匀沉降裂缝，未发现结构整体有明显倾斜现象，依据《民用建筑可靠性鉴定标准》（GB 50292—2015）中 7.2.3，二号公建楼地基基础的安全性按上部结构反应的检查结果评定为 A_u 级。

2. 上部承重结构安全性鉴定评级

依据《民用建筑可靠性鉴定标准》（GB 50292—2015）中 7.3，上部承重结构子单元的安全性鉴定评级，应根据其结构承载功能等级，结构整体性等级以及结构侧向位移等级的评定结果进行评定。

（1）按结构承载功能评定

依据《民用建筑可靠性鉴定标准》（GB 50292—2015）中 7.3.2 至 7.3.8，各层构件承载功能安全性评定汇总见表 1-50、表 1-51，上部承重结构安全性鉴定评级为 A_u 级。

表 1-50　主要构件承载功能鉴定评级

楼层	分级标准	鉴定评级
地下一层	该构件集内，不含 c_u 级和 d_u 级	A_u
地上一层	该构件集内，不含 c_u 级和 d_u 级	A_u
地上二层	该构件集内，不含 c_u 级和 d_u 级	A_u
地上三层	该构件集内，不含 c_u 级和 d_u 级	A_u
地上四层	该构件集内，不含 c_u 级和 d_u 级	A_u
地上五层	该构件集内，不含 c_u 级和 d_u 级	A_u

表 1-51　一般构件承载功能鉴定评级

楼层	分级标准	鉴定评级
地下一层	该构件集内，不含 c_u 级和 d_u 级	A_u
地上一层	该构件集内，不含 c_u 级和 d_u 级	A_u
地上二层	该构件集内，不含 c_u 级和 d_u 级	A_u
地上三层	该构件集内，不含 c_u 级和 d_u 级	A_u
地上四层	该构件集内，不含 c_u 级和 d_u 级	A_u
地上五层	该构件集内，不含 c_u 级和 d_u 级	A_u

（2）按整体牢固性评定

依据《民用建筑可靠性鉴定标准》（GB 50292—2015）中 7.3.9 进行评定，该建筑布置合理，形成完整的体系，且结构选型及传力路线明确。结构、构件间的联系设计合理、无疏漏；连接方式正确、可靠，无松动变形或其他残损。因此，该建筑整体牢固性等级评定为 A_u 级。

（3）按上部承重结构不适于承载的侧向位移评定

依据《民用建筑可靠性鉴定标准》（GB 50292—2015）中 7.3.10 进行评定，根据检查结果，该建筑按上部承重结构不适于承载的侧向位移评定为 A_u 级。

3. 围护系统承重结构安全性鉴定评级

依据《民用建筑可靠性鉴定标准》（GB 50292—2015）中 7.4 进行评定，根据现场检查结果，该建筑按围护系统承重结构安全性评定为 A_u 级。

子单元安全性鉴定评级结果见表 1-52。

表 1-52　子单元安全性鉴定评级结果

<table>
<tr><td colspan="6">子单元安全性鉴定评级</td></tr>
<tr><td rowspan="3">地基基础</td><td>地基变形评级</td><td colspan="2">A_u</td><td colspan="2" rowspan="3">A_u</td></tr>
<tr><td>边坡场地稳定性评级</td><td colspan="2">—</td></tr>
<tr><td>基础承载力评级</td><td colspan="2">—</td></tr>
<tr><td rowspan="6">上部承重结构</td><td rowspan="6">楼层结构安全性鉴定评级</td><td>地下一层</td><td>A_u</td><td rowspan="6">A_u</td><td rowspan="6">A_u</td></tr>
<tr><td>地上一层</td><td>A_u</td></tr>
<tr><td>地上二层</td><td>A_u</td></tr>
<tr><td>地上三层</td><td>A_u</td></tr>
<tr><td>地上四层</td><td>A_u</td></tr>
<tr><td>地上五层</td><td>A_u</td></tr>
<tr><td rowspan="6">围护结构承重部分</td><td rowspan="6">楼层结构安全性鉴定评级</td><td>地下一层</td><td>A_u</td><td rowspan="6">A_u</td><td rowspan="6">A_u</td></tr>
<tr><td>地上一层</td><td>A_u</td></tr>
<tr><td>地上二层</td><td>A_u</td></tr>
<tr><td>地上三层</td><td>A_u</td></tr>
<tr><td>地上四层</td><td>A_u</td></tr>
<tr><td>地上五层</td><td>A_u</td></tr>
</table>

（三）鉴定单元安全性鉴定评级

根据现场检验、检测及计算结果，依据《民用建筑可靠性鉴定标准》（GB 50292—2015）中 9.1 的相关规定，二号公建楼鉴定单元的安全性等级评定为 A_{su} 级。鉴定单元的安全性鉴定评级结果见表 1-53。

表 1-53　鉴定单元的安全性鉴定评级

<table>
<tr><td>子单元</td><td>鉴定评级</td><td>鉴定单元评级</td></tr>
<tr><td>地基和基础</td><td>A_u</td><td rowspan="3">按 9.1 鉴定单元安全性评级原则，评定该建筑的安全性等级为 A_{su} 级</td></tr>
<tr><td>上部承重结构</td><td>A_u</td></tr>
<tr><td>围护结构承重部分</td><td>A_u</td></tr>
</table>

八、鉴定结论及处理建议

（一）鉴定结论

根据现场检查、检测及计算结果，依据《民用建筑可靠性鉴定标准》（GB 50292—2015）中 9.1 的相关规定，对该项目所属建筑评级如下。

（1）一号公建楼的安全性等级评定为 A_{su}级。

（2）二号公建楼的安全性等级评定为 A_{su}级。

（注：A_u，A_{su}——安全性符合《民用建筑可靠性鉴定标准》（GB 50292—2015）对 A_u，A_{su}级的要求，不影响整体承载，可能有极少数一般构件应采取措施。）

（二）处理建议

（1）根据鉴定结论，建议对该房屋加强日常管理和维护，并对检查发现的一号公建楼部分钢构件表面锈蚀损伤进行修复处理。

（2）该项目所属建筑在后续使用过程中，如改变原有结构布置、使用荷载及使用功能，需委托有专业资质的设计单位和加固改造单位进行设计及改造施工。

第二章　砌体结构

案例二　某学员宿舍楼安全性鉴定

一、房屋概况

学员宿舍楼位于北京市大兴区清源路。该建筑为地上四层，局部为五层，原主体结构为砖混结构，砖墙承重，采用混凝土预制板，局部现浇板。建于1986年，设计使用功能为宿舍楼，原结构设计单位为中国核工业第四设计研究院。

委托方于1998年在学员宿舍楼北楼的南北两侧及南楼的北侧增加了阳台，结构形式为砖混结构，砖墙承重，采用混凝土现浇楼板，增加阳台部分设计单位为中国核工业第四设计研究院。

该建筑总高度约为12.00m，总长度约为50.55m，总宽度约为46.80m，建筑面积约为6403.0m^2。该建筑分为东、南、北楼三个结构单元，Ⓓ、Ⓔ轴和Ⓟ、Ⓠ轴中间设置有60mm分隔缝。该房屋概况如下。

（1）地基基础：依据委托方提供的原结构竣工图纸及增加阳台施工图资料，该建筑采用天然地基，地基承载力特征值为150kPa，基础为条形基础。

（2）上部承重结构：原砖混结构及增加阳台部分均采用普通烧结砖和混合砂浆砌筑，外墙厚度为370mm，内墙厚度为240mm，一至五层砖的设计强度等级为MU7.5，一至五层砂浆的设计强度等级为M5，楼梯、增加阳台及卫生间等局部区域采用现浇楼板，设计强度等级为200号混凝土（相当于现行C18强度等级），其他区域楼盖、屋盖均采用混凝土预制楼板，该建筑设置有圈梁和构造柱。

（3）围护承重结构：门窗过梁采用混凝土梁，设计强度等级为200号混凝土（相当于现行C18等级）。

为充分了解该建筑结构主体安全性能，委托方特委托中国建材检验认证集团股份有限公司对学员宿舍楼进行安全性鉴定。

房屋外观实景见图2-1，各层平面布置示意图见图2-2～图2-5。

图 2-1　建筑外观

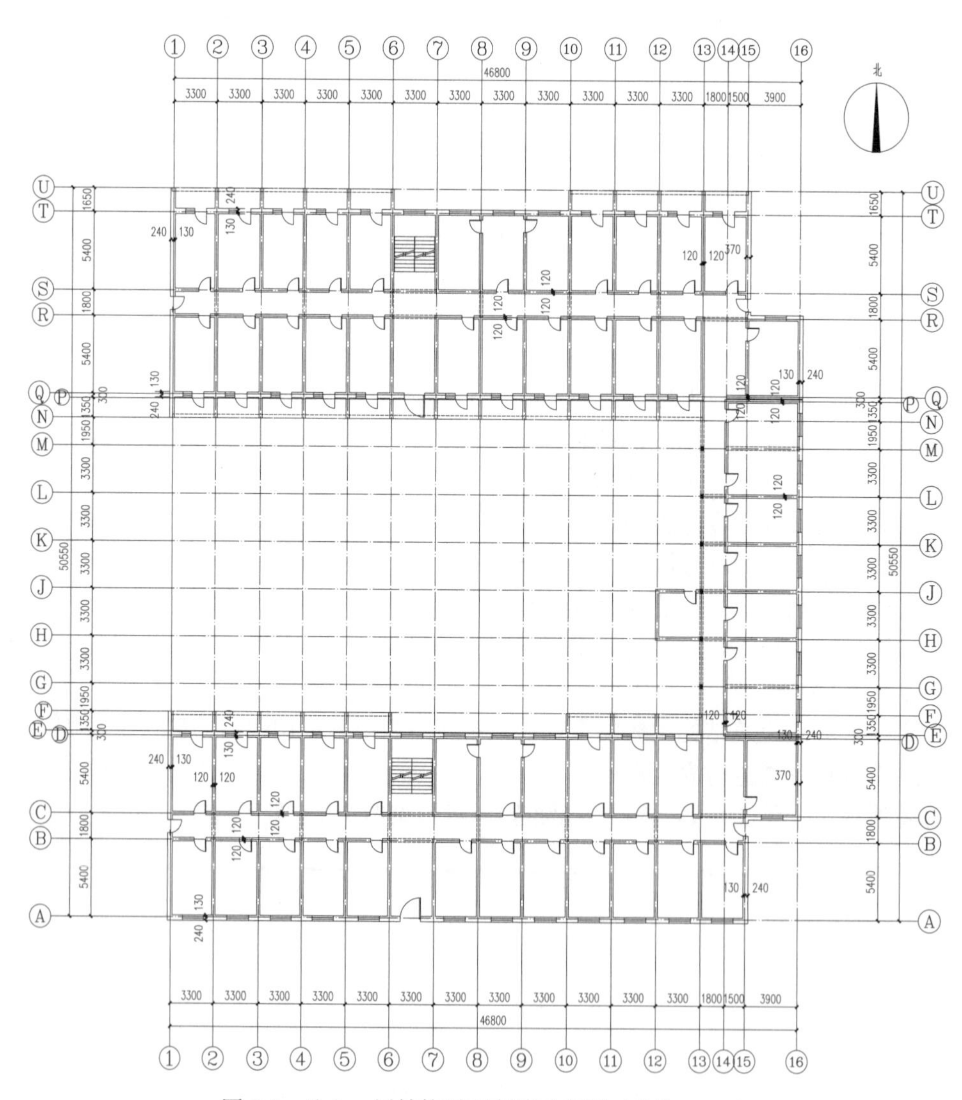

图 2-2　地上一层结构平面布置示意图（单位：mm）

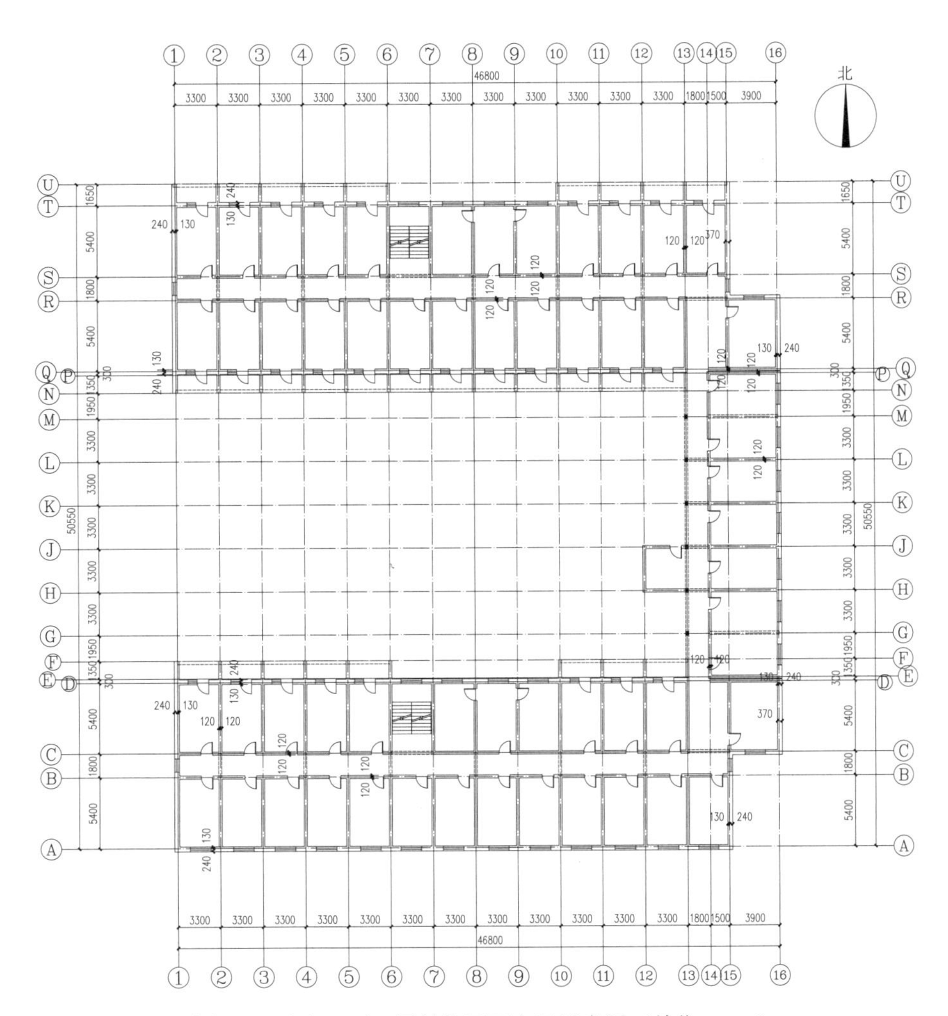

图 2-3　地上二至四层结构平面布置示意图（单位：mm）

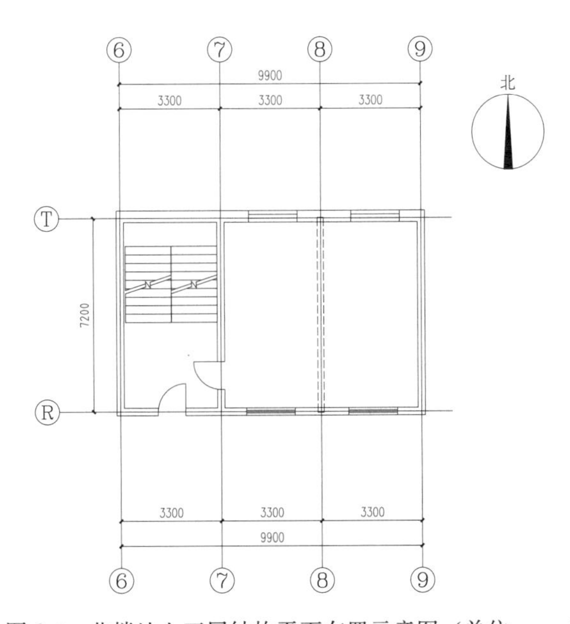

图 2-4　北楼地上五层结构平面布置示意图（单位：mm）

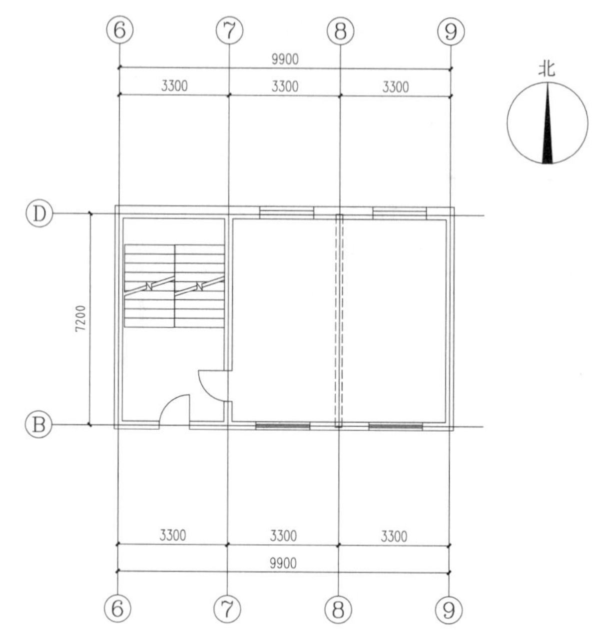

图 2-5 南楼地上五层结构平面布置示意图（单位：mm）

二、鉴定范围和内容

（一）鉴定范围

学员宿舍楼结构整体范围进行鉴定。

（二）鉴定内容

（1）对房屋结构体系、结构布置进行检查。

（2）对上部承重结构现状进行检查。

（3）采用回弹法及贯入法对承重墙砖、砂浆强度进行检测。

（4）对房屋建筑的主体倾斜进行检测。

依据《房屋结构综合安全性鉴定标准》（DB 11/637—2015），对房屋结构安全性进行鉴定。

三、检测鉴定的依据和设备

（一）检测鉴定依据

（1）《房屋结构综合安全性鉴定标准》（DB 11/637—2015）。

（2）《建筑结构检测技术标准》（GB/T 50344—2019）。

（3）《砌体工程现场检测技术标准》（GB/T 50315—2011）。

（4）《砌体结构工程施工质量验收规范》（GB 50203—2011）。

（5）《贯入法检测砌筑砂浆抗压强度技术规程》（JGJ/T 136—2017）。

（6）《建筑变形测量规范》（JGJ 8—2016）。

（二）检测设备

（1）钢卷尺（ZT-198）。

（2）砖回弹仪（ZT-122）。
（3）砂浆贯入仪（ZT-108）。
（4）激光测距仪（ZT-080）。
（5）全站仪（ZT-035）。
（6）钢直尺（ZT-191）。
（7）数码照相机。

四、现场检测

该工程于2020年5月28日开始进场，对学员宿舍楼现状进行了现场检查、检测，具体结果如下。

1. 建筑结构使用条件与环境核查

经现场检查和调查，该建筑设计使用功能为民用建筑（宿舍楼），建筑使用环境未发生明显变化，结构构件所处环境类别、条件未发生明显改变。

2. 建筑地基、基础现状调查

委托方提供了竣工图纸资料，通过现场结构现状检查，未发现该建筑有影响房屋安全的明显沉降和倾斜，未发现由于地基承载力不足或不均匀沉降所造成的主要承重构件开裂和变形，详见图2-6、图2-7。

图2-6　建筑南侧承重墙体与地面无异常

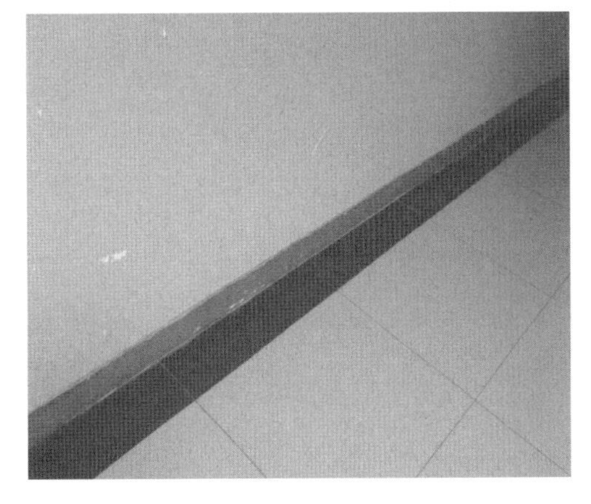

图2-7　建筑内部承重墙体与地面无异常

3. 上部承重结构现状检查

学员宿舍楼为砖混结构，地上四层，局部为五层，烧结普通砖墙承重，楼梯、新增阳台及卫生间等局部区域采用现浇楼板，设计强度等级为200号混凝土（相当于现行C18强度等级），其他区域楼盖、屋盖均采用混凝土预制楼板。

经现场检查，学员宿舍楼结构体系基本合理，整体牢固性较好，大部分承重构件外观质量基本完好，主要承重构件未发现明显的倾斜、歪扭等现象以及明显影响结构安全性的缺陷及损伤。

4. 围护结构承重部分现状检查

经现场检查，学员宿舍楼围护结构承重构件外观质量基本完好，未发现明显的倾斜、歪扭等现象以及明显影响结构安全性的缺陷及损伤。

5. 上部承重结构现场检测结果

（1）砖强度

采用回弹法对承重墙体的砖强度进行检测，检测结果见表 2-1。

表 2-1　砖强度检测汇总

<table>
<tr><th colspan="2" rowspan="2">构件名称及部位</th><th colspan="4">抗压强度换算值/MPa</th><th rowspan="2">抗压强度标准值 f_k/MPa</th><th rowspan="2">抗压强度最小值 f_{min}/MPa</th><th rowspan="2">强度等级推定标准</th><th rowspan="2">推定强度等级</th></tr>
<tr><th>换算平均值</th><th>检验批平均值</th><th>标准差</th><th>变异系数</th></tr>
<tr><td rowspan="10">第一批</td><td>一层墙 ⑥-⑦/Ⓡ</td><td>13.1</td><td rowspan="10">13.51</td><td rowspan="10">0.34</td><td rowspan="10">0.03</td><td rowspan="10">12.9</td><td rowspan="10">12.8</td><td rowspan="10">$f_{min}\geqslant 10.0$
$f_k\geqslant 6.5$</td><td rowspan="10">MU10</td></tr>
<tr><td>一层墙 ⑥-⑦/Ⓢ</td><td>13.9</td></tr>
<tr><td>一层墙 ⑭/Ⓚ-Ⓛ</td><td>13.5</td></tr>
<tr><td>一层墙 ⑤-⑥/Ⓑ</td><td>13.9</td></tr>
<tr><td>一层墙 ⑤-⑥/Ⓒ</td><td>13.4</td></tr>
<tr><td>二层墙 ⑦-⑧/Ⓢ</td><td>13.8</td></tr>
<tr><td>二层墙 ⑧-⑨/Ⓡ</td><td>13.5</td></tr>
<tr><td>二层墙 ⑭/Ⓛ-Ⓜ</td><td>12.8</td></tr>
<tr><td>二层墙 ⑭/Ⓙ-Ⓚ</td><td>13.5</td></tr>
<tr><td>二层墙 ⑦-⑧/Ⓚ</td><td>13.7</td></tr>
<tr><td rowspan="6">第二批</td><td>三层墙 ⑦-⑧/Ⓢ</td><td>12.7</td><td rowspan="6">13.19</td><td rowspan="6">0.53</td><td rowspan="6">0.04</td><td rowspan="6">12.2</td><td rowspan="6">12.6</td><td rowspan="6">$f_{min}\geqslant 10.0$
$f_k\geqslant 6.5$</td><td rowspan="6">MU10</td></tr>
<tr><td>三层墙 ⑧-⑨/Ⓡ</td><td>13.1</td></tr>
<tr><td>三层墙 ⑦-⑧/Ⓑ</td><td>13.1</td></tr>
<tr><td>三层墙 ⑦-⑧/Ⓒ</td><td>12.6</td></tr>
<tr><td>三层墙 ⑭/Ⓙ-Ⓚ</td><td>13.2</td></tr>
<tr><td>四层墙 ⑨-⑩/Ⓡ</td><td>13.1</td></tr>
</table>

续表

构件名称及部位		抗压强度换算值/MPa				抗压强度标准值 f_k/MPa	抗压强度最小值 f_{min}/MPa	强度等级推定标准	推定强度等级
		换算平均值	检验批平均值	标准差	变异系数				
第二批	四层墙⑨-⑩/Ⓢ	14.4	13.19	0.53	0.04	12.2	12.6	$f_{min}\geqslant 10.0$ $f_k\geqslant 6.5$	MU10
	四层墙⑭/Ⓛ-Ⓜ	13.5							
	四层墙⑦-⑧/Ⓑ	13.6							
	四层墙⑦-⑧/Ⓒ	12.6							

注：轴线号参照结构平面布置示意图。

检测结果表明，墙体砖推定强度等级为MU10，符合设计要求。

(2) 砂浆强度

采用贯入法对承重墙体砂浆强度进行检测，检测结果见表2-2。

表2-2 砂浆强度检测汇总

构件名称及部位		贯入深度平均值/mm	抗压强度换算值/MPa			变异系数	抗压强度推定/MPa	设计等级
			强度换算值	换算平均值	换算强度标准差			
第一批	一层墙⑤-⑥/Ⓑ	4.59	5.9	5.7	0.33	0.06	5.2	M5
	一层墙⑤-⑥/Ⓒ	4.82	5.4					
	二层墙⑦-⑧/Ⓢ	4.92	5.2					
	二层墙⑧-⑨/Ⓡ	4.54	6.1					
	二层墙⑭/Ⓛ-Ⓜ	4.72	5.7					
	二层墙⑭/Ⓙ-Ⓚ	4.73	5.6					
第二批	三层墙⑧-⑨/Ⓡ	4.86	5.3	5.6	0.57	0.10	5.1	M5
	三层墙⑦-⑧/Ⓑ	4.85	5.3					
	三层墙⑦-⑧/Ⓒ	4.67	5.8					
	三层墙⑭/Ⓙ-Ⓚ	4.38	6.6					
	四层墙⑨-⑩/Ⓡ	4.65	5.8					
	四层墙⑨-⑩/Ⓢ	5.01	5.0					

注：轴线号参照结构平面布置示意图。

检测结果表明，砂浆推定强度符合设计要求。

(3) 建筑倾斜

采用全站仪对该建筑的倾斜进行检测，检测结果见表2-3。

表 2-3　房屋整体倾斜检测结果汇总

楼号	测量位置	倾斜方向	偏差值/mm	测斜高度/mm	倾斜率/%
学员宿舍楼	西北角	—	—	—	—
		—	—	—	—
	西南角	东	15	12000	0.13
		南	20	12000	0.17
	东北角	—	—	—	—
		北	26	12000	0.22
	东南角	东	10	12000	0.08
		—	—	—	—

注："—"和未体现的位置表示现场条件限制，无法观测。

根据测量结果，该建筑的整体倾斜未超过规范允许的限值。

五、复核计算

计算软件：中国建筑科学研究院 PKPM2010。

六、房屋结构安全性鉴定（南楼）

依据 DB 11/637—2015 中的 3.2.5 规定，对该建筑结构安全性进行鉴定，鉴定类别为Ⅲ类。

（一）地基和基础安全性鉴定评级

依据 DB 11/637—2015 中的规定，根据地基和基础的不均匀沉降在上部结构中反应的检查结果进行鉴定评级。房屋地基基础的变形、稳定性及地基和基础安全性等级，结果详见表 2-4。

表 2-4　房屋结构安全性鉴定评级结果

<table>
<tr><th>鉴定项目</th><th colspan="6">子单元鉴定评级</th><th>鉴定单元鉴定评级</th></tr>
<tr><td rowspan="9">安全性鉴定</td><td rowspan="3">地基基础</td><td>地基变形评级</td><td colspan="3">A_u</td><td rowspan="3">A_u</td><td rowspan="9">A_{su}</td></tr>
<tr><td>边坡场地稳定性评级</td><td colspan="3">—</td></tr>
<tr><td>基础承载力评级</td><td colspan="3">A_u</td></tr>
<tr><td rowspan="6">上部承重结构</td><td rowspan="5">楼层结构安全性鉴定评级</td><td>地上一层</td><td>A_u</td><td rowspan="5">A_u</td><td rowspan="6">A_u</td></tr>
<tr><td>地上二层</td><td>A_u</td></tr>
<tr><td>地上三层</td><td>A_u</td></tr>
<tr><td>地上四层</td><td>A_u</td></tr>
<tr><td>地上五层</td><td>A_u</td></tr>
<tr><td>结构整体性评级</td><td colspan="3">A_u</td></tr>
</table>

（二）上部承重结构安全性鉴定评级

1. 每种构件集评级

（1）结构构件承载力鉴定评级

依据 DB 11/637—2015 中 6.3.2 相关规定，根据房屋结构主要构件及一般构件的承载力，对相应构件的安全性进行鉴定评级。

每层构件承载力评级结果见表 2-5，其中一层⑦/Ⓒ-Ⓓ、一层⑤-⑥/Ⓑ墙体承载力为 b_u 级。

表 2-5 构件承载力评级结果

构件名称	检查构件数量、级别				
	总数	a_u	b_u	c_u	d_u
地上一层	175	173	2	—	—
地上二层	175	175	—	—	—
地上三层	175	175	—	—	—
地上四层	175	175	—	—	—
地上五层	11	11	—	—	—

（2）结构构件构造和连接鉴定评级

依据 DB 11/637—2015 中 6.3.3 相关规定，根据砌体墙、柱的高厚比和墙、柱、梁、楼板的连接构造等影响安全的因素进行鉴定评级，每层构件构造和连接评级结果见表 2-6。

表 2-6 构件构造和连接评级结果

构件名称	检查构件数量、级别			
	a_u	b_u	c_u	d_u
地上一层	175	—	—	—
地上二层	175	—	—	—
地上三层	175	—	—	—
地上四层	175	—	—	—
地上五层	11	—	—	—

（3）结构构件变形与损伤

依据 DB 11/637—2015 中 6.3.4 相关规定，砌体结构构件的变形与损伤项目包括倾斜、裂缝和风化酥碱程度，应根据对结构安全性的影响按相关规定评定，每层构件变形与损伤评级结果见表 2-7。

表 2-7 构件变形与损伤评级结果

构件名称	检查构件数量、级别			
	a_u	b_u	c_u	d_u
地上一层	175	—	—	—
地上二层	175	—	—	—

续表

构件名称	检查构件数量、级别			
	a_u	b_u	c_u	d_u
地上三层	175	—	—	—
地上四层	175	—	—	—
地上五层	11	—	—	—

综上所述，该建筑各构件安全性评价汇总见表 2-8，各子单元安全性评价见表 2-4。

表 2-8　各构件评价汇总

构件名称	检查构件总数	检查构件数量、级别			
		a_u	b_u	c_u	d_u
地上 1 层	175	173	2	—	—
地上 2 层	175	175	—	—	—
地上 3 层	175	175	—	—	—
地上 4 层	175	175	—	—	—
地上 5 层	11	11	—	—	—

2. 结构整体性鉴定评级

依据 DB 11/637—2015 中 3.4 相关规定，根据房屋结构布置、结构体系、抗侧力系统构造、结构及构件间联系、构造措施等，对房屋结构整体性进行鉴定评级。

房屋布置合理，形成完整体系，且结构选型、传力路线正确，结构、构件间的联系正确、可靠。结构整体性评定 A_u 级。

（三）房屋结构安全性鉴定评级

依据 DB 11/637—2015 中 3.4 和 3.6 相关规定，根据地基和基础安全性等级和上部承重结构安全性等级，对房屋结构安全性进行鉴定评级。结构安全性等级结果详见表 2-4。

七、房屋结构安全性鉴定（东楼）

依据 DB 11/637—2015 中 3.2.5 规定，对该建筑结构安全性进行鉴定，鉴定类别为Ⅲ类。

（一）地基和基础安全性鉴定评级

依据 DB 11/637—2015 中的规定，根据地基和基础的不均匀沉降在上部结构中反应的检查结果进行鉴定评级。房屋地基基础的变形、稳定性及地基和基础安全性等级，结果详见表 2-9。

表 2-9　房屋结构安全性鉴定评级结果

<table>
<tr><td>鉴定项目</td><td colspan="6">子单元鉴定评级</td><td>鉴定单元鉴定评级</td></tr>
<tr><td rowspan="8">安全性鉴定</td><td rowspan="3">地基基础</td><td>地基变形评级</td><td colspan="3">A_u</td><td rowspan="3">A_u</td><td rowspan="8">A_{su}</td></tr>
<tr><td>边坡场地稳定性评级</td><td colspan="3">—</td></tr>
<tr><td>基础承载力评级</td><td colspan="3">A_u</td></tr>
<tr><td rowspan="5">上部承重结构</td><td rowspan="4">楼层结构安全性鉴定评级</td><td>地上一层</td><td>A_u</td><td rowspan="4">A_u</td><td rowspan="5">A_u</td></tr>
<tr><td>地上二层</td><td>A_u</td></tr>
<tr><td>地上三层</td><td>A_u</td></tr>
<tr><td>地上四层</td><td>A_u</td></tr>
<tr><td>结构整体性评级</td><td colspan="3">A_u</td></tr>
</table>

（二）上部承重结构安全性鉴定评级

1. 每种构件集评级

（1）结构构件承载力鉴定评级

依据 DB 11/637—2015 中 6.3.2 相关规定，根据房屋结构主要构件及一般构件的承载力，对相应构件的安全性进行鉴定评级，每层构件承载力评级结果见表 2-10。

表 2-10　构件承载力评级结果

构件名称	检查构件数量、级别				
	总数	a_u	b_u	c_u	d_u
地上一层	59	59	—	—	—
地上二层	59	59	—	—	—
地上三层	59	59	—	—	—
地上四层	59	59	—	—	—

（2）结构构件构造和连接鉴定评级

依据 DB 11/637—2015 中 6.3.3 相关规定，根据砌体墙、柱的高厚比和墙、柱、梁、楼板的连接构造等影响安全的因素进行鉴定评级，每层构件构造和连接评级结果见表 2-11。

表 2-11　构件构造和连接评级结果

构件名称	检查构件数量、级别			
	a_u	b_u	c_u	d_u
地上一层	59	—	—	—
地上二层	59	—	—	—
地上三层	59	—	—	—
地上四层	59	—	—	—

(3) 结构构件变形与损伤

依据 DB 11/637—2015 中 6.3.4 相关规定，砌体结构构件的变形与损伤项目包括倾斜、裂缝和风化酥碱程度，应根据对结构安全性的影响按相关规定评定，每层构件变形与损伤评级结果见表 2-12。

表 2-12 构件变形与损伤评级结果

构件名称	检查构件数量、级别			
	a_u	b_u	c_u	d_u
地上一层	59	—	—	—
地上二层	59	—	—	—
地上三层	59	—	—	—
地上四层	59	—	—	—

综上所述，该建筑各构件安全性评价汇总见表 2-13，各子单元安全性评价见表 2-9。

表 2-13 各构件评价汇总

构件名称	检查构件总数	检查构件数量、级别			
		a_u	b_u	c_u	d_u
地上一层	59	59	—	—	—
地上二层	59	59	—	—	—
地上三层	59	59	—	—	—
地上四层	59	59	—	—	—

2. 结构整体性鉴定评级

依据 DB 11/637—2015 中 3.4 相关规定，根据房屋结构布置、结构体系、抗侧力系统构造、结构及构件间联系、构造措施等，对房屋结构整体性进行鉴定评级。

房屋布置合理，形成完整体系，且结构选型、传力路线正确，结构、构件间的联系正确、可靠。结构整体性评定 A_u 级。

(三) 房屋结构安全性鉴定评级

依据 DB 11/637—2015 中 3.4 和 3.6 相关规定，根据地基和基础安全性等级和上部承重结构安全性等级，对房屋结构安全性进行鉴定评级。结构安全性等级结果详见表 2-9。

八、房屋结构安全性鉴定（北楼）

依据 DB 11/637—2015 中 3.2.5 规定，对该建筑结构安全性进行鉴定，鉴定类别为Ⅲ类。

(一) 地基和基础安全性鉴定评级

依据 DB 11/637—2015 中的规定，根据地基和基础的不均匀沉降在上部结构中反应的检查结果进行鉴定评级。房屋地基基础的变形、稳定性及地基和基础安全性等级，结果详见表 2-14。

表 2-14　房屋结构安全性鉴定评级结果

<table>
<tr><th>鉴定项目</th><th colspan="6">子单元鉴定评级</th><th>鉴定单元鉴定评级</th></tr>
<tr><td rowspan="9">安全性鉴定</td><td rowspan="3">地基基础</td><td>地基变形评级</td><td colspan="3">A_u</td><td rowspan="3">A_u</td><td rowspan="9">A_{su}</td></tr>
<tr><td>边坡场地稳定性评级</td><td colspan="3">—</td></tr>
<tr><td>基础承载力评级</td><td colspan="3">A_u</td></tr>
<tr><td rowspan="6">上部承重结构</td><td rowspan="5">楼层结构安全性鉴定评级</td><td>地上一层</td><td>A_u</td><td rowspan="5">A_u</td><td rowspan="6">A_u</td></tr>
<tr><td>地上二层</td><td>A_u</td></tr>
<tr><td>地上三层</td><td>A_u</td></tr>
<tr><td>地上四层</td><td>A_u</td></tr>
<tr><td>地上五层</td><td>A_u</td></tr>
<tr><td>结构整体性评级</td><td colspan="3">A_u</td></tr>
</table>

（二）上部承重结构安全性鉴定评级

1. 每种构件集评级

（1）结构构件承载力鉴定评级

依据 DB 11/637—2015 中 6.3.2 相关规定，根据房屋结构主要构件及一般构件的承载力，对相应构件的安全性进行鉴定评级。

每层构件承载力评级结果见表 2-15，其中一层⑦/Ⓢ-Ⓣ，一层⑤-⑥/Ⓡ，一层⑮/Ⓠ-Ⓡ 墙承载力评级为 b_u 级。

表 2-15　构件承载力评级结果

构件名称	检查构件数量、级别				
	总数	a_u	b_u	c_u	d_u
地上一层	199	196	3	—	—
地上二层	199	199	—	—	—
地上三层	199	199	—	—	—
地上四层	199	199	—	—	—
地上五层	10	10	—	—	—

（2）结构构件构造和连接鉴定评级

依据 DB 11/637—2015 中 6.3.3 相关规定，根据砌体墙、柱的高厚比和墙、柱、梁、楼板的连接构造等影响安全的因素进行鉴定评级，每层构件构造和连接评级结果见表 2-16。

表 2-16　构件构造和连接评级结果

构件名称	检查构件数量、级别			
	a_u	b_u	c_u	d_u
地上一层	199	—	—	—
地上二层	199	—	—	—

续表

构件名称	检查构件数量、级别			
	a_u	b_u	c_u	d_u
地上三层	199	—	—	—
地上四层	199	—	—	—
地上五层	10	—	—	—

（3）结构构件变形与损伤

依据 DB 11/637—2015 中 6.3.4 相关规定，砌体结构构件的变形与损伤项目包括倾斜、裂缝和风化酥碱程度，应根据对结构安全性的影响按相关规定评定，每层构件变形与损伤评级结果见表 2-17。

表 2-17　构件变形与损伤评级结果

构件名称	检查构件数量、级别			
	a_u	b_u	c_u	d_u
地上一层	199	—	—	—
地上二层	199	—	—	—
地上三层	199	—	—	—
地上四层	199	—	—	—
地上五层	10	—	—	—

综上所述，该建筑各构件安全性评价汇总见表 2-18，各子单元安全性评价见表 2-14。

表 2-18　各构件评价汇总

构件名称	检查构件总数	检查构件数量、级别			
		a_u	b_u	c_u	d_u
地上一层	199	196	3	—	—
地上二层	199	199	—	—	—
地上三层	199	199	—	—	—
地上四层	199	199	—	—	—
地上五层	10	10	—	—	—

2. 结构整体性鉴定评级

依据 DB 11/637—2015 中 3.4 相关规定，根据房屋结构布置、结构体系、抗侧力系统构造、结构及构件间联系、构造措施等，对房屋结构整体性进行鉴定评级。

房屋布置合理，形成完整体系，且结构选型、传力路线正确，结构、构件间的联系正确、可靠。结构整体性评定 A_u 级。

（三）房屋结构安全性鉴定评级

依据 DB 11/637—2015 中 3.4 和 3.6 相关规定，根据地基和基础安全性等级和上部承重结构安全性等级，对房屋结构安全性进行鉴定评级。

结构安全性等级结果详见表 2-14。

九、房屋结构综合安全性鉴定结果

（一）鉴定结论

根据现场检查、检测及计算结果，依据 DB 11/637—2015 的鉴定结论如下：

（1）学员宿舍楼南楼安全性鉴定等级为 A_{su}级。

（2）学员宿舍楼东楼安全性鉴定等级为 A_{su}级。

（3）学员宿舍楼北楼安全性鉴定等级为 A_{su}级。

（二）建议

（1）根据鉴定结论，建议对该房屋构件加强日常管理和维护。

（2）该建筑在后续使用过程中，使用人及所有人未经具有专业资质的单位进行设计或鉴定时，不得随意改变原有结构布置、使用荷载及使用功能。

第三章 钢 结 构

案例三 某养老驿站安全性鉴定

一、房屋建筑概况

该建筑位于北京市顺义区赵全营镇北郎中村，为地上一层门式钢架结构，屋盖采用彩钢板。建筑长度约为 33.6m，宽度约为 28.0m，总高度约为 11.3m，标高 2.5m 处，①-③/Ⓐ-Ⓕ轴区域新增钢结构夹层，楼板为压型钢板组合楼板；标高 5.0m 处，新增钢结构夹层，楼板为压型钢板组合楼板。该建筑建于 2016 年，总建筑面积为 2342.4m^2，鉴定面积为 2342.4m^2。委托方未能提供有效设计资料，地基信息不详。

委托方委托中国国检测试控股集团股份有限公司对该养老驿站进行检测。建筑外观如图 3-1 所示，建筑内部现状如图 3-2 所示，建筑结构布置示意图见图 3-3～图 3-5。

图 3-1 建筑外观

图 3-2 建筑内部现状

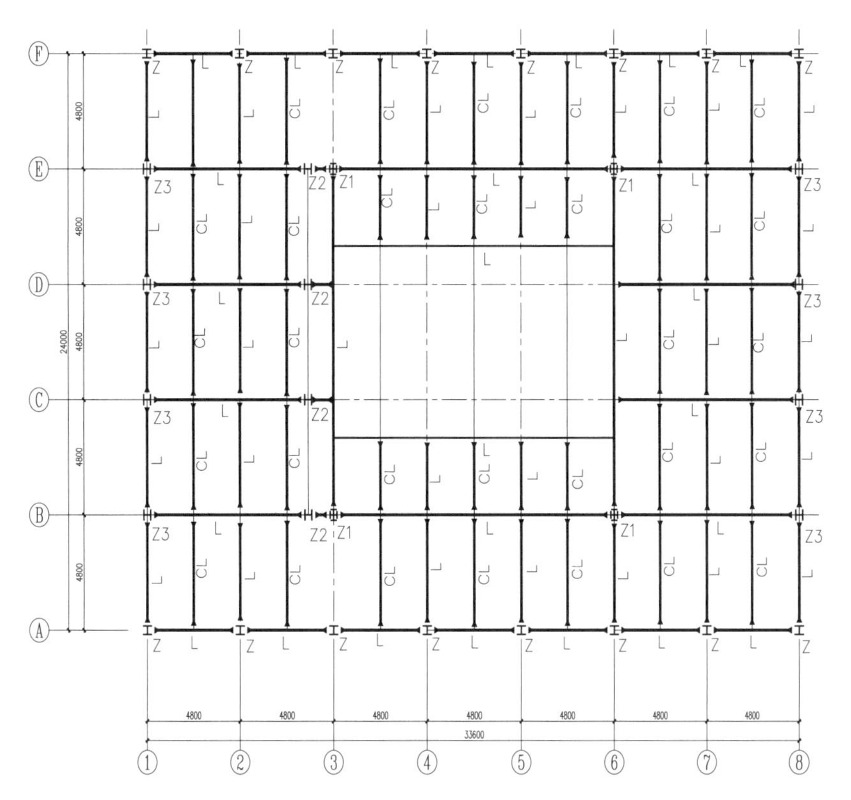

图 3-3 5.0m 标高处夹层区域结构布置示意图（单位：mm）

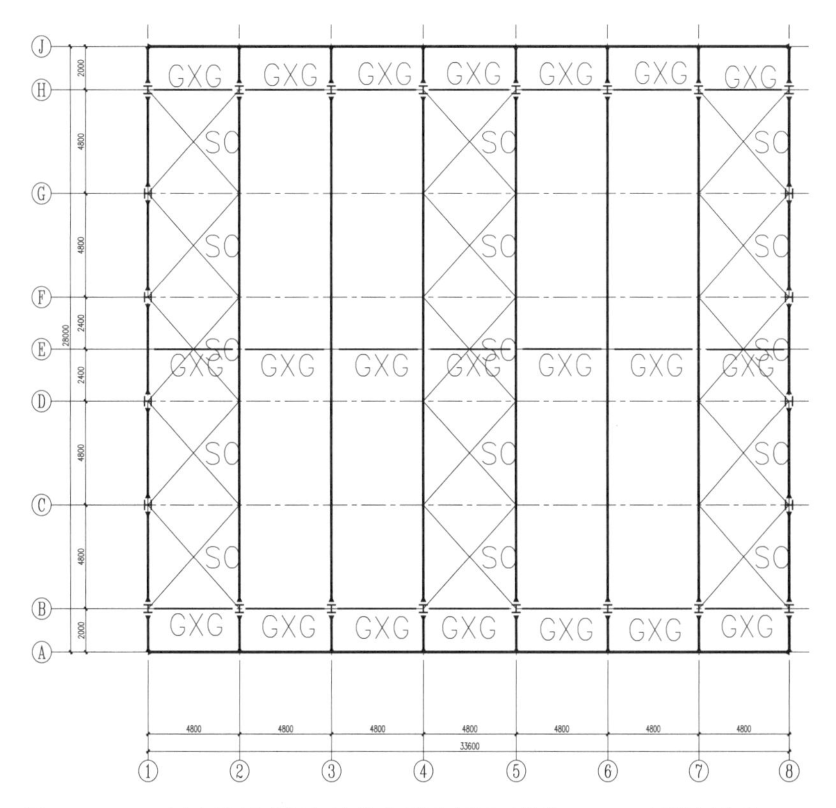

图 3-4 8.3m 标高处门式钢架结构布置示意图（单位：mm，屋脊标高为 11m）

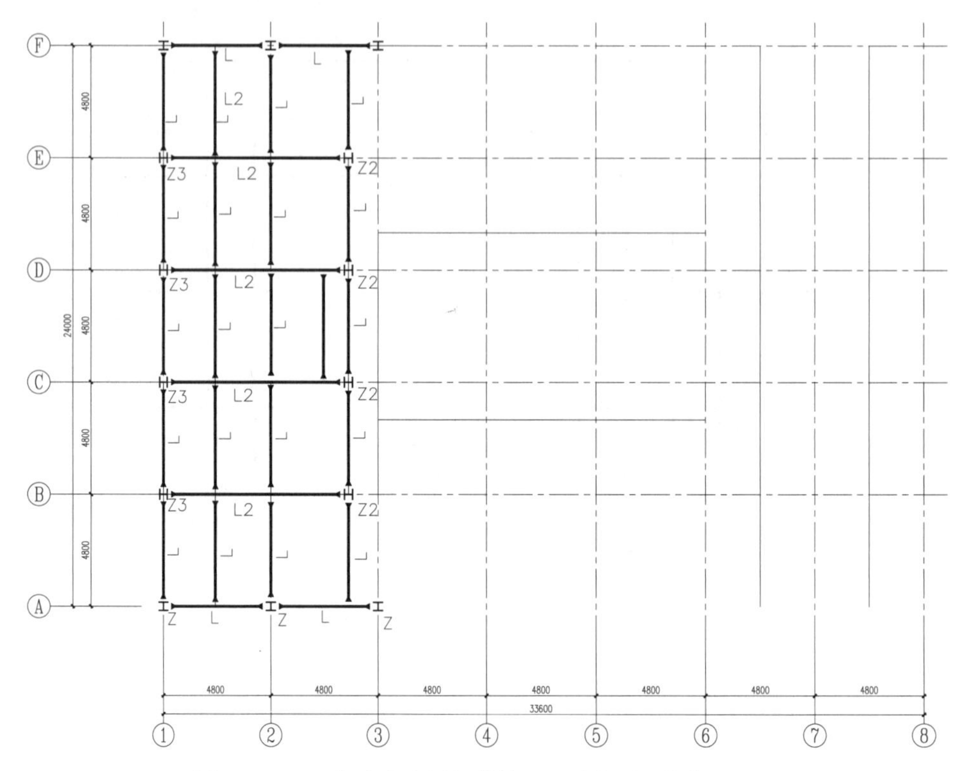

图 3-5　2.5m 标高处夹层钢结构布置示意图（单位：mm）

二、检测内容

应委托方要求对养老驿站钢结构钢材强度、钢构件截面尺寸进行检测。

三、检测依据和设备

（一）检测鉴定依据

（1）《建筑结构检测技术标准》（GB/T 50344—2019）。

（2）《钢结构工程施工质量验收标准》（GB 50205—2020）。

（3）《钢结构现场检测技术标准》（GB/T 50621—2010）。

（4）《金属材料　里氏硬度试验　第 1 部分：试验方法》（GB/T 17394.1—2014）。

（5）《黑色金属硬度及强度换算值》（GB/T 1172—1999）。

（6）委托单、委托方提供的其他资料。

（二）检测设备

（1）激光测距仪（ZT-234）。

（2）钢卷尺（ZT-232）。

（3）超声波测厚仪（GJ-061）。

（4）里氏硬度计（GJ-065）。

（5）游标卡尺（ZT-181）。

（6）数码相机。

四、现场检测

(一) 钢构件截面尺寸检测结果

依据《建筑结构检测技术标准》(GB/T 50344—2019) 及《钢结构现场检测技术标准》(GB/T 50621—2010) 等标准规范，对钢结构柱、梁构件截面尺寸进行抽样检测，钢柱、钢梁为焊接 H 型钢。检测结果见表 3-1～表 3-4。

表 3-1 钢构件柱截面尺寸汇总 (门式刚架柱及抗风柱)

序号	构件名称及位置	实测尺寸/mm (长×宽×腹板×东翼缘 | 西翼缘)
1	2.5m 标高处柱⑫/Ⓔ	247×244×6×10 | 10
2	2.5m 标高处柱⑫/Ⓑ	241×242×6×10 | 10
3	2.5m 标高处柱⑫/Ⓓ	247×244×6×9.9 | 10
4	5.0m 标高处柱⑥/Ⓔ	407×256×7.9×12 | 12
5	5.0m 标高处柱③/Ⓔ	402×252×8.0×12 | 12
6	5.0m 标高处柱⑧/Ⓑ	300×238×8.1×13 | 13
7	5.0m 标高处柱①/Ⓑ	302×240×8×13 | 12.9
8	5.0m 标高处柱⑧/Ⓒ	303×244×8.1×12.9 | 12.9

表 3-2 钢构件柱截面尺寸汇总 (门式刚架柱及抗风柱)

序号	构件名称及位置	实测尺寸/mm (长×宽×腹板×东翼缘 | 西翼缘)
1	8.3m 标高处柱②/Ⓗ	303×242×8×13 | 13
2	8.3m 标高处柱⑥/Ⓗ	300×247×8×13 | 13.1
3	8.3m 标高处柱⑦/Ⓗ	307×239×8×12.9 | 13
4	8.3m 标高处柱⑥/Ⓑ	302×241×8.1×13 | 13
5	8.3m 标高处柱⑦/Ⓑ	299×237×7.9×13 | 13

表 3-3 钢构件梁截面尺寸汇总 (门式刚架梁)

序号	构件名称及位置	实测尺寸/mm (高×宽×腹板×上翼缘 | 下翼缘)
1	2.5m 标高处梁②/Ⓑ-Ⓒ	305×207×6.5×9.1 | 8.9
2	2.5m 标高处梁⑫/Ⓑ-Ⓒ	302×203×6.6×9 | 9
3	5.0m 标高处梁④/Ⓐ-Ⓑ	299×206×6.4×9 | 9
4	5.0m 标高处梁⑤/Ⓐ-Ⓑ	303×198×6.6×9 | 9
5	5.0m 标高处梁⑥/Ⓐ-Ⓑ	299×207×6×9.1 | 9
6	5.0m 标高处梁⑦/Ⓐ-Ⓑ	305×206×6.4×9 | 9
7	5.0m 标高处梁⑦/Ⓑ-Ⓒ	304×204×6.5×9 | 9
8	5.0m 标高处梁⑦/Ⓒ-Ⓓ	307×200×6.5×9 | 8.5
9	5.0m 标高处梁⑦/Ⓓ-Ⓔ	301×202×6.5×9 | 8.9

续表

序号	构件名称及位置	实测尺寸/mm （高×宽×腹板×上翼缘｜下翼缘）
10	5.0m标高处梁⑥-⑧/Ⓑ	303×200×6.5×9｜9
11	5.0m标高处梁④/Ⓔ-Ⓕ	306×202×6.5×9｜9
12	5.0m标高处梁⑤/Ⓔ-Ⓕ	299×203×6.5×9｜9
13	5.0m标高处③-Ⓒ-Ⓔ	307×200×6.5×9.1｜9
14	5.0m标高处梁⑥/Ⓔ-Ⓕ	303×204×6.6×9｜9.1
15	5.0m标高处梁⑯-⑦/Ⓒ	306×200×6.5×8.9｜9
16	5.0m标高处梁⑯-⑦/Ⓓ	304×204×6.5×9｜9
17	5.0m标高处梁⑯-⑦/Ⓔ	305×203×6.5×9｜9
18	5.0m标高处梁②/Ⓓ-Ⓔ	209×201×6.5×9｜8.9
19	5.0m标高处梁⑮/Ⓔ-Ⓕ	257×127×5×8｜8
20	5.0m标高处梁⑬/Ⓔ-Ⓕ	253×130×5.1×8｜8.1

表 3-4　钢构件梁截面尺寸汇总（门式钢架梁）

序号	构件名称及位置	实测尺寸/mm （高×宽×腹板×上翼缘｜下翼缘）
1	8.3m标高处梁⑥/Ⓒ-Ⓓ	202×5.9×9.7｜10
2	8.3m标高处梁⑦/Ⓒ-Ⓓ	200×6.1×10｜9.9
3	8.3m标高处梁⑥/Ⓗ-Ⓖ	201×6×10.1｜10.1
4	8.3m标高处梁⑦/Ⓗ-Ⓖ	202×5.9×10.1｜10
5	8.3m标高处梁③/Ⓕ-Ⓖ	199×6.0×10｜10

（二）钢材强度检测结果

根据《金属材料　里氏硬度试验　第1部分：试验方法》（GB/T 17394.1—2014）将所测得的里氏硬度 *HL* 转化成维氏硬度 *HV*，通过《黑色金属硬度及强度换算值》（GB/T 1172—1999）中碳钢维氏硬度与抗拉强度的换算值表换算出所测钢材的抗拉强度值，对钢结构柱、梁构件钢材强度进行抽样检测，检测结果见表3-5～表3-8。

表 3-5　表面硬度法检测钢柱强度汇总（门式刚架柱及抗风柱）

序	构件	位置	里氏硬度均值	换算强度值/（N/mm²）
1	2.5m标高处柱⑫/Ⓔ	东翼缘	363	386
		西翼缘	362	386
		腹板	366	393
2	2.5m标高处柱⑫/Ⓑ	东翼缘	372	402
		西翼缘	363	386
		腹板	371	399

续表

序	构件	位置	里氏硬度均值	换算强度值/（N/mm²）
3	2.5m 标高处柱 ⑫/Ⓓ	东翼缘	366	393
		西翼缘	366	393
		腹板	368	395
4	5.0m 标高处柱 ⑥/Ⓔ	东翼缘	367	393
		西翼缘	369	395
		腹板	369	395
5	5.0m 标高处柱 ③/Ⓔ	南翼缘	370	399
		北翼缘	367	393
		腹板	363	386
6	5.0m 标高处柱 ⑧/Ⓑ	东翼缘	369	395
		西翼缘	367	393
		腹板	367	393
7	5.0m 标高处柱 ①/Ⓑ	东翼缘	361	384
		西翼缘	369	395
		腹板	363	386
8	5.0m 标高处柱 ⑧/Ⓒ	东翼缘	366	393
		西翼缘	363	386
		腹板	360	384

表 3-6　表面硬度法检测钢柱强度汇总（门式刚架柱及抗风柱）

序号	构件	位置	里氏硬度均值	换算强度值/（N/mm²）
1	8.3m 标高处柱 ②/Ⓗ	东翼缘	355	375
		西翼缘	358	381
		腹板	363	386
2	8.3m 标高处柱 ⑥/Ⓗ	东翼缘	357	379
		西翼缘	355	375
		腹板	357	379
3	8.3m 标高处柱 ⑦/Ⓗ	东翼缘	356	379
		西翼缘	358	381
		腹板	356	379
4	8.3m 标高处柱 ⑥/Ⓑ	东翼缘	359	381
		西翼缘	362	386
		腹板	357	379

续表

序号	构件	位置	里氏硬度均值	换算强度值/(N/mm²)
5	8.3m标高处柱⑦/Ⓑ	南翼缘	362	386
		北翼缘	359	381
		腹板	361	384

依据《碳素结构钢》(GB/T 700—2006)中规定钢材材质为Q235抗拉强度范围为370～500MPa，通过检测结果表明，该养老驿站门式刚架的钢柱抗拉强度符合Q235的要求，抗风柱构件符合Q235抗拉强度的要求。

表3-7 表面硬度法检测钢梁强度汇总（门式刚架梁）

序号	构件	位置	里氏硬度均值	换算强度值/(N/mm²)
1	2.5m标高处梁②/Ⓑ-Ⓒ	上翼缘	362	386
		下翼缘	358	381
		腹板	361	382
2	2.5m标高处梁⑫/Ⓑ-Ⓒ	上翼缘	368	395
		下翼缘	359	381
		腹板	362	386
3	5.0m标高处梁④/Ⓐ-Ⓑ	上翼缘	359	382
		下翼缘	359	386
		腹板	361	382
4	5.0m标高处梁⑤/Ⓐ-Ⓑ	上翼缘	364	393
		下翼缘	360	388
		腹板	362	382
5	5.0m标高处梁⑥/Ⓐ-Ⓑ	上翼缘	361	382
		下翼缘	363	382
		腹板	360	386
6	5.0m标高处梁⑦/Ⓐ-Ⓑ	上翼缘	366	386
		下翼缘	364	386
		腹板	361	382
7	5.0m标高处梁⑦/Ⓑ-Ⓒ	上翼缘	360	386
		下翼缘	360	388
		腹板	363	381
8	5.0m标高处梁⑦/Ⓒ-Ⓓ	上翼缘	362	388
		下翼缘	362	513
		腹板	360	523

续表

序号	构件	位置	里氏硬度均值	换算强度值/（N/mm²）
9	5.0m 标高处梁 ⑦/Ⓓ-Ⓔ	上翼缘	362	480
		下翼缘	364	484
		腹板	358	546
10	5.0m 标高处梁 ⑥-⑧/Ⓑ	上翼缘	364	518
		下翼缘	368	471
		腹板	357	523
11	5.0m 标高处梁 ④/Ⓔ-Ⓕ	上翼缘	362	386
		下翼缘	362	382
		腹板	368	386
12	5.0m 标高处梁 ⑤/Ⓔ-Ⓕ	上翼缘	362	382
		下翼缘	366	393
		腹板	361	570
13	5.0m 标高处梁 ③/Ⓒ-Ⓔ	上翼缘	361	570
		下翼缘	366	563
		腹板	366	518
14	5.0m 标高处梁 ⑥/Ⓔ-Ⓕ	上翼缘	363	508
		下翼缘	363	576
		腹板	362	503
15	5.0m 标高处梁 ⑯-⑦/Ⓒ	上翼缘	360	570
		下翼缘	357	596
		腹板	357	617
16	5.0m 标高处梁 ⑯-⑦/Ⓓ	上翼缘	360	609
		下翼缘	361	475
		腹板	367	523
17	5.0m 标高处梁 ⑯-⑦/Ⓔ	上翼缘	357	551
		下翼缘	361	467
		腹板	364	508
18	5.0m 标高处梁 ②/Ⓓ-Ⓔ	上翼缘	365	551
		下翼缘	363	551
		腹板	365	534
19	5.0m 标高处梁 ⑮/Ⓔ-Ⓕ	上翼缘	361	570
		下翼缘	365	576
		腹板	357	603

续表

序号	构件	位置	里氏硬度均值	换算强度值/（N/mm²）
20	5.0m标高处梁⑬/Ⓔ-Ⓕ	上翼缘	363	570
		下翼缘	367	582
		腹板	357	596

表3-8　表面硬度法检测钢梁强度汇总（门式刚架梁）

序号	构件	位置	里氏硬度均值	换算强度值/（N/mm²）
1	8.3m标高处梁⑥/Ⓒ-Ⓓ	上翼缘	361	384
		下翼缘	360	384
		腹板	361	384
2	8.3m标高处梁⑦/Ⓒ-Ⓓ	上翼缘	356	379
		下翼缘	360	382
		腹板	360	382
3	8.3m标高处梁⑥/Ⓗ-Ⓖ	上翼缘	360	382
		下翼缘	357	379
		腹板	361	382
4	8.3m标高处梁⑦/Ⓗ-Ⓖ	上翼缘	362	386
		下翼缘	361	382
		腹板	363	386
5	8.3m标高处梁③/Ⓕ-Ⓖ	上翼缘	360	384
		下翼缘	365	388
		腹板	366	393

依据《碳素结构钢》（GB/T 700—2006）中规定钢材材质为Q235抗拉强度范围为370～500MPa；通过检测结果表明，该养老驿站钢柱、钢梁构件符合Q235抗拉强度的要求。

（三）处理建议

无处理建议。

第二部分

抗震鉴定

第四章　混凝土结构

案例四　某办公楼安全性及抗震性鉴定

一、房屋建筑概况

某办公楼位于北京市经济技术开发区经海五路 88 号院一区，主体结构为地下一层、地上八层钢筋混凝土框架—剪力墙结构，地上八层以上有设备层和架子层，地下一层层高约为 6.0m，地上一层层高为 7.7m，地上二层至八层层高为 4.15m，设备层层高为 5.13m，架子层层高为 2.95m，建筑总高度为 44.83m，总建筑面积为 3930.94m²，该建筑建成于 2020 年，未进行室内装修且未投入使用。委托方提供了该建筑房屋设计资料，并对图纸资料负责，该建筑设计单位为中国建筑标准设计研究院有限公司，施工单位为中国新兴建筑工程有限责任公司，监理单位为北京高屋工程咨询监理有限公司。

2022 年 1 月，该建筑部分框架柱、框架梁、剪力墙、楼板进行了加固改造，框架柱采用外包型钢加固法，框架梁采用粘钢板加固法，剪力墙采用加大截面及粘钢板加固法，楼板采用增大截面法加固。委托方提供了该建筑加固改造设计图纸及相关原材料试验报告等资料，加固改造设计单位为北京中奥建工程设计有限公司。建筑概况如下。

（1）地基基础：该建筑采用人工地基，地基承载力特征值为 260kPa，基础为筏板基础。

（2）上部承重结构：该建筑为地下一层、地上八层钢筋混凝土框架—剪力墙结构，采用钢筋混凝土柱、梁、墙承重，墙、柱混凝土强度等级设计值均为 C40，梁混凝土强度等级设计值为 C30，受力钢筋采用 HRB400，楼、屋盖均采用钢筋混凝土现浇板，混凝土强度等级设计值均为 C30，受力钢筋采用 HRB400。

（3）该建筑加固改造情况如下：地上八层⑱/Ⓓ柱、⑱/Ⓑ柱，九层⑳/Ⓑ柱、⑲/Ⓔ柱采用外包型钢加固法，角钢型钢及钢板钢材强度等级采用 Q345；地上八层⑱/Ⓐ-Ⓑ梁、⑱/Ⓑ-Ⓒ梁、⑱/Ⓒ-Ⓓ梁、⑱/Ⓓ-Ⓔ梁采用粘钢板加固法，钢板钢材强度等级采用 Q345；地上一层(1/18)/Ⓐ-(1A)墙、⑰-⑱/(1A)墙、①/⑰/Ⓐ-(1A)墙、(1/19)/(1/E)-(3/E)墙、地上二层⑰/Ⓐ-(1A)墙、⑳-(1/20)/(3/E)墙、⑳-㉑/(1/F)墙、地上三层⑳-(1/20)/Ⓕ墙、⑰/Ⓐ-(1A)墙、地上四层⑰/Ⓐ-(1A)墙采用加大截面及粘钢板加固法，加固材料采用 CGM 灌浆料，钢板钢材强度等级采用 Q345；地上二层⑱-⑲/Ⓔ-(1/E)板、⑰-⑱/Ⓔ-(1/E)板、(1/17)-⑱/Ⓑ-Ⓒ板、⑰-⑱/(3A)-Ⓑ板、地上四层⑳-㉑/(1A)-Ⓑ板、地上六层⑳-㉑/(1A)-Ⓑ板、⑱-⑲/Ⓔ-(1/E)板、⑲-⑳/Ⓔ-(1/E)板、地上七层(1/17)-⑱/Ⓑ-Ⓒ板采用增大截面法加固，加固材料采用高强聚合物砂浆。

（4）围护结构承重：填充墙采用轻集料砌块墙。

委托方委托中国国检测试控股集团股份有限公司对结构实体现状进行综合安全性检测鉴定。建筑外观见图 4-1，结构平面布置图见图 4-2～图 4-11。

图 4-1　建筑外观

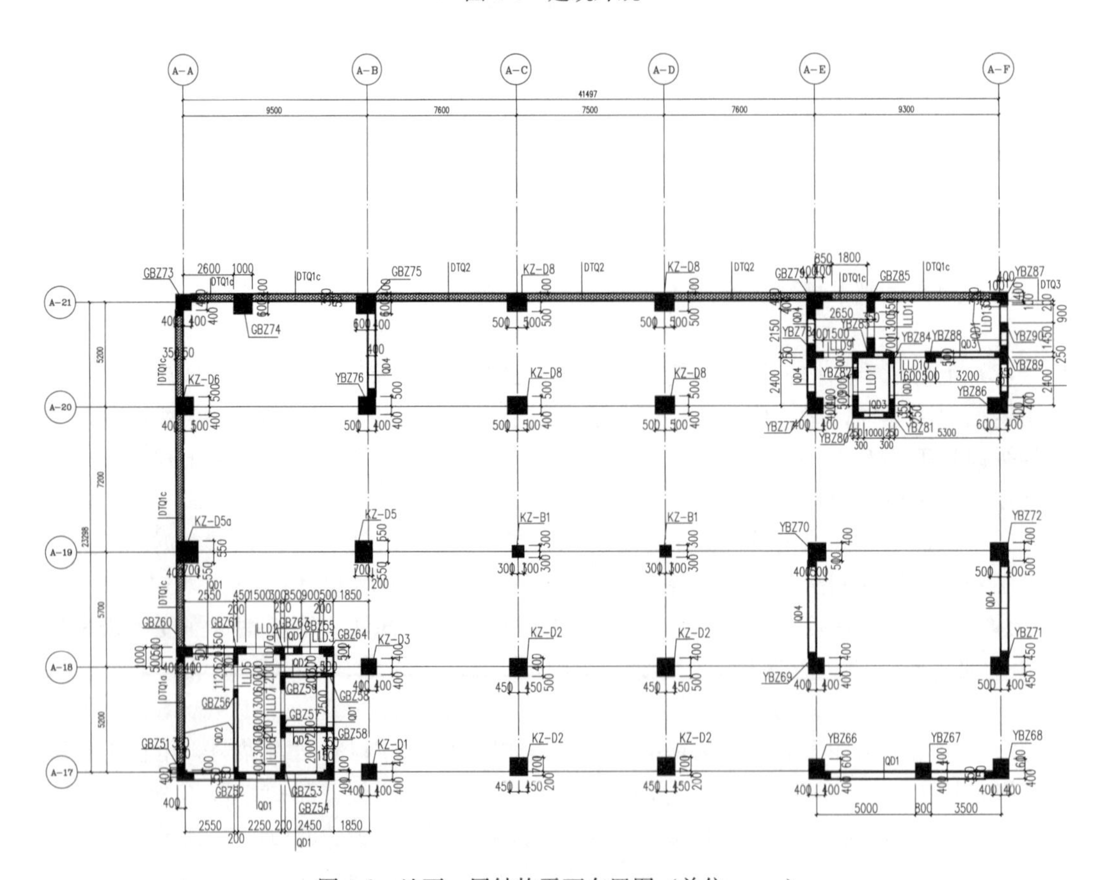

图 4-2　地下一层结构平面布置图（单位：mm）

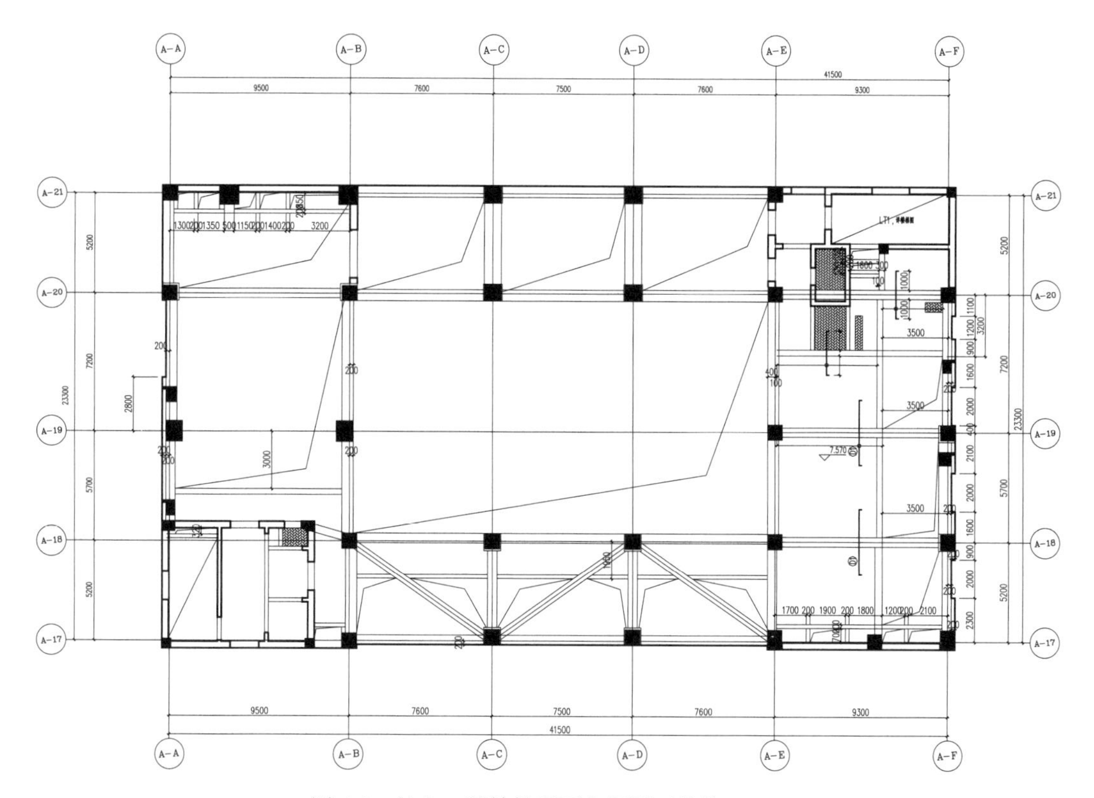

图 4-3　地上一层结构平面布置图（单位：mm）

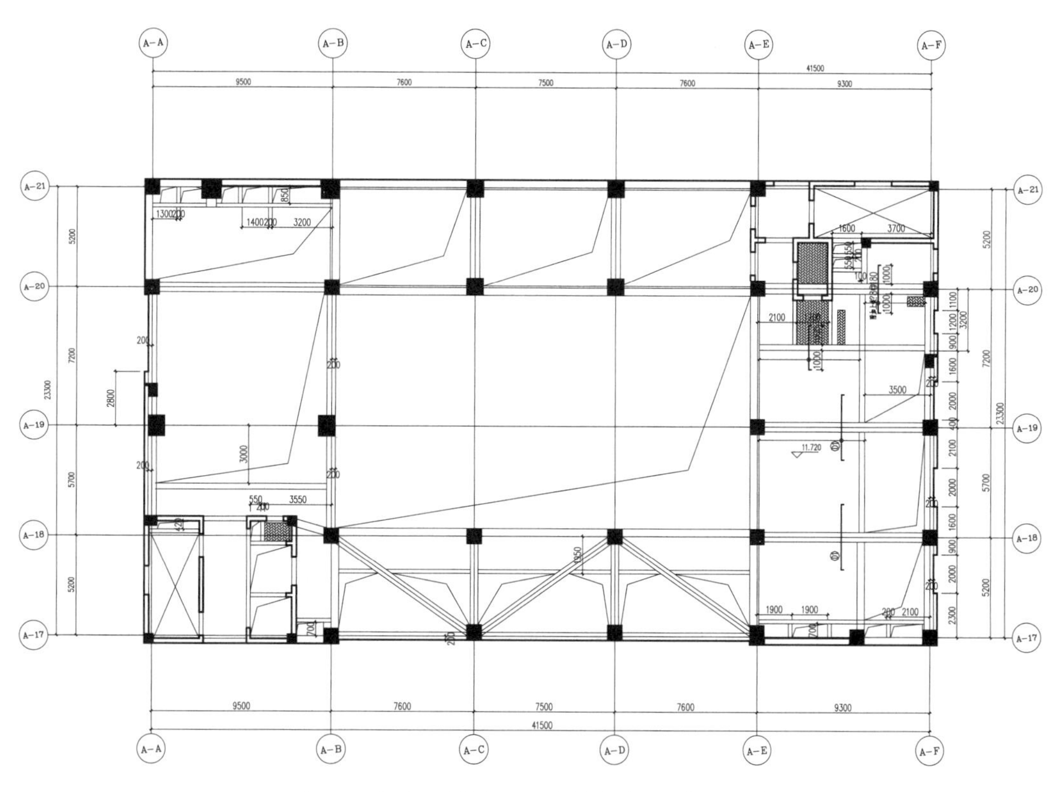

图 4-4　地上二层结构平面布置图（单位：mm）

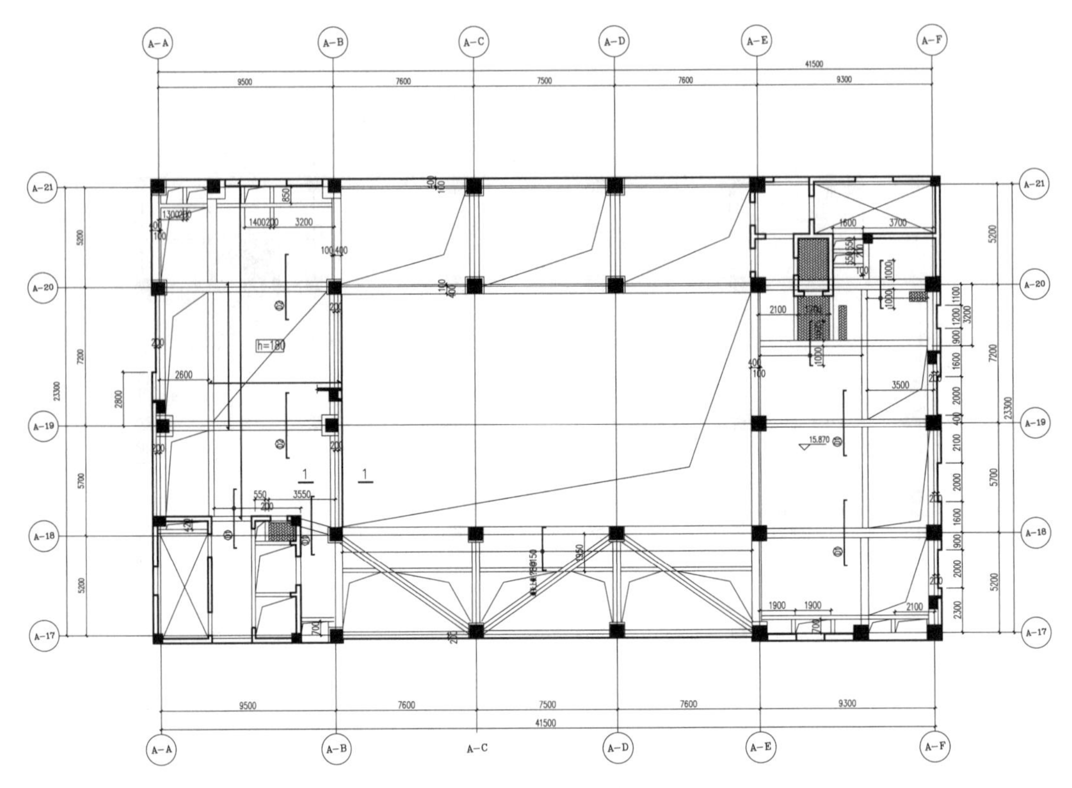

图 4-5　地上三层结构平面布置图（单位：mm）

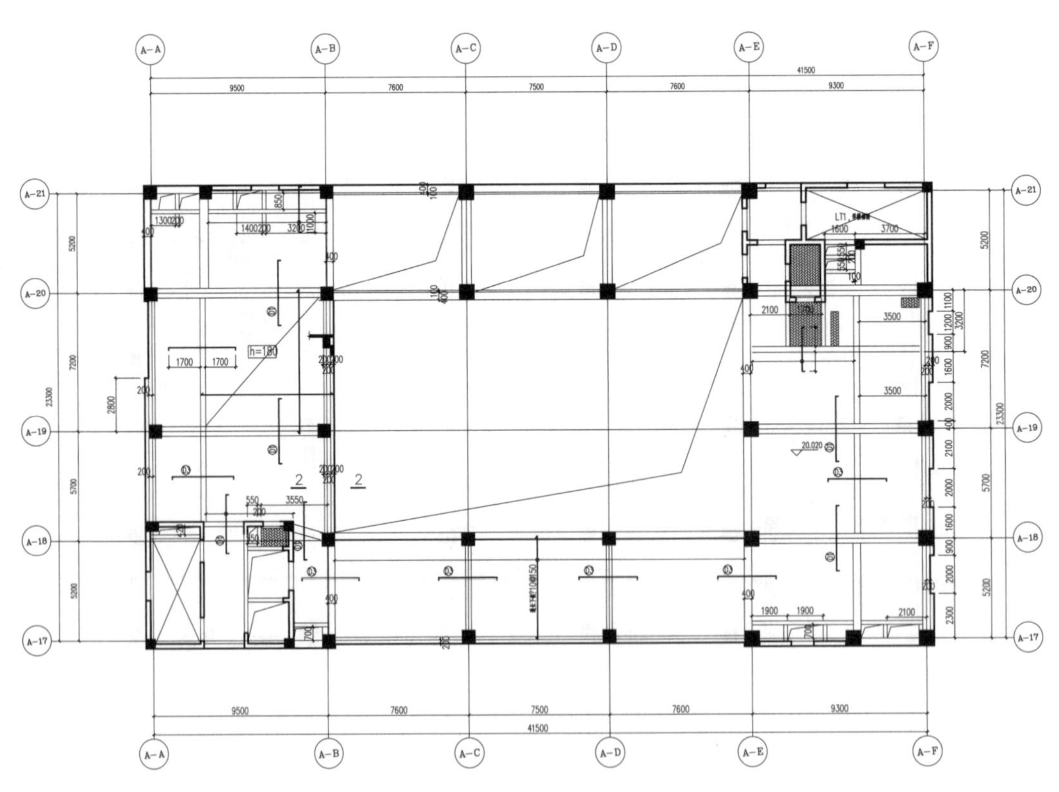

图 4-6　地上四层结构平面布置图（单位：mm）

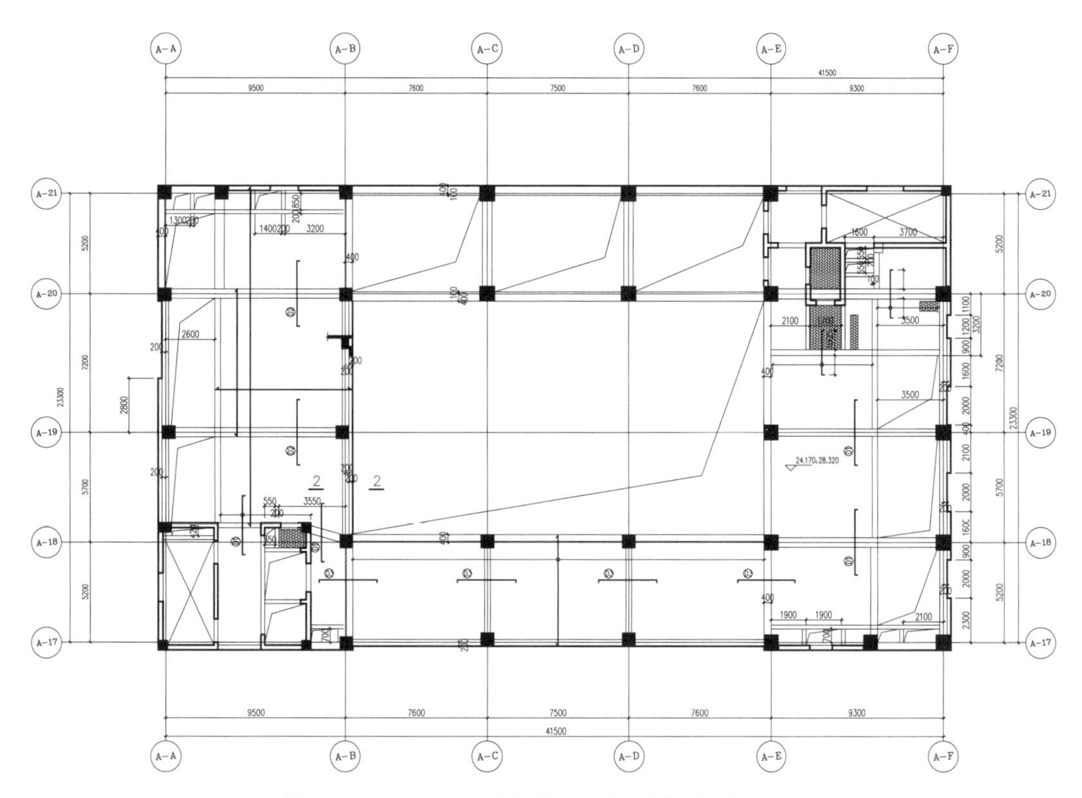

图 4-7　地上五、六层结构平面布置图（单位：mm）

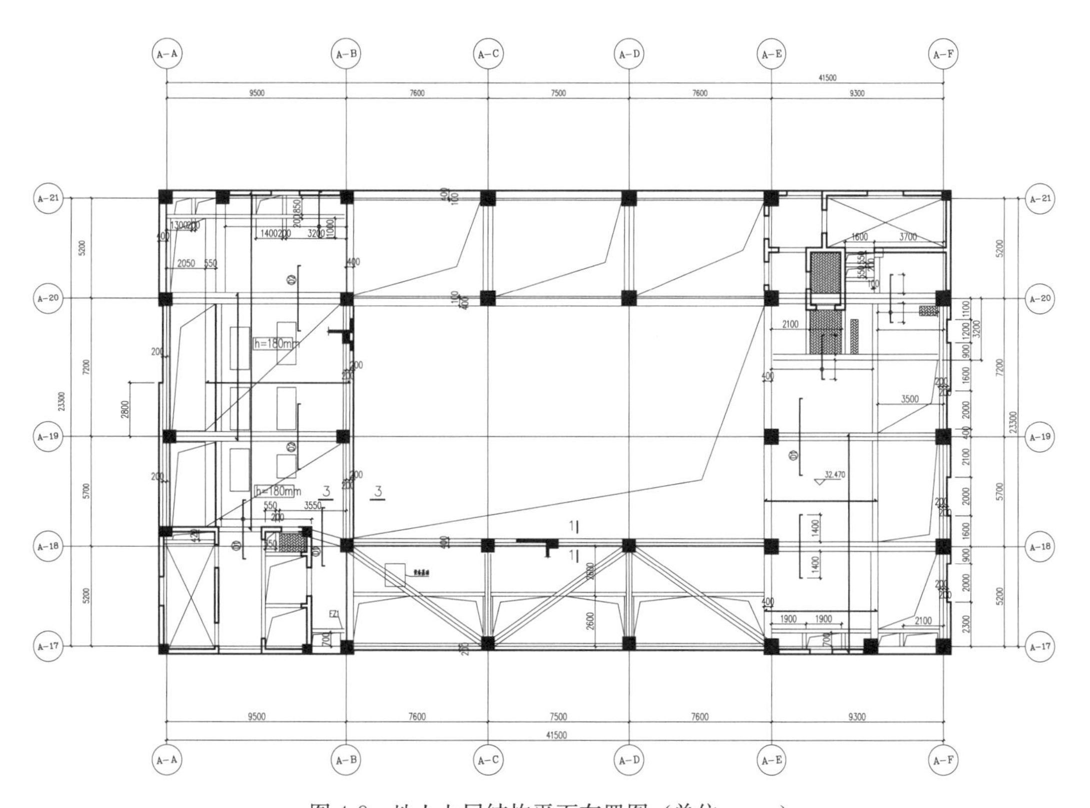

图 4-8　地上七层结构平面布置图（单位：mm）

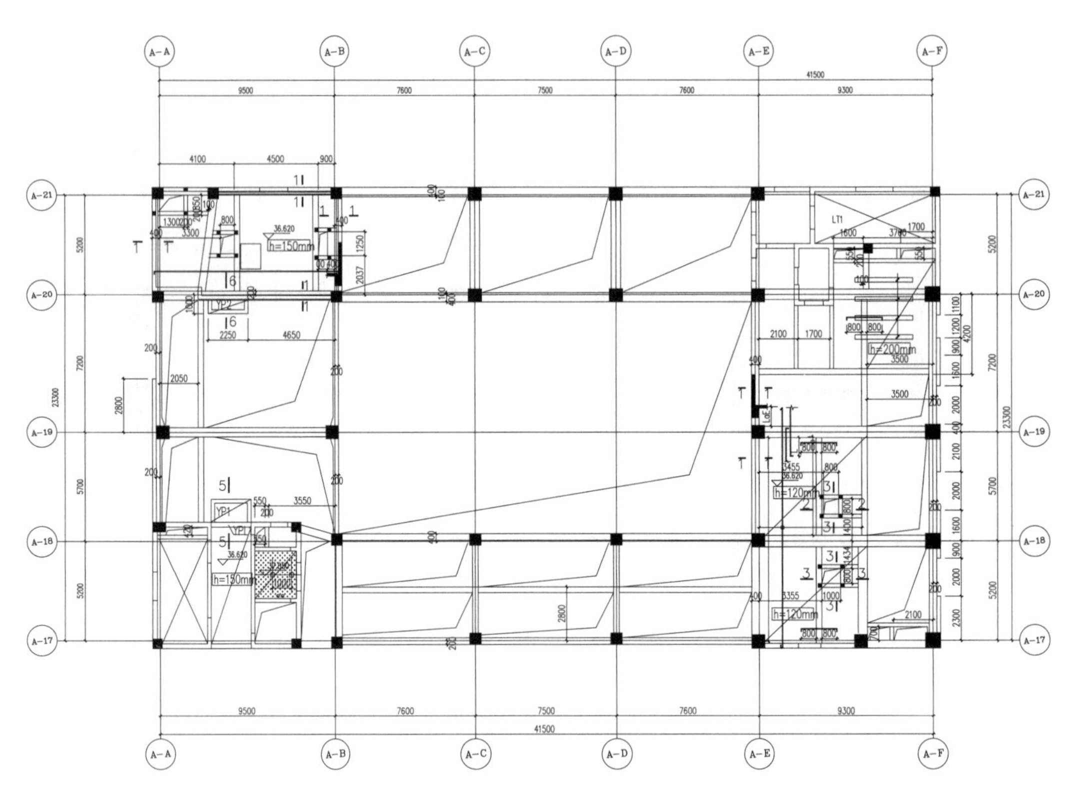

图 4-9　地上八层结构平面布置图（单位：mm）

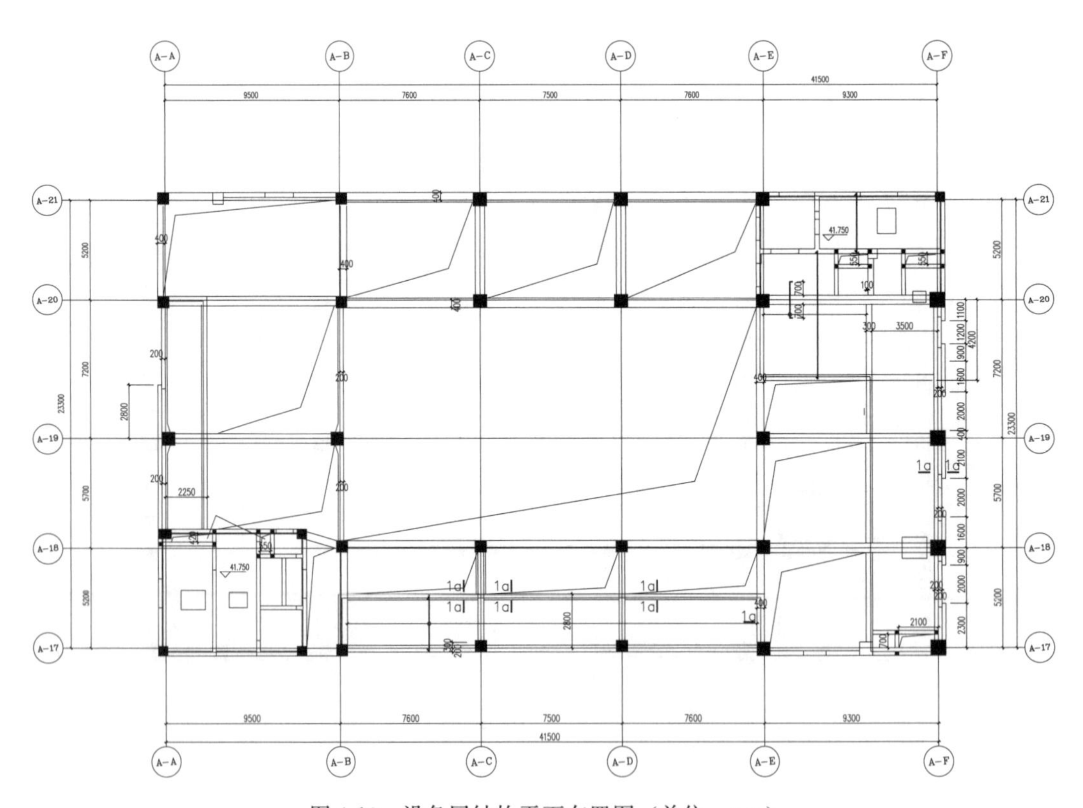

图 4-10　设备层结构平面布置图（单位：mm）

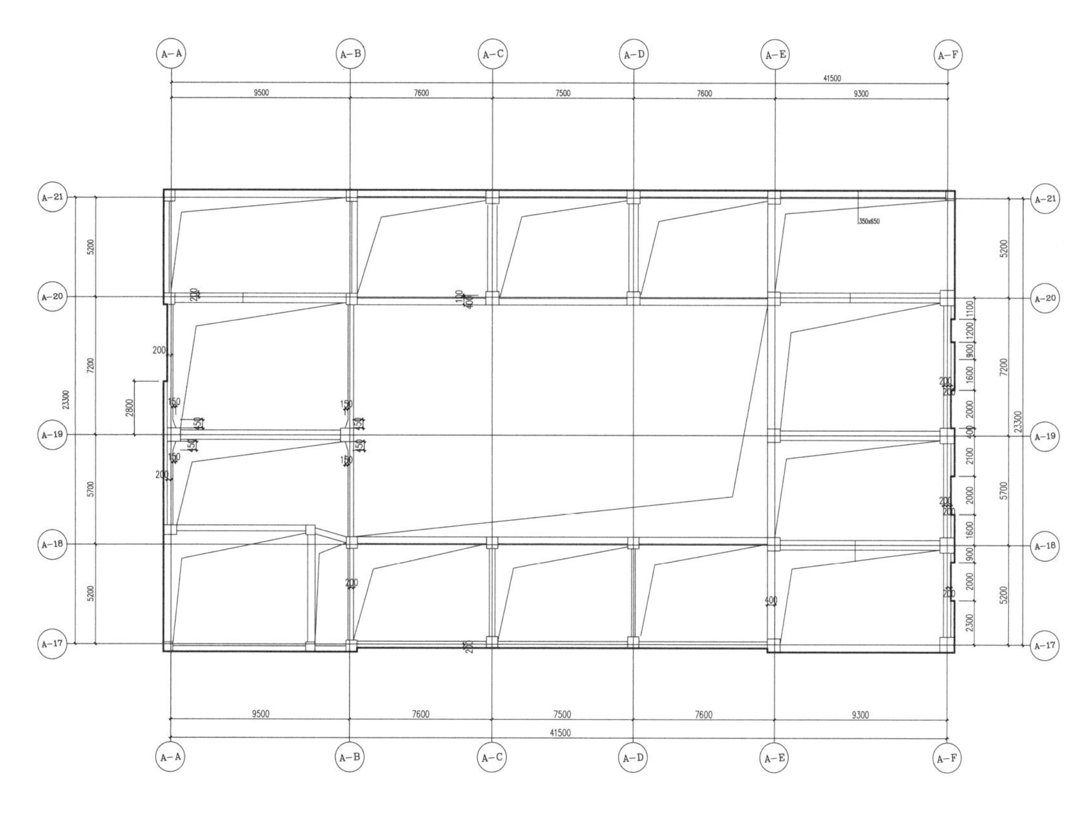

图 4-11　架子层结构平面布置图（单位：mm）

二、鉴定范围和内容

（一）鉴定范围

A 区 4＃楼。

（二）鉴定内容

（1）建筑结构使用条件与环境检查。

（2）地基。

对建筑物现状及沉降、变形等情况进行检查。

（3）基础和上部结构现状检查。

（4）围护结构承重部分现状检查。

（5）上部承重结构检测。

①梁、柱、墙混凝土强度——采用回弹法进行检测。

②梁、柱、墙、板构件钢筋配置——采用钢筋扫描仪进行检测。

③梁、柱构件截面尺寸——采用钢卷尺进行检测。

④框架梁、柱等构件加固钢板材料强度——采用里氏硬度法检测。

⑤框架梁、柱等构件加固钢板材料截面尺寸——采用钢卷尺、超声波测厚仪进行检测。

⑥对房屋建筑的主体倾斜进行检测。

（6）对该房屋整体承载力进行计算。

（7）房屋综合安全性鉴定。

根据检查、检测结果，依据《房屋结构综合安全性鉴定标准》（DB 11/637—2015）对该房屋结构综合安全性进行鉴定，并提出相关处理意见。

三、检测鉴定的依据和设备

（一）检测鉴定依据

（1）《建筑结构检测技术标准》（GB/T 50344—2019）。

（2）《回弹法检测混凝土抗压强度技术规程》（JGJ/T 23—2011）。

（3）《混凝土结构工程施工质量验收规范》（GB 50204—2015）。

（4）《混凝土中钢筋检测技术标准》（JGJ/T 152—2019）。

（5）《钻芯法检测混凝土强度技术规程》（CECS03：2007）。

（6）《建筑结构荷载规范》（GB 50009—2012）。

（7）《房屋结构综合安全性鉴定标准》（DB 11/637—2015）。

（8）《混凝土结构设计规范》（GB 50010—2010）。

（9）《建筑抗震设计规范》（GB 50011—2010）（2016 年版）。

（10）《建筑抗震鉴定标准》（GB 50023—2009）。

（11）《建筑变形测量规范》（JGJ 8—2016）。

（12）《混凝土结构加固设计规范》（GB 50367—2013）。

（13）《金属材料　里氏硬度试验　第 1 部分：试验方法》（GB/T 17394.1—2014）。

（14）《黑色金属硬度及强度换算值》（GB/T 1172—1999）。

（15）《钢结构现场检测技术标准》（GB/T 50621—2010）。

（16）《建筑结构加固工程施工质量验收规范》（GB 50550—2010）。

（17）《混凝土结构现场检测技术标准》（GB/T 50784—2013）。

（18）委托单、委托方提供结构设计图纸及加固改造图纸、材料试验报告等资料。

（二）检测设备

（1）激光测距仪（ZT-215）。

（2）钢卷尺（ZT-198）。

（3）碳化尺（ZT-208）。

（4）一体式数字回弹仪（ZT-170、ZT-171、ZT-172、ZT-173）。

（5）钢筋扫描仪（ZT-179）。

（6）塞尺（ZT-023）。

（7）万能角度尺（ZT-022）。

（8）万能试验机（ZT-092）。

（9）游标卡尺（ZT-186）。

（10）全站仪（ZT-035）。

（11）里氏硬度计（GJ-068）。

（12）超声波测厚仪（GJ-064）。

（13）数码相机。

四、现场检查、检测情况

2021 年 12 月 6 日开始对该办公楼房屋结构现状进行了现场检查、检测。

（一）建筑结构使用条件与环境核查

经现场检查和调查，该建筑设计使用功能为民用建筑，建筑使用环境未发生明显变化，结构构件所处环境类别、条件未发生明显改变，该建筑未进行室内装修且未投入使用，未进行主体结构加建改造。

（二）建筑地基、基础现状调查

通过现场结构现状检查，未发现该建筑有影响房屋安全的明显沉降和变形，未发现由于地基承载力不足或不均匀沉降所造成的构件开裂和损伤。

（三）上部承重结构现状检查

该办公楼为地下一层、地上八层钢筋混凝土框架—剪力墙结构，采用钢筋混凝土柱、梁、墙承重，楼、屋盖均采用钢筋混凝土现浇板，填充墙采用轻集料砌块墙。

通过现场结构现状检查，未发现该建筑有影响房屋安全的明显沉降和倾斜，未发现由于基础老化、腐蚀、酥碎所造成的上部结构出现明显倾斜、位移、扭曲等现象。

经现场检查，该办公楼承重构件外观质量基本完好，未发现明显影响结构安全性的裂缝、缺陷及损伤，未发现明显的倾斜、歪扭等现象，加固框架梁、框架柱、剪力墙、楼板现状未见明显异常，与原混凝土构件连接未见明显异常，加固形式符合加固改造设计图纸资料要求，加固材料相关试验报告完整。现浇楼、屋盖板未发现明显影响结构安全性的裂缝、缺陷及变形。

（四）围护结构承重部分现状检查

经现场检查，该办公楼围护结构承重构件外观质量基本完好，未发现明显的倾斜、歪扭等现象以及明显影响结构安全性的裂缝、缺陷及损伤，建筑外立面部分装饰层起鼓、开裂，个别玻璃幕墙破损。现场检查情况见图 4-12～图 4-15。

图 4-12　地上填充墙未见明显异常

图 4-13　一层安全玻璃钢结构雨篷板未见明显异常

图 4-14　建筑东侧外立面部分装饰层起鼓、开裂

图 4-15　建筑南侧外立面玻璃幕墙破损

(五) 上部承重结构现场检测结果

1. 混凝土强度检测结果

采用回弹法对梁、柱、墙构件混凝土强度进行抽样检测，并对各强度等级混凝土强度进行钻芯检测，检测结果见表 4-1～表 4-5。

表 4-1　C40 混凝土钻芯修正量

序号	构件名称及部位	测区强度换算值/MPa	芯样抗压强度值/MPa
1	地上三层柱⑱/Ⓔ（5 测区）	44.3	45.4
2	地上三层柱⑲/Ⓔ（3 测区）	40.6	45.6
3	地上四层柱⑱/Ⓑ（7 测区）	43.6	49.1
4	地上四层柱⑲/Ⓑ（2 测区）	41.0	43.0
5	地上六层柱⑲/Ⓑ（6 测区）	0.4	46.1
6	地上七层柱⑱/Ⓑ（5 测区）	39.2	42.6

表 4-2　C30 混凝土钻芯修正量

序号	构件名称及部位	测区强度换算值/MPa	芯样抗压强度值/MPa
1	地上四层梁⑲/Ⓐ-Ⓑ（4 测区）	33.5	38.5
2	地上四层梁⑳/Ⓐ-Ⓑ（4 测区）	34.6	37.7
3	地上四层梁⑰-⑱/Ⓑ（9 测区）	36.5	41.3
4	地上五层梁⑲/Ⓐ-Ⓑ（5 测区）	35.2	40.2
5	地上五层梁⑳/Ⓐ-Ⓑ（2 测区）	36.9	36.9
6	地上七层梁⑰-⑱/Ⓑ（4 测）	34.4	40.2

表 4-3　回弹法检测混凝土强度评定汇总（柱）

构件名称及部位		抗压强度换算值/MPa		
		强度平均值	换算平均值	标准差
第一批	地下一层柱⑲/Ⓐ	50.3	48.7	2.58
	地下一层柱⑲/Ⓑ	49.8		
	地下一层柱⑲/Ⓒ	48.2		
	地下一层柱⑲/Ⓓ	49.3		
	地下一层柱⑱/Ⓒ	49.3		
	地下一层柱⑳/Ⓑ	47.3		
	地下一层柱⑳/Ⓒ	47.2		
	地下一层柱⑳/Ⓓ	48.5		
该批混凝土强度推定值为44.5MPa				
第二批	地上一层柱⑰/Ⓓ	50.5	49.7	2.61
	地上一层柱⑲/Ⓔ	49.4		
	地上一层柱⑱/Ⓕ	49.4		
	地上一层柱⑰/Ⓔ	50.4		
	地上一层柱⑰/Ⓔ	49.4		
	地上二层柱⑱/Ⓑ	49.3		
	地上二层柱⑰/Ⓔ	47.6		
	地上二层柱⑳/Ⓔ	46.9		
	地上二层柱⑱/Ⓒ	51.1		
	地上二层柱⑱/Ⓓ	50.7		
	地上二层柱⑲/Ⓔ	52.1		
	地上三层柱⑱/Ⓔ	49.8		
	地上三层柱⑰/Ⓑ	50.8		
	地上一层柱⑱/Ⓓ	50.4		
	地上一层柱⑱/Ⓕ	46.7		
	地上一层柱⑱/Ⓔ	48.7		
	地上三层柱⑱/Ⓓ	52.0		
	地上三层柱⑱/Ⓒ	51.6		
	地上三层柱⑱/Ⓑ	51.1		
	地上三层柱⑲/Ⓔ	46.2		
该批混凝土强度推定值为45.4MPa				
第三批	地上四层柱⑱/Ⓓ	50.3	49.5	2.53
	地上四层柱⑲/Ⓔ	49.9		
	地上四层柱⑱/Ⓑ	49.8		
	地上四层柱⑳/Ⓔ	50.5		

续表

构件名称及部位		抗压强度换算值/MPa		
		强度平均值	换算平均值	标准差
第三批	地上五层柱⑳/Ⓐ	48.9	49.5	2.53
	地上五层柱⑲/Ⓑ	47.1		
	地上五层柱⑱/Ⓑ	47.1		
	地上五层柱⑰/Ⓒ	46.8		
	地上五层柱⑱/Ⓒ	52.0		
	地上五层柱⑲/Ⓔ	51.2		
	地上六层柱⑱/Ⓑ	52.5		
	地上六层柱⑰/Ⓓ	50.7		
	地上六层柱⑲/Ⓔ	50.4		
	地上四层柱⑱/Ⓔ	51.5		
	地上四层柱⑲/Ⓑ	47.7		
	地上五层柱⑱/Ⓔ	48.4		
	地上六层柱⑳/Ⓑ	48.9		
	地上六层柱⑲/Ⓑ	48.8		
	地上六层柱⑳/Ⓔ	49.0		
	地上六层柱⑱/Ⓔ	48.3		
该批混凝土强度推定值为45.3MPa				
第四批	地上七层柱⑰/Ⓑ	49.2	49.0	2.54
	地上七层柱⑳/Ⓑ	48.6		
	地上七层柱⑲/Ⓑ	48.7		
	地上七层柱⑱/Ⓑ	46.0		
	地上七层柱⑰/Ⓒ	51.4		
	地上七层柱⑱/Ⓓ	49.7		
	地上七层柱⑲/Ⓔ	47.7		
	地上七层柱⑰/Ⓓ	49.3		
	地上七层柱⑰/Ⓔ	52.7		
	地上七层柱⑳/Ⓔ	51.2		
	地上七层柱⑱/Ⓒ	50.0		
	地上八层柱⑳/Ⓕ	48.1		
	地上八层柱⑳/Ⓔ	47.4		
	地上八层柱⑲/Ⓔ	51.3		
	地上八层柱⑱/Ⓔ	47.3		
	地上八层柱⑱/Ⓒ	48.1		

续表

构件名称及部位		抗压强度换算值/MPa		
		强度平均值	换算平均值	标准差
第四批	地上七层柱⑲/Ⓒ	48.7	49.0	2.54
	地上九层柱⑰/Ⓕ	48.6		
	地上九层柱⑳/Ⓕ	48.7		
	地上九层柱⑳/Ⓔ	48.1		
该批混凝土强度推定值为44.8MPa				

检测结果表明，以上各批次柱混凝土强度推定值大于40MPa，符合设计要求。

表4-4　回弹法检测混凝土强度评定汇总（梁）

构件名称及部位		抗压强度换算值/MPa		
		强度平均值	换算平均值	标准差
第一批	地下一层梁⑲-⑳/Ⓒ	40.6	41.5	1.95
	地下一层梁⑲-⑳/Ⓓ	41.4		
	地下一层梁⑲/Ⓑ-Ⓒ	41.2		
	地下一层梁⑱-⑲/Ⓑ	42.2		
	地下一层梁⑲/Ⓐ-Ⓑ	41.8		
	地下一层梁⑲/Ⓒ-Ⓓ	40.4		
	地下一层梁⑳/Ⓑ-Ⓒ	40.3		
	地下一层梁⑳/Ⓒ-Ⓓ	41.5		
	地下一层梁⑳-㉑/Ⓒ	43.8		
	地下一层梁⑳-㉑/Ⓓ	41.4		
	地下一层梁⑱/Ⓑ-Ⓒ	42.3		
	地下一层梁⑲/Ⓓ-Ⓔ	42.1		
	地下一层梁⑲-⑳/Ⓑ	40.8		
该批混凝土强度推定值为38.3MPa				
第二批	地上一层梁⑱-⑲/Ⓑ	39.9	42.2	2.80
	地上一层梁⑱/Ⓔ-Ⓕ	39.8		
	地上二层梁⑲/Ⓔ-Ⓕ	39.6		
	地上二层梁⑱/Ⓔ-Ⓕ	40.7		
	地上二层梁⑰-⑱/Ⓑ	39.4		
	地上二层梁⑰-⑱/Ⓒ	38.7		
	地上二层梁⑰-⑱/Ⓓ	38.4		
	地上二层梁⑰-⑱/Ⓔ	37.4		
	地上二层梁⑱/Ⓑ-Ⓒ	41.7		
	地上二层梁⑱/Ⓒ-Ⓓ	40.7		

续表

构件名称及部位		抗压强度换算值/MPa		
		强度平均值	换算平均值	标准差
第二批	地上二层梁⑱/Ⓓ-Ⓔ	45.5	42.2	2.80
	地上二层梁⑱-⑲/Ⓔ	45.7		
	地上二层梁⑲-⑳/Ⓔ	41.5		
	地上二层梁⑱-⑲/(1/E)	46.0		
	地上二层梁⑲-⑳/(1/E)	43.2		
	地上二层梁(1/17)/Ⓑ-Ⓒ	43.8		
	地上二层梁(1/17)/Ⓒ-Ⓓ	44.2		
	地上二层梁⑳/Ⓔ-Ⓕ	44.0		
	地上三层梁⑰-⑱/Ⓑ	44.3		
	地上三层梁⑰-⑱/Ⓒ	44.9		
	地上三层梁⑰-⑱/Ⓓ	42.2		
	地上三层梁⑰-⑱/Ⓔ	42.0		
	地上三层梁⑱/Ⓑ-Ⓒ	42.2		
	地上三层梁⑱/Ⓒ-Ⓓ	43.5		
	地上三层梁⑱/Ⓓ-Ⓔ	42.0		
	地上三层梁⑱-⑲/Ⓔ	44.2		
	地上三层梁⑲-⑳/Ⓔ	42.7		
	地上三层梁⑱-⑲/(1/E)	42.6		
	地上三层梁⑲-⑳/(1/E)	41.9		
	地上三层梁⑱/Ⓔ-Ⓕ	42.5		
	地上三层梁⑲/Ⓔ-Ⓕ	43.5		
	地上三层梁⑳/Ⓔ-Ⓕ	42.3		
该批混凝土强度推定值为37.6MPa				
第三批	地上四层梁⑲/Ⓐ-Ⓑ	39.0	40.4	2.45
	地上四层梁⑳/Ⓐ-Ⓑ	38.7		
	地上四层梁⑰-⑱/Ⓑ	38.7		
	地上四层梁⑰-⑱/Ⓒ	39.6		
	地上四层梁⑰-⑱/Ⓓ	38.4		
	地上四层梁⑰-⑱/Ⓔ	37.7		
	地上四层梁⑱/Ⓑ-Ⓒ	37.3		
	地上四层梁⑱/Ⓒ-Ⓓ	36.4		
	地上四层梁⑱/Ⓓ-Ⓔ	40.6		
	地上四层梁⑱-⑲/Ⓔ	39.7		
	地上四层梁⑲-⑳/Ⓔ	41.7		

续表

构件名称及部位		抗压强度换算值/MPa		
		强度平均值	换算平均值	标准差
第三批	地上四层梁⑱-⑲/(1/E)	41.9	40.4	2.45
	地上四层梁⑲-⑳/(1/E)	40.3		
	地上四层梁⑳/Ⓔ-Ⓕ	43.6		
	地上五层梁⑲/Ⓐ-Ⓑ	42.0		
	地上五层梁⑳/Ⓐ-Ⓑ	42.6		
	地上五层梁⑰-⑱/Ⓑ	43.1		
	地上五层梁⑰-⑱/Ⓒ	43.0		
	地上五层梁⑰-⑱/Ⓓ	41.7		
	地上五层梁⑰-⑱/Ⓔ	42.2		
	地上五层梁⑱/Ⓑ-Ⓒ	39.3		
	地上五层梁⑱/Ⓒ-Ⓓ	40.0		
	地上五层梁⑱/Ⓓ-Ⓔ	40.2		
	地上五层梁⑱-⑲/Ⓔ	40.1		
	地上五层梁⑲-⑳/Ⓔ	39.4		
	地上六层梁⑱-⑲/(1/E)	39.6		
	地上六层梁⑲-⑳/(1/E)	40.5		
	地上六层梁⑲/Ⓔ-Ⓕ	43.1		
	地上六层梁⑱/Ⓔ-Ⓕ	39.2		
	地上六层梁⑰-⑱/Ⓑ	40.2		
	地上六层梁⑰-⑱/Ⓒ	41.6		
	地上六层梁⑰-⑱/Ⓓ	40.6		
该批混凝土强度推定值为36.4MPa				
第四批	地上七层梁⑲/Ⓐ-Ⓑ	39.4	40.5	2.55
	地上七层梁⑳/Ⓐ-Ⓑ	39.3		
	地上七层梁⑰-⑱/Ⓑ	39.1		
	地上七层梁⑰-⑱/Ⓒ	40.1		
	地上七层梁⑰-⑱/Ⓓ	38.9		
	地上七层梁⑰-⑱/Ⓔ	38.2		
	地上七层梁⑱/Ⓑ-Ⓒ	37.7		
	地上七层梁⑱/Ⓒ-Ⓓ	36.9		
	地上七层梁⑱/Ⓓ-Ⓔ	41.2		
	地上七层梁⑱-⑲/Ⓔ	40.2		
	地上七层梁⑲-⑳/Ⓔ	42.3		
	地上七层梁⑱-⑲/(1/E)	42.4		

续表

构件名称及部位		抗压强度换算值/MPa		
		强度平均值	换算平均值	标准差
第四批	地上七层梁⑲-⑳/(1/E)	40.9	40.5	2.55
	地上七层梁⑳/Ⓔ-Ⓕ	44.1		
	地上七层梁⑲/Ⓔ-Ⓕ	42.6		
	地上七层梁⑱/Ⓔ-Ⓕ	43.2		
	地上七层梁⑱-⑲/Ⓑ	43.7		
	地上七层梁⑲-⑳/Ⓑ	43.5		
	地上七层梁⑳-㉑/Ⓑ	42.3		
	地上七层梁⑱-⑲/(1/A)	43.7		
	地上七层梁⑲-⑳/(1/A)	41.2		
	地上七层梁⑳-㉑/(1/A)	38.4		
	地上八层梁⑱/Ⓔ-Ⓕ	37.3		
	地上八层梁⑲/Ⓔ-Ⓕ	40.0		
	地上八层梁⑳/Ⓔ-Ⓕ	40.5		
	地上八层梁⑱-⑲/Ⓔ	40.9		
	地上八层梁⑲-⑳/Ⓔ	39.8		
	地上八层梁⑳-㉑/Ⓔ	40.1		
	地上八层梁⑱-⑲/(1/A)	40.4		
	地上八层梁⑲-⑳/(1/A)	40.1		
	地上九层梁⑳/Ⓔ-Ⓕ	39.0		
	地上九层梁⑲-⑳/Ⓔ	38.8		
该批混凝土强度推定值为36.3MPa				

检测结果表明，以上各批次梁混凝土强度推定值大于30MPa，符合设计要求。

表4-5 回弹法检测混凝土强度评定汇总（墙）

构件名称及部位		抗压强度换算值/MPa		
		强度平均值	换算平均值	标准差
第一批	地下一层墙⑰/Ⓔ-Ⓕ	49.3	49.1	2.16
	地下一层墙⑱-⑲/Ⓔ	48.7		
	地下一层墙⑰-⑱/(1/A)	49.0		
	地下一层墙㉑/Ⓑ-Ⓒ	49.7		
	地下一层墙⑰-⑱/Ⓐ	49.5		
	地下一层墙⑰-⑱/Ⓔ	49.4		
	地下一层墙⑰-⑱/(3/A)	48.7		
	地下一层墙⑱/Ⓐ-Ⓑ	48.3		
该批混凝土强度推定值为45.5MPa				

续表

构件名称及部位		抗压强度换算值/MPa		
		强度平均值	换算平均值	标准差
第二批	地上一层墙⑰/Ⓔ-Ⓕ	50.3	49.6	2.61
	地上一层墙㉑/Ⓐ-Ⓑ	49.8		
	地上一层墙㉑/Ⓔ-Ⓕ	50.0		
	地上一层墙⑰-⑱/(1A)	50.6		
	地上一层墙⑰/Ⓐ-Ⓑ	49.2		
	地上二层墙⑰/Ⓔ-Ⓕ	47.5		
	地上二层墙㉑/Ⓐ-Ⓑ	47.0		
	地上二层墙㉑/Ⓔ-Ⓕ	46.6		
	地上二层墙⑰-⑱/(1A)	48.2		
	地上二层墙⑰/Ⓐ-Ⓑ	50.4		
	地上三层墙⑰/Ⓐ-Ⓑ	51.6		
	地上三层墙⑰/Ⓔ-Ⓕ	51.6		
	地上三层墙㉑/Ⓐ-Ⓑ	51.9		
该批混凝土强度推定值为45.3MPa				
第三批	地上四层墙⑰/Ⓔ-Ⓕ	46.5	48.6	2.62
	地上四层墙㉑/Ⓐ-Ⓑ	46.7		
	地上四层墙㉑/Ⓔ-Ⓕ	47.2		
	地上四层墙⑰-⑱/(1A)	47.8		
	地上五层墙⑰/Ⓔ-Ⓕ	48.2		
	地上五层墙㉑/Ⓐ-Ⓑ	48.2		
	地上五层墙㉑/Ⓔ-Ⓕ	48.6		
	地上五层墙⑰-⑱/(1A)	47.8		
	地上五层墙⑰/Ⓐ-Ⓑ	49.6		
	地上六层墙⑰/Ⓐ-Ⓑ	47.8		
	地上六层墙⑰/Ⓔ-Ⓕ	52.2		
	地上六层墙㉑/Ⓐ-Ⓑ	52.4		
	地上六层墙⑰-⑱/(1A)	49.2		
该批混凝土强度推定值为44.3MPa				
第四批	地上七层墙⑰/Ⓔ-Ⓕ	48.6	48.6	2.31
	地上七层墙㉑/Ⓐ-Ⓑ	49.8		
	地上七层墙㉑/Ⓔ-Ⓕ	48.7		
	地上七层墙⑰-⑱/(1A)	49.1		
	地上八层墙⑰/Ⓔ-Ⓕ	49.2		
	地上八层墙㉑/Ⓐ-Ⓑ	45.9		

续表

构件名称及部位		抗压强度换算值/MPa		
		强度平均值	换算平均值	标准差
第四批	地上八层墙㉑/Ⓔ-Ⓕ	47.7		
	地上八层墙⑰-⑱/[1/A]	48.8		
	地上八层墙⑰/Ⓐ-Ⓑ	47.2		
	地上九层墙⑰/Ⓐ-Ⓑ	49.8	48.6	2.31
	地上七层墙⑳-㉑/Ⓕ	49.1		
	地上八层墙⑰-⑱/[3/A]	49.3		
	地上七层墙⑰-⑱/[3/A]	48.2		
该批混凝土强度推定值为 44.8MPa				

检测结果表明，以上批次墙混凝土强度推定值大于 40MPa，符合设计要求。

2. 混凝土构件钢筋配置

采用钢筋扫描仪对梁、柱、墙、板钢筋配置进行抽样检测，检测结果见表 4-6～表 4-9。

表 4-6　梁钢筋配置抽样检测汇总

序号	构件名称及部位	箍筋间距/mm		底层主筋数量/根	
		设计值	实测值	设计值	实测值
1	地上二层梁[1/18]/Ⓐ-Ⓑ	200	208	4	4
2	地上二层梁⑰-⑱/Ⓑ	200	209	4	4
3	地上二层梁⑰-⑱/Ⓑ（斜）	100	104	5	5
4	地上二层梁⑰-⑱/Ⓒ	200	195	4	4
5	地上二层梁[2/17]/Ⓒ-Ⓓ	200	190	2	2
6	地上二层梁⑰-⑱/Ⓒ（斜）	200	202	4	4
7	地上二层梁⑰-⑱/Ⓓ	100	104	5	4
8	地上二层梁⑰-⑱/Ⓓ（斜）	100	97	4	4
9	地上二层梁⑱/Ⓔ-Ⓕ	200	194	5	5
10	地上二层梁[1/17]/Ⓔ-Ⓕ	200	198	3	3
11	地上二层梁⑰-⑱/[1/E]	200	202	4	4
12	地上二层梁⑱-⑲/[1/E]	200	204	3	3
13	地上二层梁⑲/Ⓔ-Ⓕ	200	201	8	8
14	地上二层梁⑲-⑳/[1/E]	200	207	5	5
15	地上二层梁[1/19]/Ⓔ-Ⓕ	200	207	4	4
16	地上二层梁⑳/Ⓔ-Ⓕ	200	210	4	4
17	地上三层梁⑰-⑱/Ⓓ（斜）	200	207	5	5
18	地上三层梁⑰-⑱/Ⓔ	100	102	8	8

续表

序号	构件名称及部位	箍筋间距/mm		底层主筋数量/根	
		设计值	实测值	设计值	实测值
19	地上三层梁⑱/Ⓔ-Ⓕ	200	201	5	5
20	地上三层梁⑰-⑱/(1/E)	200	191	4	4
21	地上三层梁⑱-⑲/(1/E)	200	201	3	3
22	地上三层梁⑲/Ⓔ-Ⓕ	200	202	8	8
23	地上三层梁⑲-⑳/(1/E)	200	194	5	5
24	地上三层梁(1/19)/Ⓔ-Ⓕ	200	196	5	5
25	地上三层梁⑳/Ⓔ-Ⓕ	100	109	4	4
26	地上三层梁(1/17)/Ⓔ-Ⓕ	200	204	3	3
27	地上三层梁⑱-⑲/(1/A)	200	193	3	3
28	地上三层梁⑰-⑱/Ⓑ	200	208	3	3
29	地上三层梁⑰-⑱/Ⓑ（斜）	100	102	4	4
30	地上三层梁⑰-⑱/Ⓒ	100	96	4	4
31	地上三层梁⑰-⑱/Ⓒ（斜）	200	203	4	4
32	地上三层梁⑳/Ⓔ-Ⓕ	200	202	4	4
33	地上四层梁⑲-⑳/(1/E)	200	202	5	5
34	地上四层梁⑱-⑲/(1/E)	200	203	3	3
35	地上四层梁⑱/Ⓔ-Ⓕ	200	202	5	5
36	地上四层梁⑰-⑱/(1/E)	200	20	4	4
37	地上四层梁(1/17)/Ⓔ-Ⓕ	200	199	3	3
38	地上四层梁⑰-⑱/Ⓓ	200	196	—	—
39	地上四层梁⑰-⑱/Ⓒ	200	200	5	5
40	地上四层梁⑰-⑱/Ⓑ	200	208	4	4
41	地上四层梁⑱-⑲/(1/A)	200	208	3	3
42	地上四层梁⑳-㉑/(1/A)	200	203	7	7
43	地上五层梁⑱-⑲/(1/A)	200	191	3	3
44	地上五层梁⑲/Ⓐ-Ⓑ	200	204	—	—
45	地上五层梁⑲-⑳/(1/A)	200	202	5	5
46	地上五层梁⑳/Ⓐ-Ⓑ	200	208	7	7
47	地上五层梁⑳-㉑/(1/A)	200	203	4	4
48	地上五层梁⑰-⑱/Ⓑ	200	191	5	5
49	地上五层梁⑰-⑱/Ⓒ	200	200	5	5
50	地上五层梁⑰-⑱/Ⓓ	200	198	5	5
51	地上五层梁(1/17)/Ⓔ-Ⓕ	200	201	3	3
52	地上五层梁⑰-⑱/(1/E)	200	204	4	4

续表

序号	构件名称及部位	箍筋间距/mm		底层主筋数量/根	
		设计值	实测值	设计值	实测值
53	地上五层梁⑱/Ⓔ-Ⓕ	200	191	5	5
54	地上五层梁⑲/Ⓔ-Ⓕ	200	202	8	8
55	地上五层梁⑱-⑲/(1/E)	200	194	3	3
56	地上五层梁⑲-⑳/(1/E)	200	195	5	5
57	地上五层梁⑳/Ⓔ-Ⓕ	200	198	5	5
58	地上五层梁(1/19)/Ⓔ-Ⓕ	200	206	6	6
59	地上六层梁⑲-⑳/(1/A)	200	204	5	5
60	地上六层梁⑱-⑲/(1/A)	200	210	3	3
61	地上六层梁⑰-⑱/Ⓑ	200	198	5	5
62	地上六层梁⑰-⑱/Ⓒ	200	201	5	5
63	地上六层梁⑰-⑱/Ⓓ	200	204	5	5
64	地上六层梁⑰-⑱/(1/E)	200	202	4	4
65	地上六层梁⑱-⑲/(1/E)	200	201	3	3
66	地上六层梁⑱/Ⓔ-Ⓕ	200	198	5	5
67	地上六层梁(1/19)/Ⓔ-Ⓕ	200	203	6	6
68	地上六层梁⑳/Ⓔ-Ⓕ	100	100	5	5
69	地上七层梁⑳/Ⓐ-Ⓑ	200	190	7	5
70	地上七层梁⑳-㉑/(1/A)	100	99	4	4
71	地上七层梁⑰-⑱/Ⓑ	200	203	4	4
72	地上七层梁⑰-⑱/Ⓑ（斜）	200	209	5	5
73	地上七层梁⑰-⑱/Ⓒ	200	203	4	4
74	地上七层梁⑰-⑱/Ⓒ（斜）	200	191	4	4
75	地上七层梁⑰-⑱/Ⓓ	200	190	5	5
76	地上七层梁⑰-⑱/Ⓓ（斜）	200	191	6	6
77	地上七层梁⑰-⑱/Ⓔ	200	198	6	6
78	地上七层梁⑰-⑱/(1/E)	200	201	4	4
79	地上七层梁⑱/Ⓔ-Ⓕ	200	191	6	6
80	地上七层梁⑱-⑲/(1/E)	200	202	4	3
81	地上七层梁⑲/Ⓔ-Ⓕ	200	209	—	—
82	地上七层梁⑳/Ⓔ-Ⓕ	200	189	5	5
83	地上八层梁⑲-⑳/Ⓑ	200	193	4	4
84	地上八层梁⑱-⑲/Ⓑ	200	194	5	5
85	地上八层梁⑰-⑱/Ⓑ	200	191	4	4
86	地上八层梁⑰-⑱/Ⓒ	100	107	5	4

续表

序号	构件名称及部位	箍筋间距/mm		底层主筋数量/根	
		设计值	实测值	设计值	实测值
87	地上八层梁⑱/Ⓔ-Ⓕ	200	200	7	7
88	地上八层梁⑱-⑲/1/E	200	203	4	4
89	地上八层梁⑱-⑲/2/E	200	190	4	4
90	地上八层梁1/19/Ⓔ-Ⓕ	200	206	4	4
91	地上八层梁⑳/Ⓔ-Ⓕ	200	210	5	5
92	地上九层梁⑱/Ⓔ-Ⓕ	200	202	6	6

注：“—”表示现场无检测条件。

检测结果表明，以上所检测混凝土梁钢筋配置，钢筋间距偏差基本符合《混凝土结构工程施工质量验收规范》（GB 50204—2015）及设计图纸资料要求，地上二层梁⑰-⑱/Ⓓ，地上七层梁⑳/Ⓐ-Ⓑ，地上七层梁⑱-⑲/1/E，地上八层梁⑰-⑱/Ⓒ底部受力主筋配置不符合设计图纸资料要求。

表 4-7　柱钢筋配置抽样检测汇总

序号	构件名称及部位	箍筋间距/mm		b 侧主筋数量/根		h 侧主筋数量/根	
		设计值	实测值	实测值	设计值	实测值	设计值
1	地下一层柱⑯/Ⓕ	100	95	6	6	9	9
2	地下一层柱⑯/Ⓔ	100	109	6	6	6	6
3	地下一层柱⑲/Ⓒ	100	110	4	4	4	4
4	地下一层柱⑲/Ⓑ	100	102	11	11	11	11
5	地下一层柱⑳/Ⓒ	100	109	11	11	7	7
6	地下一层柱⑲/Ⓐ	100	111	—	—	11	11
7	地上一层柱⑲/Ⓑ	200	208	9	9	8	8
8	地上一层柱⑱/Ⓑ	200	207	7	7	6	6
9	地上一层柱⑰/Ⓒ	200	201	7	7	6	6
10	地上一层柱⑰/Ⓓ	200	210	6	6	5	5
11	地上一层柱⑱/Ⓔ	100	107	7	7	6	6
12	地上一层柱⑲/Ⓐ	100	110	—	—	11	11
13	地上一层柱⑱/Ⓒ	200	201	6	6	5	5
14	地上一层柱⑱/Ⓓ	200	210	7	7	6	6
15	地上二层柱⑱/Ⓑ	200	207	5	5	5	5
16	地上二层柱⑱/Ⓒ	200	201	5	5	—	—
17	地上二层柱⑱/Ⓓ	200	208	5	5	—	—
18	地上二层柱⑱/Ⓔ	200	205	4	4	4	4
19	地上二层柱⑲/Ⓔ	200	208	—	—	5	5

续表

序号	构件名称及部位	箍筋间距/mm		b 侧主筋数量/根		h 侧主筋数量/根	
		设计值	实测值	实测值	设计值	实测值	设计值
20	地上三层柱⑱/Ⓑ	200	207	5	5	5	5
21	地上三层柱⑱/Ⓒ	200	201	5	5	—	—
22	地上三层柱⑱/Ⓓ	200	200	5	5	—	—
23	地上三层柱⑱/Ⓔ	200	205	4	4	4	4
24	地上三层柱⑲/Ⓔ	200	208	—	—	5	5
25	地上四层柱⑲/Ⓑ	200	198	—	—	4	4
26	地上四层柱⑱/Ⓑ	200	209	4	4	4	4
27	地上四层柱⑱/Ⓒ	200	203	4	4	—	—
28	地上四层柱⑱/Ⓓ	200	207	4	4	—	—
29	地上四层柱⑱/Ⓔ	200	201	5	5	5	5
30	地上四层柱⑲/Ⓔ	200	200	—	—	6	6
31	地上五层柱⑲/Ⓑ	200	207	—	—	4	4
32	地上五层柱⑱/Ⓑ	200	199	4	4	4	4
33	地上五层柱⑱/Ⓒ	200	203	4	4	—	—
34	地上五层柱⑱/Ⓓ	200	208	4	4	—	—
35	地上五层柱⑰/Ⓒ	200	210	4	4	4	4
36	地上五层柱⑰/Ⓓ	200	208	4	4	4	4
37	地上五层柱⑱/Ⓔ	200	210	5	5	5	5
38	地上六层柱⑱/Ⓔ	200	207	5	5	5	5
39	地上六层柱⑰/Ⓒ	200	204	4	4	4	4
40	地上六层柱⑰/Ⓓ	200	208	4	4	4	4
41	地上六层柱⑱/Ⓑ	200	199	4	4	4	4
42	地上六层柱⑲/Ⓑ	200	207	—	—	4	4
43	地上六层柱⑱/Ⓒ	200	198	4	4	—	—
44	地上六层柱⑱/Ⓓ	200	208	4	4	—	—
45	地上七层柱⑲/Ⓑ	200	203	—	—	4	4
46	地上七层柱⑱/Ⓑ	200	199	4	4	4	4
47	地上七层柱⑰/Ⓒ	200	204	4	4	4	4
48	地上七层柱⑰/Ⓓ	200	202	4	4	4	4
49	地上七层柱⑱/Ⓔ	200	210	5	5	5	5
50	地上七层柱⑱/Ⓒ	200	198	4	4	—	—
51	地上七层柱⑱/Ⓓ	200	208	4	4	—	—
52	地上七层柱⑲/Ⓔ	200	200	—	—	6	6
53	地上八层柱⑲/Ⓑ	200	206	4	5	4	6

续表

序号	构件名称及部位	箍筋间距/mm		b侧主筋数量/根		h侧主筋数量/根	
		设计值	实测值	实测值	设计值	实测值	设计值
54	地上八层柱⑱/Ⓒ	200	196	4	5	4	4
55	地上八层柱⑲/Ⓔ	200	199	—	—	5	6
56	地上八层柱⑱/Ⓔ	200	199	—	—	5	5
57	地上九层柱⑱/Ⓔ	200	203	—	—	5	5

注："—"表示现场无检测条件。

检测结果表明，以上所检测混凝土柱钢筋配置，钢筋间距偏差基本符合《混凝土结构工程施工质量验收规范》（GB 50204—2015）及设计图纸资料要求，部分柱单侧受力主筋配置不符合设计图纸资料要求，地上八层柱⑲/Ⓑ、地上八层柱⑱/Ⓒ、地上八层柱⑲/Ⓔ单侧受力主筋配置不符合设计图纸资料要求。

表 4-8　墙钢筋配置抽样检测汇总

序号	构件名称及部位	水平钢筋间距/mm		竖向钢筋间距/mm	
		实测平均值	设计值	实测平均值	设计值
1	地下一层墙⑱-⑲/Ⓕ	188	200	193	200
2	地下一层墙⑱-⑲/Ⓔ	191	200	201	200
3	地下一层墙⑳-㉑/Ⓑ	202	200	211	200
4	地下一层墙㉑/Ⓑ-Ⓒ	205	200	201	200
5	地下一层墙㉑/Ⓒ-Ⓓ	196	200	193	200
6	地下一层墙⑲-⑳/Ⓐ	191	200	194	200
7	地下一层墙⑳-(1/20)/(3/E)	194	200	192	200
8	地上一层墙㉑/Ⓐ-Ⓑ	192	200	206	200
9	地上一层墙(1/18)/Ⓐ-(1/A)	206	200	192	200
10	地上一层墙⑳-(1/20)/(3/E)	192	200	206	200
11	地上一层墙(1/20)/(3/E)-Ⓕ	191	200	205	200
12	地上一层墙⑰-⑱/(1/A)	201	200	198	200
13	地上二层墙⑳-(1/20)/(3/E)	206	200	192	200
14	地上二层墙⑰/Ⓔ-Ⓕ	204	200	202	200
15	地上二层墙(1/20)/(3/E)-Ⓕ	191	200	191	200
16	地上二层墙(1/20)-㉑/Ⓕ	205	200	209	200
17	地上三层墙(1/20)/(3/E)-Ⓕ	209	200	193	200
18	地上三层墙(1/18)/Ⓐ-(1/A)	193	200	191	200
19	地上三层墙⑳-(1/20)/(3/E)	210	200	191	200
20	地上三层墙⑰/Ⓔ-Ⓕ	191	200	210	200
21	地上三层墙⑰-⑱/(1/A)	201	200	205	200

续表

序号	构件名称及部位	水平钢筋间距/mm		竖向钢筋间距/mm	
		实测平均值	设计值	实测平均值	设计值
22	地上三层墙⑰/Ⓐ-(1/A)	192	200	158	150
23	地上四层墙⑰-⑱/(1/A)	204	200	208	200
24	地上四层墙㉑/Ⓐ-Ⓑ	198	200	208	200
25	地上四层墙⑰/Ⓐ-(1/A)	204	200	157	150
26	地上四层墙⑰/Ⓔ-Ⓕ	208	200	190	200
27	地上四层墙⑳-(1/20)/(3/E)	210	200	188	200
28	地上四层墙(1/20)-㉑/Ⓕ	198	200	191	200
29	地上五层墙⑰-⑱/(1/A)	206	200	207	200
30	地上五层墙⑰/Ⓐ-(1/A)	206	200	208	200
31	地上五层墙(1/18)/Ⓐ-(1/A)	208	200	208	200
32	地上五层墙㉑/Ⓐ-Ⓑ	201	200	200	200
33	地上五层墙⑰/Ⓔ-Ⓕ	190	200	188	200
34	地上五层墙⑳-(1/20)/(3/E)	200	200	208	200
35	地上五层墙(1/20)-㉑/Ⓕ	196	200	192	200
36	地上六层墙(1/20)/(3/E)-Ⓕ	196	200	198	200
37	地上六层墙㉑/Ⓐ-Ⓑ	204	200	203	200
38	地上六层墙⑰/Ⓔ-Ⓕ	192	200	199	200
39	地上六层墙(1/18)/Ⓐ-(1/A)	202	200	195	200
40	地上七层墙⑰-⑱/(1/A)	200	200	191	200
41	地上七层墙㉑/Ⓐ-Ⓑ	20	200	193	200
42	地上七层墙⑰/Ⓔ-Ⓕ	208	200	194	200
43	地上七层墙⑳-(1/20)/Ⓕ	207	200	198	200
44	地上七层墙(1/20)/(3/E)-Ⓕ	204	200	191	200
45	地上八层墙(1/20)/(3/E)-Ⓕ	205	200	191	200
46	地上八层墙⑳-(1/20)/Ⓕ	202	200	194	200
47	地上八层墙⑰-⑱/(1/A)	201	200	190	200
48	地上八层墙⑰/Ⓐ-(1/A)	209	200	204	200
49	地上九层墙⑰-⑱/(1/A)	210	200	200	200
50	地上九层墙⑰/Ⓐ-(1/A)	212	200	202	200

检测结果表明，以上所检测混凝土墙钢筋配置，钢筋间距偏差基本符合《混凝土结构工程施工质量验收规范》（GB 50204—2015）及设计图纸资料要求。

表 4-9　顶板钢筋配置抽样检测汇总

序号	构件名称及部位	钢筋间距（南北走向）/mm		钢筋间距（东西走向）/mm	
		实测平均值	设计值	实测平均值	设计值
1	地上二层板⑲-(1/19)/Ⓔ-(1/E)	187	180	183	180
2	地上二层板⑱-⑲/Ⓔ-(1/E)	185	180	192	180
3	地上二层板(1/17)-⑱/Ⓓ-Ⓔ	176	180	178	180
4	地上二层板(1/17)-⑱/Ⓒ-Ⓓ	174	180	181	180
5	地上二层板⑱-(1/18)/Ⓐ-Ⓑ	180	180	191	180
6	地上三层板⑲-(1/19)/Ⓔ-(1/E)	182	180	187	180
7	地上三层板⑱-⑲/Ⓔ-(1/E)	185	180	189	180
8	地上三层板⑰-⑱/Ⓔ-(1/E)	176	180	190	180
9	地上三层板(1/17)-⑱/Ⓒ-Ⓓ	189	180	176	180
10	地上三层板(1/17)-⑱/Ⓓ-Ⓔ	180	180	192	180
11	地上三层板(1/17)-⑱/Ⓒ-Ⓓ	192	180	183	180
12	地上三层板(1/17)-⑱/Ⓑ-Ⓒ	172	180	148	150
13	地上四层板⑳-㉑/Ⓐ-Ⓑ	193	180	187	180
14	地上四层板⑰-⑱/Ⓑ-Ⓒ	178	180	187	180
15	地上四层板⑰-⑱/Ⓓ-Ⓔ	174	180	170	180
16	地上四层板⑲-(1/19)/Ⓔ-(1/E)	183	180	173	180
17	地上四层板⑰-⑱/Ⓔ-(1/E)	176	180	184	180
18	地上五层板⑰-⑱/Ⓒ-Ⓓ	171	180	181	180
19	地上五层板⑰-⑱/Ⓐ-Ⓑ	183	180	180	180
20	地上五层板⑰-⑱/Ⓑ-Ⓒ	152	150	182	180
21	地上五层板⑳-(1/20)/Ⓐ-Ⓑ	183	180	176	180
22	地上五层板⑰-⑱/Ⓔ-(1/E)	183	180	171	180
23	地上五层板⑱-⑲/Ⓔ-(1/E)	184	180	172	180
24	地上五层板⑰-⑱/Ⓓ-Ⓔ	154	150	174	180
25	地上五层板⑳-㉑/(1/A)-Ⓑ	161	160	180	180
26	地上五层板⑱-⑲/(1/A)-Ⓑ	163	160	191	180
27	地上五层板⑰-⑱/Ⓒ-Ⓓ	159	150	185	180
28	地上六层板⑱-⑲/(1/A)-Ⓑ	161	160	191	180
29	地上六层板⑱-⑲/Ⓔ-(1/E)	193	200	194	200
30	地上六层板⑰-⑱/Ⓒ-Ⓓ	157	150	183	180
31	地上六层板⑰-⑱/Ⓔ-(1/E)	182	180	180	180
32	地上六层板⑰-⑱/Ⓑ-Ⓒ	187	180	185	180
33	地上七层板⑲-(1/19)/Ⓔ-(1/E)	187	180	191	180

续表

序号	构件名称及部位	钢筋间距（南北走向）/mm		钢筋间距（东西走向）/mm	
		实测平均值	设计值	实测平均值	设计值
34	地上七层板⑱-⑲/Ⓔ-(1/E)	187	180	170	160
35	地上七层板⑰-⑱/Ⓔ-(1/E)	185	180	167	160
36	地上七层板⑱-⑲/(1/A)-Ⓑ	167	160	170	180
37	地上七层板(1/17)-⑱/Ⓒ-Ⓓ	184	180	185	180
38	地上七层板(1/17)-⑱/Ⓓ-Ⓔ	178	180	187	200
39	地上七层板⑳-㉑/(1/A)-Ⓑ	174	160	191	180
40	地上八层板⑰-⑱/Ⓔ-(1/E)	191	200	193	200
41	地上八层板⑱-⑲/Ⓔ-(1/E)	195	200	193	200
42	地上八层板⑲-(1/19)/Ⓔ-Ⓕ	198	200	197	200

检测结果表明，以上所检测各层混凝土顶板钢筋配置，钢筋间距偏差基本符合《混凝土结构工程施工质量验收规范》（GB 50204—2015）及设计图纸资料要求。

3. 混凝土构件尺寸

采用钢卷尺对梁、柱的截面尺寸进行抽样检测，检测结果见表 4-10、表 4-11。

表 4-10　混凝土梁截面尺寸检测结果汇总

序号	构件名称及部位	实测值/mm		设计值/mm		板厚/mm
		宽	高	宽	高	
1	地上二层梁(1/18)/Ⓐ-Ⓑ	302	445	300	600	150
2	地上二层梁⑰-⑱/Ⓑ	403	499	400	650	150
3	地上二层梁⑰-⑱/Ⓑ（斜）	405	503	400	650	150
4	地上二层梁⑰-⑱/Ⓒ	403	501	400	650	150
5	地上二层梁(2/17)/Ⓒ-Ⓓ	206	242	200	400	150
6	地上二层梁⑰-⑱/Ⓒ（斜）	405	506	450	650	150
7	地上二层梁⑰-⑱/Ⓓ	401	504	400	650	150
8	地上二层梁⑰-⑱/Ⓓ（斜）	402	500	400	650	150
9	地上二层梁⑱/Ⓔ-Ⓕ	502	548	500	700	150
10	地上二层梁(1/17)/Ⓔ-Ⓕ	203	347	200	500	150
11	地上二层梁⑰-⑱/(1/E)	405	457	400	600	150
12	地上二层梁⑱-⑲/(1/E)	302	454	300	600	150
13	地上二层梁⑲/Ⓔ-Ⓕ	501	552	500	700	150
14	地上二层梁⑲-⑳/(1/E)	301	452	300	600	150
15	地上二层梁(1/19)/Ⓔ-Ⓕ	302	448	300	600	150
16	地上二层梁⑳/Ⓔ-Ⓕ	500	548	500	700	150
17	地上三层梁⑰-⑱/Ⓓ（斜）	408	503	400	650	150

续表

序号	构件名称及部位	实测值/mm		设计值/mm		板厚/mm
		宽	高	宽	高	
18	地上三层梁⑰-⑱/Ⓔ	501	502	500	650	150
19	地上三层梁⑱/Ⓔ-Ⓕ	508	548	500	700	150
20	地上三层梁⑰-⑱/(1/E)	399	451	400	600	150
21	地上三层梁⑱-⑲/(1/E)	303	452	300	600	150
22	地上三层梁⑲/Ⓔ-Ⓕ	501	554	500	700	150
23	地上三层梁⑲-⑳/(1/E)	300	448	300	600	150
24	地上三层梁(1/19)/Ⓔ-Ⓕ	301	447	300	600	150
25	地上三层梁⑳/Ⓔ-Ⓕ	506	552	500	700	150
26	地上三层梁(1/17)/Ⓔ-Ⓕ	201	352	200	500	150
27	地上三层梁⑱-⑲/(1/A)	298	451	300	600	150
28	地上三层梁⑰-⑱/Ⓑ	398	495	400	650	150
29	地上三层梁⑰-⑱/Ⓑ（斜）	401	498	400	650	150
30	地上三层梁⑰-⑱/Ⓒ	397	500	400	650	150
31	地上三层梁⑰-⑱/Ⓒ（斜）	401	498	400	650	150
32	地上三层梁⑳/Ⓔ-Ⓕ	498	551	500	700	150
33	地上四层梁⑲-⑳/(1/E)	301	451	300	600	150
34	地上四层梁⑱-⑲/(1/E)	302	452	300	600	150
35	地上四层梁⑱/Ⓔ-Ⓕ	499	551	500	700	150
36	地上四层梁⑰-⑱/(1/E)	395	451	400	600	150
37	地上四层梁(1/17)/Ⓔ-Ⓕ	199	346	200	500	150
38	地上四层梁⑰-⑱/Ⓓ	299	505	300	650	150
39	地上四层梁⑰-⑱/Ⓒ	296	503	300	650	150
40	地上四层梁⑰-⑱/Ⓑ	355	505	350	650	150
41	地上四层梁⑱-⑲/(1/A)	299	448	300	600	150
42	地上四层梁⑳-㉑/(1/A)	403	452	400	600	150
43	地上五层梁⑱-⑲/(1/A)	297	451	300	600	150
44	地上五层梁⑲/Ⓐ-Ⓑ	502	546	500	700	150
45	地上五层梁⑲-⑳/(1/A)	302	451	300	600	150
46	地上五层梁⑳/Ⓐ-Ⓑ	502	547	500	700	150
47	地上五层梁⑳-㉑/(1/A)	398	448	400	600	150
48	地上五层梁⑰-⑱/Ⓑ	355	505	350	650	150
49	地上五层梁⑰-⑱/Ⓒ	300	501	300	650	150
50	地上五层梁⑰-⑱/Ⓓ	304	501	300	650	150

续表

序号	构件名称及部位	实测值/mm		设计值/mm		板厚/mm
		宽	高	宽	高	
51	地上五层梁(1/17)/Ⓔ-Ⓕ	199	346	200	500	150
52	地上五层梁⑰-⑱/(1/E)	404	451	400	600	150
53	地上五层梁⑱/Ⓔ-Ⓕ	502	555	500	700	150
54	地上五层梁⑲/Ⓔ-Ⓕ	501	544	500	700	150
55	地上五层梁⑱-⑲/(1/E)	303	345	300	500	150
56	地上五层梁⑲-⑳/(1/E)	300	451	300	600	150
57	地上五层梁⑳/Ⓔ-Ⓕ	499	552	500	700	150
58	地上五层梁(1/19)/Ⓔ-Ⓕ	300	446	300	600	150
59	地上六层梁⑲-⑳/(1/A)	301	450	300	600	150
60	地上六层梁⑱-⑲/(1/A)	302	451	300	600	150
61	地上六层梁⑰-⑱/Ⓑ	355	503	350	650	150
62	地上六层梁⑰-⑱/Ⓒ	305	501	300	650	150
63	地上六层梁⑰-⑱/Ⓓ	304	501	300	650	150
64	地上六层梁⑰-⑱/(1/E)	401	454	400	600	150
65	地上六层梁⑱-⑲/(1/E)	301	451	300	600	150
66	地上六层梁⑱/Ⓔ-Ⓕ	504	552	500	700	150
67	地上六层梁(1/19)/Ⓔ-Ⓕ	301	452	300	600	150
68	地上六层梁⑳/Ⓔ-Ⓕ	501	553	500	700	150
69	地上七层梁⑳/Ⓐ-Ⓑ	504	564	500	700	150
70	地上七层梁⑳-㉑/(1/A)	405	452	400	600	150
71	地上七层梁⑰-⑱/Ⓑ	351	509	350	650	150
72	地上七层梁⑰-⑱/Ⓑ（斜）	401	640	400	650	—
73	地上七层梁⑰-⑱/Ⓒ	301	501	300	650	150
74	地上七层梁⑰-⑱/Ⓒ（斜）	401	641	400	650	—
75	地上七层梁⑰-⑱/Ⓓ	300	499	300	650	150
76	地上七层梁⑰-⑱/Ⓓ（斜）	401	649	400	650	—
77	地上七层梁⑰-⑱/Ⓔ	409	501	400	650	150
78	地上七层梁⑰-⑱/(1/E)	401	449	400	600	150
79	地上七层梁⑱/Ⓔ-Ⓕ	501	555	500	700	150
80	地上七层梁⑱-⑲/(1/E)	300	447	300	600	150
81	地上七层梁⑲/Ⓔ-Ⓕ	501	550	500	700	150
82	地上七层梁⑳/Ⓔ-Ⓕ	499	548	500	700	150
83	地上八层梁⑲-⑳/Ⓑ	309	645	300	650	—

续表

序号	构件名称及部位	实测值/mm		设计值/mm		板厚/mm
		宽	高	宽	高	
84	地上八层梁⑱-⑲/Ⓑ	308	642	300	650	—
85	地上八层梁⑰-⑱/Ⓑ	301	642	300	650	—
86	地上八层梁⑰-⑱/Ⓒ	300	652	300	650	—
87	地上八层梁⑱/Ⓔ-Ⓕ	604	575	600	700	150
88	地上八层梁⑱-⑲/(1/E)	304	479	300	600	150
89	地上八层梁⑱-⑲/(2/E)	306	481	300	600	150
90	地上八层梁(1/19)/Ⓔ-Ⓕ	303	497	300	650	150
91	地上八层梁⑳/Ⓔ-Ⓕ	499	557	500	700	150
92	地上九层梁⑱/Ⓔ-Ⓕ	508	692	500	700	—

注：“—”表示现场无检测条件。

检测结果表明，以上所检测混凝土梁尺寸偏差，基本符合《混凝土结构工程施工质量验收规范》（GB 50204—2015）及设计图纸资料要求。

表 4-11　混凝土柱截面尺寸检测结果汇总

序号	构件名称及部位	实测值/mm		设计值/mm	
		宽 1	宽 2	宽 1	宽 2
1	地下一层柱⑯/Ⓕ	806	806	800	800
2	地下一层柱⑯/Ⓔ	799	804	800	800
3	地下一层柱⑲/Ⓒ	601	603	600	600
4	地下一层柱⑲/Ⓑ	901	1099	900	1100
5	地下一层柱⑳/Ⓒ	1009	908	1000	900
6	地下一层柱⑲/Ⓐ	—	1099	900	1100
7	地上一层柱⑲/Ⓑ	897	1103	900	1000
8	地上一层柱⑱/Ⓑ	799	805	800	800
9	地上一层柱⑰/Ⓒ	898	905	900	900
10	地上一层柱⑰/Ⓓ	897	903	900	900
11	地上一层柱⑱/Ⓔ	805	809	800	800
12	地上一层柱⑲/Ⓐ	—	1099	900	1100
13	地上一层柱⑱/Ⓒ	899	905	900	900
14	地上一层柱⑱/Ⓓ	897	903	900	900
15	地上二层柱⑱/Ⓑ	804	798	800	800
16	地上二层柱⑱/Ⓒ	803	—	800	800
17	地上二层柱⑱/Ⓓ	802	—	800	800

续表

序号	构件名称及部位	实测值/mm		设计值/mm	
		宽 1	宽 2	宽 1	宽 2
18	地上二层柱⑱/Ⓔ	801	803	800	800
19	地上二层柱⑲/Ⓔ	—	801	800	800
20	地上三层柱⑱/Ⓑ	801	803	800	800
21	地上三层柱⑱/Ⓒ	802	—	800	800
22	地上三层柱⑱/Ⓓ	803	—	800	800
23	地上三层柱⑱/Ⓔ	800	803	800	800
24	地上三层柱⑲/Ⓔ	—	802	800	800
25	地上四层柱⑲/Ⓑ	—	695	700	700
26	地上四层柱⑱/Ⓑ	702	696	700	700
27	地上四层柱⑱/Ⓒ	700	—	700	700
28	地上四层柱⑱/Ⓓ	702	—	700	700
29	地上四层柱⑱/Ⓔ	803	801	800	800
30	地上四层柱⑲/Ⓔ	—	801	800	800
31	地上五层柱⑲/Ⓑ	—	707	700	700
32	地上五层柱⑱/Ⓑ	700	704	700	700
33	地上五层柱⑱/Ⓒ	699	—	700	700
34	地上五层柱⑱/Ⓓ	702	—	700	700
35	地上五层柱⑰/Ⓒ	699	706	700	700
36	地上五层柱⑰/Ⓓ	702	705	700	700
37	地上五层柱⑱/Ⓔ	—	801	800	800
38	地上六层柱⑱/Ⓔ	803	801	800	800
39	地上六层柱⑰/Ⓒ	701	703	700	700
40	地上六层柱⑰/Ⓓ	699	705	700	700
41	地上六层柱⑱/Ⓑ	699	704	700	700
42	地上六层柱⑲/Ⓑ	—	698	700	700
43	地上六层柱⑱/Ⓒ	701	—	700	700
44	地上六层柱⑱/Ⓓ	702	—	700	700
45	地上七层柱⑲/Ⓑ	—	699	700	700
46	地上七层柱⑱/Ⓑ	698	704	700	700
47	地上七层柱⑰/Ⓒ	697	703	700	700
48	地上七层柱⑰/Ⓓ	699	705	700	700
49	地上七层柱⑱/Ⓔ	803	801	800	800

续表

序号	构件名称及部位	实测值/mm		设计值/mm	
		宽 1	宽 2	宽 1	宽 2
50	地上七层柱⑱/Ⓒ	700	—	700	700
51	地上七层柱⑱/Ⓓ	702	—	700	700
52	地上七层柱⑲/Ⓔ	—	801	800	800
53	地上八层柱⑲/Ⓑ	701	699	700	700
54	地上八层柱⑱/Ⓒ	601	600	600	600
55	地上八层柱⑲/Ⓔ	—	703	700	700
56	地上八层柱⑱/Ⓔ	—	703	700	700
57	地上九层柱⑱/Ⓔ	—	701	700	700

注：“—”表示现场无检测条件。

检测结果表明，以上所检测混凝土柱尺寸偏差，基本符合《混凝土结构工程施工质量验收规范》（GB 50204—2015）及设计图纸资料要求。

4. 框架梁、柱加固钢板钢材强度

采用表面硬度法对该建筑加固构件加固钢板件钢材进行强度抽样检测，检测结果详见表 4-12。

表 4-12　表面硬度法检测钢构件强度汇总

序号	构件位置	位置	硬度均值	换算强度值/（N/mm^2）	设计强度
1	地上八层⑱/Ⓓ柱加固钢板	侧面	145	493	Q345
2	地上八层⑱/Ⓑ柱加固钢板	侧面	149	508	Q345
3	地上九层⑳/Ⓑ柱加固钢板	侧面	145	493	Q345
4	地上九层⑲/Ⓔ柱加固钢板	侧面	151	513	Q345
5	地上八层⑱/Ⓐ-Ⓑ梁加固钢板	侧面	149	508	Q345
6	地上八层⑱/Ⓑ-Ⓒ梁加固钢板	侧面	143	489	Q345
7	地上八层⑱/Ⓒ-Ⓓ梁加固钢板	侧面	148	503	Q345
8	地上八层⑱/Ⓓ-Ⓔ梁加固钢板	侧面	152	518	Q345
9	地上二层⑳-㉑/[1/F]墙加固钢板	侧面	148	503	Q345
10	地上三层⑳-㉑/[1/F]墙加固钢板	侧面	146	498	Q345

Q345B 钢材抗拉强度 σ_b 范围为 470～630MPa，经现场检测，所测加固构件加固钢板维氏硬度（HV）换算抗拉强度值达到原钢材设计强度值，满足加固图纸设计要求。

5. 加固钢材截面尺寸

对加固构件型钢截面尺寸及钢板厚度进行抽样检测，检测结果见表 4-13。

表 4-13　型钢截面尺寸及钢板厚度检测汇总

序号	构件名称及位置	设计尺寸/mm	实测尺寸/mm	检测结论
1	地上八层⑱/Ⓑ柱东南角加固型钢	∟ 75×8	∟ 75×7.8	符合设计要求
2	地上八层⑱/Ⓓ柱西南角加固型钢	∟ 75×8	∟ 74×7.7	符合设计要求
3	地上九层⑳/Ⓑ柱西南角加固型钢	∟ 75×8	∟ 75×7.8	符合设计要求
4	地上九层⑲/Ⓔ柱西南角加固型钢	∟ 75×8	∟ 75×7.9	符合设计要求
5	地上八层⑱/Ⓑ柱南侧加固缀板	40×4	40×3.8	符合设计要求
6	地上八层⑱/Ⓓ柱南侧加固缀板	40×4	40×3.8	符合设计要求
7	地上九层⑳/Ⓑ柱南侧加固缀板	40×4	39×3.7	符合设计要求
8	地上九层⑲/Ⓔ柱南侧加固缀板	40×4	40×3.9	符合设计要求
9	地上八层⑱/Ⓑ-Ⓒ梁U形箍钢板	200×4	199×3.9	符合设计要求
10	地上八层⑱/Ⓒ-Ⓓ梁U形箍钢板	200×4	200×3.8	符合设计要求
11	地上八层⑱/Ⓑ-Ⓒ梁加固钢板	300×4	299×3.9	符合设计要求
12	地上八层⑱/Ⓒ-Ⓓ梁加固钢板	300×4	300×3.9	符合设计要求

6. 建筑倾斜

对该建筑的倾斜进行检测，检测结果见表 4-14。根据测量结果，该建筑的整体倾斜未超过规范允许的限值。

表 4-14　房屋整体倾斜检测结果汇总

楼号	测量位置	倾斜方向	偏差值/mm	测斜高度/mm	倾斜率/%
办公楼	西北角	南	62	43000	0.14
		西	66	43000	0.16
	东北角	南	48	44000	0.11
		西	50	44000	0.11

注：未体现的位置表示现场条件限制，无法观测。

五、复核计算

依据《建筑结构荷载规范》(GB 50009—2012) 和《混凝土结构设计规范》(GB 50010—2010) (2015 年版) 等规范，对该建筑进行结构构件承载力验算。

该建筑混凝土强度实测值达到设计强度要求，本次模型混凝土强度等级按照设计值，结构构件尺寸按实测值，并计入风化、锈蚀等损伤情况进行复核计算。荷载按照《建筑结构荷载规范》(GB 50009—2012)，荷载组合按照现行《建筑结构可靠性设计统一标准》(GB 50068—2018) 的规定，结构布置情况及楼屋面恒载取现场实际调查情况，采用 PKPM 软件建模计算，承载力验算参数见表 4-15。

表 4-15　承载力验算参数表

项目	具体参数取值		
结构布置	现场检查、检测结果		
材料强度	墙、柱	地下一层至八层	C40
	梁、板	地下一层至八层	C30
荷载取值	风荷载	按 50 年重现期	0.45kN/m^2
	雪荷载	按 50 年重现期	0.40kN/m^2
	楼面（除楼梯间外室内区域）	恒荷载（不包括板自重）	2.0kN/m^2
	楼面（楼梯间）	恒荷载	8.0kN/m^2
	屋面板	恒荷载（不包括板自重）	5.0kN/m^2
	楼面（除楼梯间外室内区域）	活荷载	2.0kN/m^2
	楼面（楼梯间）	活荷载	3.5kN/m^2
	屋面（不上人）	活荷载	0.5kN/m^2
	屋面（上人）	活荷载	2.0kN/m^2
	梁线荷载（详见模型）	恒荷载	10.0、7.0、8.0、5.0kN/m
	走廊	活荷载	2.5kN/m^2
地震信息		抗震设防类别	丙类
		地震烈度	8 度（0.20g）
		地震分组	第二组
结构重要性系数 γ_0		1.0	

六、房屋结构安全性鉴定

依据《房屋结构综合安全性鉴定标准》（DB 11/637—2015）中 3.2.5 规定，对该建筑结构安全性进行鉴定，鉴定类别为Ⅰ类。

（一）构件安全性鉴定评级（上部承重结构）

根据《房屋结构综合安全性鉴定标准》（DB 11/637—2015）中 7.3 规定，混凝土结构构件的安全性鉴定，按承载能力、构造和连接、变形与损伤三个检查项目评定，并取其中最低一级作为该构件安全性等级。

（二）子单元安全性鉴定评级

根据《房屋结构综合安全性鉴定标准》（DB 11/637—2015），第二层次鉴定评级应按地基基础、上部承重结构划分为两个子单元。

1. 地基基础子单元的安全性鉴定评级

根据现场检查结果，该建筑未发现由于地基承载力不足或不均匀沉降所造成的墙体开裂和损伤，结合建筑周边环境及建筑自身上部结构状况判断，该建筑物地基和基础无明显缺陷，基本满足承载力和稳定性要求。依据《房屋结构综合安全性鉴定标准》（DB 11/637—2015）中5.3关于地基基础的评级规定，对地基基础安全性等级评定为A_u级。

2. 上部承重结构楼层子单元的安全性鉴定评级

（1）上部承重结构楼层承载功能等级

①主要构件集的安全性等级

根据结构主要构件的安全性评级，按层统计主要构件的各等级数量计算百分比，依据《房屋结构综合安全性鉴定标准》（DB 11/637—2015）中3.4.5规定，对各层主要构件的安全性等级评定见表4-16。

表4-16 房屋结构构件、楼层结构安全性鉴定评级汇总

楼层	构件集	构件	检查构件总数	检查构件级别和含量								结构评级		
				a_u	含量/%	b_u	含量/%	c_u	含量/%	d_u	含量/%	构件集评定		楼层评定
地下一层	主要构件	框架柱	30	30	100	0	0	0	0	0	0	A_u	A_u	A_u
		框架梁、连梁	34	34	100	0	0	0	0	0	0	A_u		
		抗震墙	25	25	100	0	0	0	0	0	0	A_u		
	一般构件	楼盖	23	23	100	0	0	0	0	0	0	A_u		
		次梁	13	13	100	0	0	0	0	0	0	A_u		
地上一层	主要构件	框架柱	25	25	100	0	0	0	0	0	0	A_u	A_u	A_u
		框架梁、连梁	38	38	100	0	0	0	0	0	0	A_u		
		抗震墙	16	16	100	0	0	0	0	0	0	A_u		
	一般构件	楼盖	11	11	100	0	0	0	0	0	0	A_u		
		次梁	10	10	100	0	0	0	0	0	0	A_u		
地上二层	主要构件	框架柱	25	25	100	0	0	0	0	0	0	A_u	A_u	A_u
		框架梁、连梁	38	38	100	0	0	0	0	0	0	A_u		
		抗震墙	16	16	100	0	0	0	0	0	0	A_u		
	一般构件	楼盖	11	11	100	0	0	0	0	0	0	A_u		
		次梁	10	10	100	0	0	0	0	0	0	A_u		
地上三层	主要构件	框架柱	25	25	100	0	0	0	0	0	0	A_u	A_u	A_u
		框架梁、连梁	38	38	100	0	0	0	0	0	0	A_u		
		抗震墙	16	16	100	0	0	0	0	0	0	A_u		
	一般构件	楼盖	14	14	100	0	0	0	0	0	0	A_u		
		次梁	16	16	100	0	0	0	0	0	0	A_u		
地上四层	主要构件	框架柱	25	25	100	0	0	0	0	0	0	A_u	A_u	A_u
		框架梁、连梁	35	35	100	0	0	0	0	0	0	A_u		
		抗震墙	16	16	100	0	0	0	0	0	0	A_u		
	一般构件	楼盖	13	13	100	0	0	0	0	0	0	A_u		
		次梁	13	13	100	0	0	0	0	0	0	A_u		

续表

楼层	构件集	构件	检查构件总数	检查构件级别和含量								结构评级		
				a_u	含量/%	b_u	含量/%	c_u	含量/%	d_u	含量/%	构件集评定		楼层评定
地上五层	主要构件	框架柱	25	25	100	0	0	0	0	0	0	A_u	A_u	A_u
		框架梁、连梁	35	35	100	0	0	0	0	0	0	A_u		
		抗震墙	16	16	100	0	0	0	0	0	0	A_u		
	一般构件	楼盖	14	14	100	0	0	0	0	0	0	A_u		
		次梁	13	13	100	0	0	0	0	0	0	A_u		
地上六层	主要构件	框架柱	25	25	100	0	0	0	0	0	0	A_u	A_u	A_u
		框架梁、连梁	35	35	100	0	0	0	0	0	0	A_u		
		抗震墙	16	16	100	0	0	0	0	0	0	A_u		
	一般构件	楼盖	14	14	100	0	0	0	0	0	0	A_u		
		次梁	13	13	100	0	0	0	0	0	0	A_u		
地上七层	主要构件	框架柱	25	25	100	0	0	0	0	0	0	A_u	A_u	A_u
		框架梁、连梁	38	38	100	0	0	0	0	0	0	A_u		
		抗震墙	16	16	100	0	0	0	0	0	0	A_u		
	一般构件	楼盖	14	14	100	0	0	0	0	0	0	A_u		
		次梁	13	13	100	0	0	0	0	0	0	A_u		
地上八层	主要构件	框架柱	25	25	100	0	0	0	0	0	0	A_u	A_u	A_u
		框架梁、连梁	35	35	100	0	0	0	0	0	0	A_u		
		抗震墙	16	16	100	0	0	0	0	0	0	A_u		
	一般构件	楼盖	9	9	100	0	0	0	0	0	0	A_u		
		次梁	16	16	100	0	0	0	0	0	0	A_u		
设备层	主要构件	框架柱	25	25	100	0	0	0	0	0	0	A_u	A_u	A_u
		框架梁、连梁	33	33	100	0	0	0	0	0	0	A_u		
		抗震墙	16	16	100	0	0	0	0	0	0	A_u		
	一般构件	屋盖	9	9	100	0	0	0	0	0	0	A_u		
		次梁	10	10	100	0	0	0	0	0	0	A_u		
架子层	主要构件	框架柱	25	25	100	0	0	0	0	0	0	A_u	A_u	A_u
		框架梁	33	33	100	0	0	0	0	0	0	A_u		
	一般构件	次梁	10	10	100	0	0	0	0	0	0	A_u		

②一般构件集的安全性等级

根据结构一般构件集的安全性评级，按层统计一般构件集的各等级数量计算百分比，依据《房屋结构综合安全性鉴定标准》（DB 11/637—2015）中 3.4.5 规定，对各层一般构件集的安全性等级评定见表 4-16。

③各层安全性等级

根据构件评定结果，依据《房屋结构综合安全性鉴定标准》（DB 11/637—2015）中3.4.7规定，对该建筑各层的安全性进行评定，评定结果见表4-16。

④上部结构承载能力的安全性等级评定

根据表4-16评定结果，依据《房屋结构综合安全性鉴定标准》（DB 11/637—2015）中3.4.8规定，对该建筑上部结构承载能力的安全性等级进行评定，评定结果为A_u级。

（2）结构整体牢固性等级

依据《房屋结构综合安全性鉴定标准》（DB 11/637—2015）中3.4.4规定，对结构上部承重结构整体性等级按结构布置及构造、支撑系统或其他抗侧力系统的构造、结构、构件间的联系和圈梁及构造柱的布置与构造等项目进行评定。

根据现场检查结果，该建筑结构布置合理，形成完整体系，且结构选型、传力路线正确，符合国家现行规范设计要求，无明显损伤和施工缺陷，构件连接方式正确、可靠，对结构整体性评定为A_u级。

（3）上部承重结构安全性等级

依据《房屋结构综合安全性鉴定标准》（DB 11/637—2015）中3.4.8，对上部承重结构安全性等级评定，评定等级为A_u级。

（三）鉴定单元评级

综上所述，对该房屋结构安全性进行鉴定评级，鉴定结果见表4-17。

表4-17　房屋结构安全性鉴定评级结果

<table>
<tr><th>鉴定项目</th><th colspan="6">子单元鉴定评级</th><th>鉴定单元鉴定评级</th></tr>
<tr><td rowspan="15">安全性鉴定</td><td rowspan="3">地基基础</td><td>地基变形评级</td><td colspan="3">A_u</td><td rowspan="3">A_u</td><td rowspan="15">A_{su}</td></tr>
<tr><td>边坡场地稳定性评级</td><td colspan="3">—</td></tr>
<tr><td>基础承载力评级</td><td colspan="3">—</td></tr>
<tr><td rowspan="12">上部承重结构</td><td rowspan="11">楼层结构安全性鉴定评级</td><td>地下一层</td><td>A_u</td><td rowspan="11">A_u</td><td rowspan="12">A_u</td></tr>
<tr><td>地上一层</td><td>A_u</td></tr>
<tr><td>地上二层</td><td>A_u</td></tr>
<tr><td>地上三层</td><td>A_u</td></tr>
<tr><td>地上四层</td><td>A_u</td></tr>
<tr><td>地上五层</td><td>A_u</td></tr>
<tr><td>地上六层</td><td>A_u</td></tr>
<tr><td>地上七层</td><td>A_u</td></tr>
<tr><td>地上八层</td><td>A_u</td></tr>
<tr><td>设备层</td><td>A_u</td></tr>
<tr><td>架子层</td><td>A_u</td></tr>
<tr><td>结构整体性评级</td><td colspan="3">A_u</td></tr>
</table>

七、房屋结构抗震性能鉴定

依据《建筑抗震设计规范》（GB 50011—2010）（2016 年版）、《建筑抗震鉴定标准》（GB 50023—2009）和《房屋结构综合安全性鉴定标准》（DB 11/637—2015），按北京地区丙类建筑、C 类房屋（后续使用 50 年）、8 度（0.20g）抗震设防要求，对该建筑抗震能力进行鉴定。

（一）场地、地基和基础抗震能力鉴定

依据《房屋结构综合安全性鉴定标准》（DB 11/637—2015）中 5.1.3 规定，该建筑为地基基础无严重静载缺陷的丙类建筑，地基处于场地抗震的一般地段，其地基基础抗震鉴定结果以地基基础安全性鉴定结果作为地基基础抗震鉴定结果。

（二）上部结构抗震能力鉴定

1. 上部结构构件抗震承载力鉴定

依据《房屋结构综合安全性鉴定标准》（DB 11/637—2015）中 7.4 规定，按混凝土房屋抗震宏观控制和抗震承载力两个项目进行评定，对相应构件集和楼层结构的抗震承载力进行鉴定。

2. 上部结构抗震措施鉴定

本房屋框架部分抗震等级按二级来核查抗震措施，其抗震构造措施鉴定结果汇总见表 4-18；剪力墙部分抗震等级按一级来核查抗震措施，其抗震构造措施鉴定结果汇总见表 4-19。

表 4-18　框架部分抗震措施鉴定结果汇总

<table>
<tr><td colspan="5">（一）抗震鉴定按照《建筑抗震设计规范》（GB 50011—2010）（2016 年版）要求进行鉴定</td></tr>
<tr><td colspan="2">鉴定项目</td><td colspan="2">鉴定标准规定值</td><td>实际值</td></tr>
<tr><td colspan="2">设防烈度</td><td colspan="2">8 度</td><td>8 度</td></tr>
<tr><td colspan="2">抗震措施采用烈度</td><td colspan="2">8 度</td><td>8 度</td></tr>
<tr><td colspan="2">抗震验算采用烈度</td><td colspan="2">8 度</td><td>8 度</td></tr>
<tr><td colspan="2">框架抗震等级</td><td colspan="2">查 GB 50011—2010（2016 年版）等级表 6.1.2</td><td>框架二级</td></tr>
<tr><td rowspan="3">结构体系</td><td>检测内容</td><td>规范规定</td><td>检测结果</td><td>鉴定结果</td></tr>
<tr><td>房屋最大高度</td><td>烈度 8 度，100m（框架剪力墙）</td><td>44.83m</td><td>满足要求</td></tr>
<tr><td>框架结构跨数</td><td>丙类设防，不宜为单跨框架</td><td>多跨框架</td><td>满足要求</td></tr>
<tr><td colspan="5">（二）构造措施</td></tr>
<tr><td colspan="2">检测内容</td><td>规范规定</td><td>检测结果</td><td>鉴定结果</td></tr>
<tr><td colspan="2">构件强度等级</td><td>二、三、四级框架构件强度等级不应低于 C30</td><td>最低强度值大于 30MPa</td><td>满足要求</td></tr>
</table>

续表

检测内容	规范规定	检测结果	鉴定结果
梁、柱截面	(1) 梁截面宽度不宜小于200mm，截面高宽比不宜大于4，净跨与截面高度比不宜小于4； (2) 柱截面不宜小于400mm，柱截面长短边比不宜大于3	(1) 梁截面宽度最小尺寸为200mm，截面高宽比不大于4，净跨与截面高度比不小于4； (2) 柱的最小截面宽度为500mm，柱截面长短边比为1	满足要求
柱轴压比限值	抗震等级二级，≤0.85（框架-抗震墙）	最大轴压比0.42	满足要求
梁钢筋配置	(1) 梁端纵向受拉筋的配筋率不宜大于2.5%，且混凝土受压区高度和有效高度之比，二级不应大于0.35； (2) 箍筋加密区长度、箍筋最大间距和最小直径应按《建筑抗震设计规范》表6.3.3，纵向受拉钢筋配筋率大于2%时，箍筋最小直径应增大2mm； (3) 梁端截面底面和顶面纵向钢筋配筋量比值，二级不应小于0.3； (4) 梁顶面和底面的通长钢筋，二级不应小于2⊗14，且不应小于梁端顶面和底面纵向钢筋中较大截面面积的1/4； (5) 加密区箍筋肢距，二级不宜大于250mm和20倍箍筋直径	(1) 梁端纵向受拉筋的配筋率不大于2.5%，且混凝土受压区高度和有效高度之比不大于0.35； (2) 箍筋加密区长度、箍筋最大间距和最小直径满足《建筑抗震设计规范》表6.3.3； (3) 梁端截面底面和顶面纵向钢筋配筋量比值不小于0.3； (4) 梁顶面和底面的通长钢筋，不小于2⊗14，且不小于梁端顶面和底面纵向钢筋中较大截面面积的1/4； (5) 加密区箍筋肢距100mm	满足要求
柱钢筋配置	(1) 柱实际纵向钢筋的总配筋率不应小于《建筑抗震设计规范》表6.3.7-1的规定； (2) 柱箍筋在规定范围内应加密，加密区的箍筋最大间距和最小直径，不宜低于《建筑抗震设计规范》表6.3.7-2的要求； (3) 柱箍筋的加密区范围为柱端取截面高度、1/6柱净高和500mm三者最大值，底层柱的下端不小于柱净高的1/3，刚性地面上下各500mm，柱净高与柱截面高度之比不大于4的柱、框支柱、一二级角柱取全高；	(1) 柱实际纵向钢筋的总配筋率不小于《建筑抗震设计规范》表6.3.7-1的规定； (2) 柱箍筋在规定范围内已加密，加密区的箍筋最大间距和最小直径不低于《建筑抗震设计规范》表6.3.7-2的要求； (3) 柱箍筋的加密区范围要求满足规范要求； (4) 柱加密区的箍筋最小体积配箍率不小于0.6%； (5) 柱加密区箍筋肢距为100mm，且每隔一根纵向钢筋在两个方向有箍筋约束；	满足要求

续表

检测内容	规范规定	检测结果	鉴定结果
柱钢筋配置	(4) 柱加密区的箍筋最小体积配箍率，二级不小于0.6%； (5) 柱加密区箍筋肢距，二级不大于250mm，且每隔一根纵向钢筋宜在两个方向有箍筋约束； (6) 非加密区箍筋的实际箍筋量不宜小于加密区50%，且箍筋间距，二级不大于10倍纵筋直径	(6) 非加密区箍筋的实际箍筋量不小于加密区50%，且箍筋间距不大于10倍纵筋直径	满足要求
节点核心区钢筋配置	箍筋最大间距和最小直径宜按《建筑抗震设计规范》中6.3.7检查，二级体积配箍率不宜小于0.5%	箍筋最大间距和最小直径满足《建筑抗震设计规范》中6.3.7，体积配箍率不小于0.5%	满足要求
填充墙设置	(1) 砌体填充墙在平面和竖向的布置，宜均匀对称； (2) 砌体填充墙，宜与框架柱柔性连接，但墙顶应与框架紧密结合	(1) 砌体填充墙在平面和竖向的布置，基本均匀对称，部分存在连接缝隙； (2) 墙顶与框架结合较紧密	基本满足要求

表4-19　剪力墙部分抗震措施鉴定结果汇总

(一) 抗震鉴定按照《建筑抗震设计规范》(GB 50011—2010)(2016年版)要求进行鉴定				
鉴定项目		鉴定标准规定值		实际值
设防烈度		8度		8度
抗震措施采用烈度		8度		8度
抗震验算采用烈度		8度		8度
剪力墙抗震等级		查GB 50011—2010(2016年版)等级表6.1.2		一级
结构体系	检测内容	规范规定	检测结果	鉴定结果
结构体系	房屋最大高度	烈度8度，100m(框架剪力墙)	44.83m	满足要求
结构体系	结构设置	框架一剪力墙结构，应双向设置	双向设置	满足要求
(二) 构造措施				
检测内容		规范规定	检测结果	鉴定结果
抗震墙厚度		(1) 一、二级不小于160mm且不小于层高或无支长度的1/20； (2) 底部加强部位的墙厚，一、二级不小于200mm且不小于层高或无支长度的1/16	抗震墙厚度最小值为200mm	满足要求

续表

检测内容	规范规定	检测结果	鉴定结果
构件强度等级	二、三、四级构件强度等级不应低于C30	最低强度值大于30MPa	满足要求
钢筋配置	(1) 一、二、三级抗震墙竖向、横向分布钢筋最小配筋率均不小于0.25%； (2) 钢筋直径不小于10mm，间距不大于300mm，并应双排布置，应设置拉筋	(1) 二级抗震墙竖向、横向分布钢筋最小配筋率均不小于0.25%； (2) 钢筋最小直径10mm，间距200mm，双排布置，已设置拉筋	满足要求
轴压比限值	抗震等级一级，≤0.2	最大轴压比0.18	满足要求

根据表4-18和表4-19检查汇总结果，依据《房屋结构综合安全性鉴定标准》(DB 11/637—2015) 中7.4.12规定，对房屋上部结构抗震宏观控制进行鉴定评级，该建筑抗震措施满足现行国家标准的要求，结构体系、抗震墙设置和间距、房屋平立面布置和楼层侧移刚度比符合现行国家标准的要求，框架和抗震墙的混凝土强度符合现行国家标准的要求，地基基础与上部结构相适应。

(三) 房屋抗震能力鉴定评级

依据《房屋结构综合安全性鉴定标准》(DB 11/637—2015) 中3.5和3.6相关规定，根据场地、地基和基础抗震能力和上部结构抗震能力鉴定结果，该房屋整体抗震能力满足现行国家规范要求。

八、鉴定结论及处理建议

(一) 鉴定结论

(1) 安全性鉴定等级为A_{su}级。

(2) 房屋整体抗震能力满足现行规范要求。(北京地区丙类建筑、C类房屋——后续使用50年、8度［0.20g］抗震设防)。

(二) 处理建议

(1) 对建筑检查发现的外立面破损、开裂的装饰层和破损的玻璃幕墙玻璃单元进行修复处理。

(2) 该建筑在后续使用过程中，如改变原有结构布置、使用荷载及使用功能、增加荷载等，需委托有专业资质的设计单位和加固改造单位进行设计及改造施工。

(3) 使用人及所有人应定期对建筑进行检查、维护，及时查看构件连接情况。

第五章　砌体结构

案例五　某办公楼安全性及抗震性鉴定

一、房屋建筑概况

办公楼项目位于北京市石景山区古城西路乙 4 号，该建筑建于 1988 年，结构形式为地上二层砖混结构。建筑总长度约为 13.2m，建筑总宽度约为 8.2m，地上一层层高约为 3.3m，地上二层层高约为 3.0m，室内外高差约为 0.2m，建筑总高度约为 6.5m。建筑面积约为 256m²，本次鉴定面积约为 256m²。委托方未提供岩土勘察报告、建筑设计图纸、结构设计图纸等文件资料。该房屋结构概况如下。

（1）地基：委托方未提供该房屋相关图纸、资料，地基持力层不详。

（2）基础：主要采用墙下条形基础及柱下独立基础。

（3）上部承重结构：该建筑结构为地上二层砖混结构。地上一层由纵横墙及混凝土梁、柱承重，东、南、西三侧外承重墙体采用烧结普通砖墙，墙厚约为 370mm，混合砂浆砌筑，北侧区域为混凝土梁、柱承重。地上二层由纵横墙及混凝土梁承重，四周承重墙体均采用烧结普通砖墙，墙厚约为 370mm，混合砂浆砌筑。①-⑤/Ⓐ-Ⓑ区域楼、屋盖板均为混凝土预制楼板，预制楼板板宽均为 1200mm，①-⑤/Ⓑ-Ⓒ区域楼、屋盖板均为混凝土现浇板。该建筑设置了构造柱及圈梁。

为了解该房屋的综合安全性，确保房屋的安全使用，委托方特委托中国国检测试控股集团股份有限公司对办公楼的工程结构实体进行第三方综合安全性检测鉴定。建筑外观见图 5-1，主体结构布置示意图见图 5-2、图 5-3。

图 5-1　建筑外观

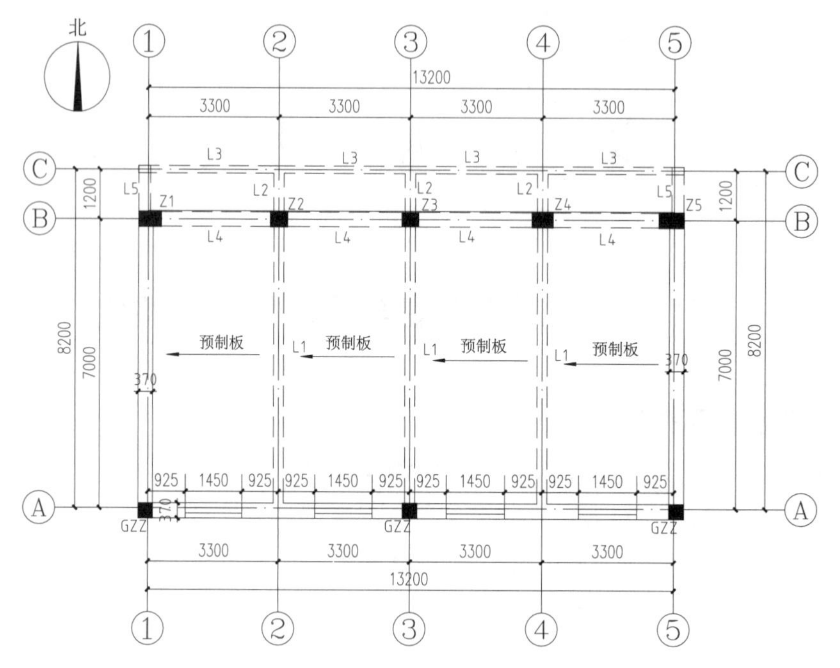

图 5-2　主体结构地上一层建筑结构布置示意图（单位：mm）

注：未标注位置楼板采用现浇板，GZZ 表示构造柱。

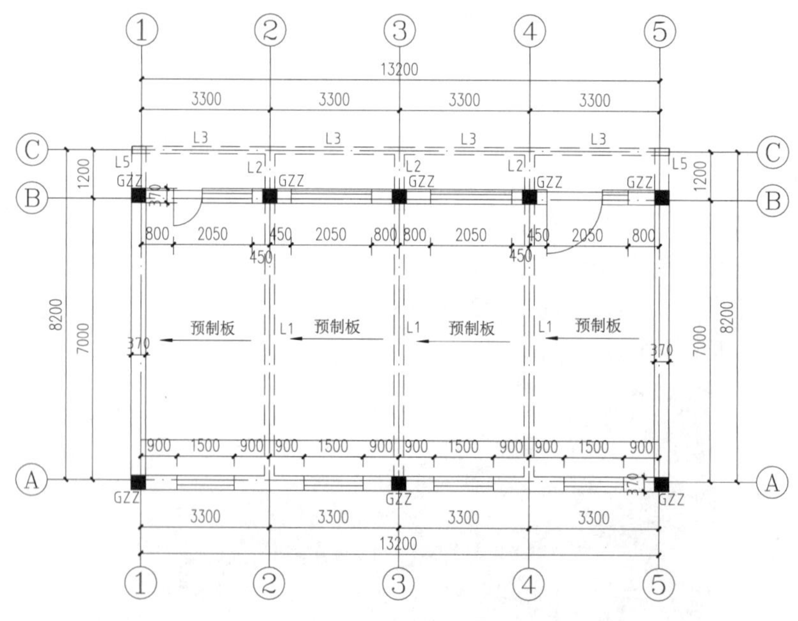

图 5-3　主体结构地上二层建筑结构布置示意图（单位：mm）

注：未标注位置楼板采用现浇板，GZZ 表示构造柱。

二、鉴定范围和内容

（一）鉴定范围

对建筑地上一层至地上二层主体结构整体范围进行鉴定。

（二）鉴定内容

（1）建筑结构使用条件与环境检查。

（2）地基。

通过对建筑物现状及沉降、变形等情况进行检查。

（3）基础和上部结构现状检查。

（4）围护结构承重部分现状检查。

（5）上部承重结构检测。

①砖强度——使用砖回弹仪进行检测。

②砂浆强度——使用贯入仪对混合砂浆强度进行检测。

③混凝土强度——使用回弹仪进行检测。

④钢筋配置——使用钢筋扫描仪、游标卡尺进行检测。

⑤构件尺寸——使用钢卷尺进行检测。

⑥整体倾斜——使用经纬仪进行检测。

（6）承载力复核计算。

（7）房屋综合安全性鉴定。

根据检查、检测及计算结果，依据《房屋结构综合安全性鉴定标准》（DB 11/637—2015）对该房屋结构综合安全性进行鉴定，并提出相关处理意见。

三、检测鉴定的依据和设备

（一）检测鉴定依据

（1）《建筑结构检测技术标准》（GB/T 50344—2019）。

（2）《砌体工程现场检测技术标准》（GB/T 50315—2011）。

（3）《贯入法检测砌筑砂浆抗压强度技术规程》（JGJ/T 136—2017）。

（4）《砌体结构工程施工质量验收规范》（GB 50203—2011）。

（5）《回弹法检测混凝土抗压强度技术规程》（JGJ/T 23—2011）。

（6）《混凝土中钢筋检测技术标准》（JGJ/T 152—2019）。

（7）《混凝土结构工程施工质量验收规范》（GB 50204—2015）。

（8）《砌体结构设计规范》（GB 50003—2011）。

（9）《混凝土结构设计规范》（GB 50010—2010）（2015 版）。

（10）《危险房屋鉴定标准》（JGJ 125—2016）。

（11）《建筑结构荷载规范》（GB 50009—2012）。

（12）《房屋结构综合安全性鉴定标准》（DB 11/637—2015）。

（13）《建筑工程抗震设防分类标准》（GB 50223—2008）。

（14）《建筑抗震鉴定标准》（GB 50023—2009）。

（15）《建筑抗震设计规范》（GB 50011—2010）（2016 版）。

（16）《建筑结构可靠性设计统一标准》（GB 50068—2018）。

（17）委托单、委托方提供的相关资料。

（二）检测设备

（1）激光测距仪（ZT-215）。
（2）钢卷尺（ZT-198）。
（3）砖回弹仪（ZT-122）。
（4）砂浆贯入仪（ZT-108）。
（5）钢筋扫描仪（ZT-179）。
（6）混凝土数字回弹仪（ZT-170）。
（7）经纬仪（ZT-113）。
（8）游标卡尺（ZT-186）。
（9）碳化深度尺（ZT-208）。
（10）数码照相机。

四、现场检查、检测情况

2022 年 6 月 8 日至 6 月 9 日对该工程地上二层办公楼现状进行了现场检查、检测，具体结果如下。

（一）建筑结构使用条件与环境检查

根据委托方提供的资料及现场检查和调查，该建筑地上一层使用功能为库房，地上二层现处于空置状态，使用条件及环境未见明显异常。

（二）建筑地基现状调查

委托方未提供有效设计图纸资料，通过现场结构现状检查，未发现该建筑有影响房屋安全的明显沉降和倾斜，未发现由于地基承载力不足或不均匀沉降所造成的主要承重构件开裂和变形。

（三）建筑基础和上部承重结构现状调查

该建筑结构为地上二层砖混结构。地上一层由纵横墙及混凝土梁、柱承重，东、南、西三侧外承重墙体采用烧结普通砖墙，墙厚约为 370mm，混合砂浆砌筑，北侧区域为混凝土梁、柱承重。地上二层由纵横墙及混凝土梁承重，四周承重墙体均采用烧结普通砖墙，墙厚约为 370mm，混合砂浆砌筑。①-⑤/Ⓐ-Ⓑ区域楼、屋盖板均为混凝土预制楼板，预制楼板板宽均为 1200mm，①-⑤/Ⓑ-Ⓒ区域楼、屋盖板均为混凝土现浇板。

通过现场结构现状检查，未发现该建筑有影响房屋安全的明显沉降和倾斜，未发现由于基础老化、腐蚀、酥碎所造成的上部结构出现明显倾斜、位移、变形等现象。

经现场检查，主要承重墙构件未发现明显的倾斜、歪扭等现象以及明显影响结构安全性的变形，纵横墙交接处现状未见明显异常，屋盖板、楼板现状未见明显异常，且未发现明显歪扭、变形。砌体墙未见开裂、风化酥碱等现象。

地上一层①/Ⓑ混凝土柱、地上一层④-⑤/Ⓒ混凝土梁、地上二层⑤/Ⓑ-Ⓒ混凝土梁保护层因钢筋锈蚀而严重脱落、露筋，部分箍筋断裂，其他混凝土构件未发现明显的倾斜、歪扭等现象以及明显影响结构安全性的变形及损伤，构件损伤情况检查结果详见表 5-1，图 5-4～图 5-6。

表 5-1　损伤情况检查结果

<table>
<tr><th rowspan="3">序号</th><th rowspan="3">损伤部位</th><th rowspan="3">损伤描述</th><th colspan="2">判定依据</th><th rowspan="3">图编号</th></tr>
<tr><th colspan="2">DB 11/637—2015</th></tr>
<tr><th>判定条款</th><th>判定等级</th></tr>
<tr><td>1</td><td>地上一层①/Ⓑ混凝土柱</td><td>混凝土柱保护层因钢筋锈蚀而严重脱落、露筋</td><td>7.3.4—4</td><td>d_u</td><td>图 5-4</td></tr>
<tr><td>2</td><td>地上一层④-⑤/Ⓒ混凝土梁</td><td>混凝土梁保护层因钢筋锈蚀而严重脱落、露筋</td><td>7.3.4—4</td><td>d_u</td><td>图 5-5</td></tr>
<tr><td>3</td><td>地上二层⑤/Ⓑ-Ⓒ混凝土梁</td><td>混凝土梁保护层因钢筋锈蚀而严重脱落、露筋</td><td>7.3.4—4</td><td>d_u</td><td>图 5-6</td></tr>
</table>

图 5-4　地上一层①/Ⓑ混凝土柱保护层因钢筋锈蚀而严重脱落、露筋

图 5-5　地上一层④-⑤/Ⓒ混凝土梁保护层因钢筋锈蚀而严重脱落、露筋

图 5-6　地上二层⑤/Ⓑ-Ⓒ混凝土梁保护层因钢筋锈蚀而严重脱落、露筋

（四）围护结构现状检查

经现场检查，围护结构位置处门、窗洞口过梁，女儿墙未发现明显的倾斜、歪扭等现象以及明显影响结构安全性的缺陷及损伤。

（五）上部承重结构现场检测结果

1. 砖强度

采用回弹法对墙体进行砖强度抽样检测，检测结果见表 5-2。

表 5-2 回弹法检测砖强度汇总

<table>
<tr><th colspan="2" rowspan="2">构件名称及部位</th><th colspan="3">抗压强度换算值/MPa</th><th rowspan="2">变异系数</th><th rowspan="2">抗压强度标准值 f_{1k}/MPa</th><th rowspan="2">强度等级推定标准</th><th rowspan="2">推定强度等级</th></tr>
<tr><th>换算平均值</th><th>检验批平均值 $f_{1,m}$</th><th>标准差</th></tr>
<tr><td rowspan="10">第一批</td><td>地上一层①/Ⓐ-Ⓑ墙（测区 1）</td><td>8.24</td><td rowspan="10">8.62</td><td rowspan="10">0.93</td><td rowspan="10">0.11</td><td rowspan="10">7.0</td><td rowspan="10">$f_{1,m}≥7.5$
$f_{1k}≥5.0$</td><td rowspan="10">MU7.5</td></tr>
<tr><td>地上一层①-②/Ⓐ墙（测区 1）</td><td>8.50</td></tr>
<tr><td>地上一层②-③/Ⓐ墙</td><td>7.78</td></tr>
<tr><td>地上一层③-④/Ⓐ墙</td><td>9.75</td></tr>
<tr><td>地上一层④-⑤/Ⓐ墙（测区 1）</td><td>9.40</td></tr>
<tr><td>地上一层⑤/Ⓐ-Ⓑ墙（测区 1）</td><td>8.04</td></tr>
<tr><td>地上一层①/Ⓐ-Ⓑ墙（测区 2）</td><td>7.59</td></tr>
<tr><td>地上一层①-②/Ⓐ墙（测区 2）</td><td>9.27</td></tr>
<tr><td>地上一层④-⑤/Ⓐ墙（测区 2）</td><td>7.57</td></tr>
<tr><td>地上一层⑤/Ⓐ-Ⓑ墙（测区 2）</td><td>10.04</td></tr>
<tr><td rowspan="10">第二批</td><td>地上二层①/Ⓐ-Ⓑ墙</td><td>9.13</td><td rowspan="10">8.69</td><td rowspan="10">1.23</td><td rowspan="10">0.14</td><td rowspan="10">6.5</td><td rowspan="10">$f_{1,m}≥7.5$
$f_{1k}≥5.0$</td><td rowspan="10">MU7.5</td></tr>
<tr><td>地上二层①-②/Ⓐ墙</td><td>9.41</td></tr>
<tr><td>地上二层②-③/Ⓐ墙</td><td>8.65</td></tr>
<tr><td>地上二层③-④/Ⓐ墙</td><td>10.37</td></tr>
<tr><td>地上二层④-⑤/Ⓐ墙</td><td>10.34</td></tr>
<tr><td>地上二层⑤/Ⓐ-Ⓑ墙</td><td>8.92</td></tr>
<tr><td>地上二层①-②/Ⓑ墙</td><td>7.59</td></tr>
<tr><td>地上二层②-③/Ⓑ墙</td><td>7.69</td></tr>
<tr><td>地上二层③-④/Ⓑ墙</td><td>6.43</td></tr>
<tr><td>地上二层④-⑤/Ⓑ墙</td><td>8.39</td></tr>
</table>

该建筑地上一层至地上二层砖抗压强度均为MU7.5。

2. 砂浆强度

采用贯入法对部分区域墙砂浆强度进行抽样检测，检测结果见表5-3。

表5-3　砂浆强度检测结果

<table>
<tr><th colspan="2" rowspan="2">构件名称及部位</th><th rowspan="2">贯入深度平均值/mm</th><th colspan="3">抗压强度换算值/MPa</th><th rowspan="2">变异系数</th><th rowspan="2">抗压强度推定/MPa</th></tr>
<tr><th>强度换算值</th><th>换算平均值</th><th>换算强度标准差</th></tr>
<tr><td rowspan="6">第一批</td><td>地上一层①/Ⓐ-Ⓑ墙</td><td>5.33</td><td>4.3</td><td rowspan="6">4.9</td><td rowspan="6">0.70</td><td rowspan="6">0.14</td><td rowspan="6">4.5</td></tr>
<tr><td>地上一层①-②/Ⓐ墙</td><td>5.41</td><td>4.2</td></tr>
<tr><td>地上一层②-③/Ⓐ墙</td><td>4.67</td><td>5.8</td></tr>
<tr><td>地上一层③-④/Ⓐ墙</td><td>5.34</td><td>4.3</td></tr>
<tr><td>地上一层④-⑤/Ⓐ墙</td><td>4.81</td><td>5.4</td></tr>
<tr><td>地上一层⑤/Ⓐ-Ⓑ墙</td><td>4.87</td><td>5.3</td></tr>
<tr><td rowspan="6">第二批</td><td>地上二层①-②/Ⓐ墙</td><td>5.67</td><td>3.8</td><td rowspan="6">4.3</td><td rowspan="6">0.56</td><td rowspan="6">0.13</td><td rowspan="6">3.9</td></tr>
<tr><td>地上二层②-③/Ⓐ墙</td><td>5.75</td><td>3.7</td></tr>
<tr><td>地上二层③-④/Ⓐ墙</td><td>5.01</td><td>5.0</td></tr>
<tr><td>地上二层④-⑤/Ⓐ墙</td><td>5.68</td><td>3.8</td></tr>
<tr><td>地上二层⑤/Ⓐ-Ⓑ墙</td><td>5.15</td><td>4.7</td></tr>
<tr><td>地上二层①-②/Ⓑ墙</td><td>5.21</td><td>4.6</td></tr>
</table>

该建筑地上一层砂浆抗压强度为4.5MPa，地上二层砂浆抗压强度为3.9MPa。

3. 混凝土强度

采用回弹法对该建筑可检区域内构件混凝土强度进行抽检检测，应委托方要求不进行钻芯修正，依据《民用建筑可靠性鉴定标准》(GB 50292—2015) 附录K中老龄混凝土回弹值龄期修正的规定，混凝土浇筑时间约为1988年，依据表K.0.3混凝土抗压强度换算值修正系数取0.90，检测结果见表5-4、表5-5。

表5-4　回弹法检测混凝土强度汇总（柱）

<table>
<tr><th rowspan="2">检验批</th><th rowspan="2">序号</th><th rowspan="2">构件名称及位置</th><th colspan="4">抗压强度换算值/MPa</th></tr>
<tr><th>测区强度平均值</th><th>换算强度平均值</th><th>标准差</th><th>强度推定值</th></tr>
<tr><td rowspan="2">第一批</td><td>1</td><td>地上一层④/Ⓑ柱</td><td>39.1</td><td rowspan="2">38.4</td><td rowspan="2">1.93</td><td rowspan="2">35.2</td></tr>
<tr><td>2</td><td>地上一层⑤/Ⓑ柱</td><td>37.8</td></tr>
<tr><td colspan="7">该批混凝土龄期修正后强度推定值为31.4MPa</td></tr>
</table>

表 5-5　回弹法检测混凝土强度汇总（梁）

检验批	序号	构件名称及位置	抗压强度换算值/MPa			
			测区强度平均值	换算强度平均值	标准差	强度推定值
第一批	1	地上一层②/Ⓐ-Ⓑ梁	39.4	38.3	2.29	34.5
	2	地上一层③/Ⓐ-Ⓑ梁	41.0			
	3	地上一层②-③/Ⓑ梁	37.2			
	4	地上一层③-④/Ⓑ梁	36.8			
	5	地上一层④-⑤/Ⓑ梁	37.2			
该批混凝土龄期修正后强度推定值为 30.7MPa						
第二批	1	地上二层②/Ⓐ-Ⓑ梁	38.9	37.9	1.84	34.9
	2	地上二层③/Ⓐ-Ⓑ梁	38.5			
	3	地上二层④/Ⓐ-Ⓑ梁	36.2			
该批混凝土龄期修正后强度推定值为 31.1MPa						

4. 钢筋配置

采用钢筋探测仪和游标卡尺对梁、柱的钢筋配置进行检测，检测结果见表 5-6、表 5-7。

表 5-6　梁箍筋配置、纵筋数量抽样检测汇总

序号	构件名称及部位	箍筋间距实测均值/mm	底部纵筋数量	钢筋直径实测值/mm
1	地上一层梁③/Ⓐ-Ⓑ	208/108	4	24.5（底部角筋）
2	地上一层梁④-⑤/Ⓑ	194/102	4	17.6（底部角筋）
3	地上一层梁③-④/Ⓒ	203	2	15.5（底部角筋）
4	地上一层梁④/Ⓑ-Ⓒ	202	3	17.5（底部角筋）
5	地上一层梁①/Ⓑ-Ⓒ	197	3	—
6	地上二层梁②/Ⓐ-Ⓑ	205/107	4	21.4（底部角筋）
7	地上二层梁③/Ⓑ-Ⓒ	199	3	—
8	地上二层梁②-③/Ⓒ	206	2	—

表 5-7　柱箍筋间距及钢筋配置抽样检测汇总

序号	构件名称及部位	箍筋间距实测平均值/mm	单侧纵筋数量	钢筋直径实测值/mm
1	地上一层④/Ⓑ柱	205	3（北）/2（西）	17.5（角筋）
2	地上一层⑤/Ⓑ柱	213	3（北）/2（西）	17.2（角筋）

5. 构件截面尺寸

采用钢卷尺对钢筋混凝土梁、柱截面尺寸进行抽样检测，检测结果见表 5-8、表 5-9。

表 5-8 混凝土梁截面尺寸抽样检测结果汇总

序号	构件名称及部位	实测值/mm	
		宽度	高度（全高）
1	地上一层梁③/Ⓐ-Ⓑ	251	622
2	地上一层梁④-⑤/Ⓑ	362	403
3	地上一层梁③-④/Ⓒ	181	320
4	地上一层梁④/Ⓑ-Ⓒ	260	301
5	地上一层梁①/Ⓑ-Ⓒ	298	302
6	地上二层梁②/Ⓐ-Ⓑ	251	630
7	地上二层梁③/Ⓑ-Ⓒ	249	298
8	地上二层梁②-③/Ⓒ	179	317

表 5-9 混凝土柱截面尺寸抽样检测结果汇总

序号	构件名称及部位	实测值/mm	
		北侧	西侧
1	地上一层⑤/Ⓑ柱	604	380
2	地上一层④/Ⓑ柱	530	377
3	地上一层③/Ⓑ柱	420	379
4	地上一层②/Ⓑ柱	441	380
5	地上一层①/Ⓑ柱	580	381

6. 建筑倾斜

对该建筑的倾斜进行检测，检测结果见表 5-10。根据测量结果，该建筑的整体倾斜未超过规范允许的限值。

表 5-10 房屋整体倾斜检测结果汇总

楼号	测量位置	倾斜方向	偏差值/mm	测斜高度/mm	倾斜率/%
地上二层楼	东南角	南	7	6300	0.13
		—	—	—	—

注：“—”和未体现的位置表示现场条件限制，无法观测。

五、承载能力验算

依据现行《建筑结构可靠性设计统一标准》（GB 50068—2018）、《建筑结构荷载规范》（GB 50009—2012）和《砌体结构设计规范》（GB 50003—2011）等规范，对该建筑的主要结构构件进行结构承载力验算。

鉴于该建筑结构图纸缺失，本次模型根据实测结构构件尺寸、材料强度，按实测参数并计入风化、锈蚀等损伤情况进行复核计算。荷载和荷载组合按照现行《建筑结构可靠性设计统一标准》（GB 50068—2018）的规定，采用 PKPM 软件建模计算，承载力验算参数见表 5-11。

该建筑为 1988 年建造砖混结构，依据《危险房屋鉴定标准》（JGJ 125—2016）中

5.1.2 规定，该建筑房屋类型属于Ⅰ类，砌体构件结构构件抗力与效应之比的调整系数取 1.15，混凝土构件结构构件抗力与效应之比的调整系数取 1.20。

表 5-11　承载力验算参数表

分类	具体参数取值		
结构布置	现场检查、检测结果		
材料强度	砖	地上一层至地上二层	MU7.5
	砂浆	地上一层	4.5MPa
		地上二层	3.9MPa
	梁、柱	地上一层	C30
		地上二层	C30
荷载取值	风荷载	按 50 年重现期	0.45kN/m^2
	雪荷载	按 50 年重现期	0.40kN/m^2
	楼面	恒荷载（包括板自重）	4.0kN/m^2
	屋面板	恒荷载（包括板自重）	5.0kN/m^2
	楼面	活荷载	2.0kN/m^2
	屋面（不上人）	活荷载	0.5kN/m^2
地震信息		抗震设防类别	丙类
		地震烈度	8 度（0.20g）
结构重要性系数 γ_0		1.0	

六、房屋结构安全性鉴定

依据《房屋结构综合安全性鉴定标准》DB 11/637—2015 中 3.2.5 规定，对该建筑结构安全性进行鉴定，鉴定类别为Ⅲ类。

（一）构件安全性鉴定评级（上部承重结构）

根据《房屋结构综合安全性鉴定标准》（DB 11/637—2015），砌体结构、混凝土结构构件的安全性鉴定，按承载能力、构造和连接、变形与损伤三个检查项目评定，并取其中最低一级作为该构件安全性等级。根据承载力计算结果及现场检查、检测结果，该建筑结构各层构件的安全性评定汇总结果见表 5-12。

表 5-12　房屋结构构件、楼层结构承载力鉴定评级汇总

楼层	构件集	构件	检查构件总数	检查构件级别和含量								结构评级		
				a_u	含量/%	b_u	含量/%	c_u	含量/%	d_u	含量/%	构件集评定		楼层评定
地上一层	主要构件	墙体	6	6	100	0	0	0	0	0	0	A_u	D_u	D_u
		柱	5	4	80	0	0	0	0	1	20	D_u		
		承重梁	16	15	94	0	0	0	0	1	6	C_u		
	一般构件	楼盖	24	24	100	0	0	0	0	0	0	A_u		

续表

<table>
<tr><th rowspan="2">楼层</th><th rowspan="2">构件集</th><th rowspan="2">构件</th><th rowspan="2">检查构件总数</th><th colspan="8">检查构件级别和含量</th><th colspan="3">结构评级</th></tr>
<tr><th>a_u</th><th>含量/%</th><th>b_u</th><th>含量/%</th><th>c_u</th><th>含量/%</th><th>d_u</th><th>含量/%</th><th colspan="2">构件集评定</th><th>楼层评定</th></tr>
<tr><td rowspan="3">地上二层</td><td rowspan="2">主要构件</td><td>墙体</td><td>10</td><td>10</td><td>100</td><td>0</td><td>0</td><td>0</td><td>0</td><td>0</td><td>0</td><td>A_u</td><td rowspan="3">C_u</td><td rowspan="3">C_u</td></tr>
<tr><td>承重梁</td><td>12</td><td>11</td><td>92</td><td>0</td><td>0</td><td>0</td><td>0</td><td>1</td><td>8</td><td>C_u</td></tr>
<tr><td>一般构件</td><td>屋盖</td><td>24</td><td>24</td><td>100</td><td>0</td><td>0</td><td>0</td><td>0</td><td>0</td><td>0</td><td>A_u</td></tr>
</table>

（二）子单元安全性鉴定评级

根据《房屋结构综合安全性鉴定标准》（DB 11/637—2015），第二层次鉴定评级，应按地基基础、上部承重结构划分为两个子单元。

1. 地基基础子单元的安全性鉴定评级

根据现场检查结果，该建筑上部构件未出现因地基基础不均匀沉降所引起的裂缝或变形，结构整体未出现倾斜现象，结合建筑周边环境及建筑自身上部结构状况判断，该建筑物地基和基础无明显缺陷，基本满足承载力和稳定性要求。依据《房屋结构综合安全性鉴定标准》（DB 11/637—2015）中 5.3 关于地基基础的评级规定，对地基基础安全性等级评定为 A_u 级。

2. 上部承重结构楼层子单元的安全性鉴定评级

（1）上部承重结构楼层承载功能等级

①主要构件的安全性等级

根据结构主要构件的安全性评级，按层统计主要构件的各等级数量计算百分比；依据《房屋结构综合安全性鉴定标准》（DB 11/637—2015）中 3.4.5 规定，对各层主要构件的安全性等级进行评定，评定结果见表 5-12。

②一般构件的安全性等级

根据结构一般构件的安全性评级，按层统计一般构件的各等级数量计算百分比；依据《房屋结构综合安全性鉴定标准》（DB 11/637—2015）中 3.4.5 规定，对各层一般构件的安全性等级进行评定，评定结果见表 5-12。

③各层安全性等级

依据《房屋结构综合安全性鉴定标准》（DB 11/637—2015）中 3.4.7 规定，对该建筑各层的安全性进行评定，评定结果见表 5-12。

④上部结构承载能力的安全性等级评定

依据《房屋结构综合安全性鉴定标准》（DB 11/637—2015）中 3.4.8 规定，对该建筑上部结构承载能力的安全性等级进行评定，评定结果见表 5-12。

（2）结构整体牢固性等级

依据《房屋结构综合安全性鉴定标准》（DB 11/637—2015）中 3.4.4 规定，对结构上部承重结构整体性等级按结构布置及构造、支撑系统或其他抗侧力系统的构造、结构、构件间的联系和圈梁及构造柱的布置与构造等项目进行评定。

根据现场检查结果，该建筑地上一层至地上二层设置了构造柱及圈梁，横墙较少，布置基本合理，基本形成完整体系，且结构选型、传力路线基本正确，对结构整体性评定为 B_u 级。

(3) 上部承重结构安全性等级

依据《房屋结构综合安全性鉴定标准》(DB 11/637—2015) 中 3.4.8 规定，对上部承重结构安全性等级评定，评定等级为 D_u 级。

(三) 鉴定单元评级

综上所述，对该房屋结构安全性进行鉴定评级，鉴定结果见表 5-13。

表 5-13 房屋结构安全性鉴定评级结果

<table>
<tr><td>鉴定项目</td><td colspan="6">子单元鉴定评级</td><td>鉴定单元鉴定评级</td></tr>
<tr><td rowspan="6">安全性鉴定</td><td rowspan="3">地基基础</td><td>地基变形评级</td><td colspan="3">A_u</td><td rowspan="3">A_u</td><td rowspan="6">D_{su}</td></tr>
<tr><td>边坡场地稳定性评级</td><td colspan="3">—</td></tr>
<tr><td>基础承载力评级</td><td colspan="3">—</td></tr>
<tr><td rowspan="3">上部承重结构</td><td rowspan="2">楼层结构安全性鉴定评级</td><td>地上一层</td><td>D_u</td><td rowspan="2">D_u</td><td rowspan="3">D_u</td></tr>
<tr><td>地上二层</td><td>C_u</td></tr>
<tr><td>结构整体性评级</td><td colspan="3">B_u</td></tr>
</table>

七、房屋抗震性能鉴定

依据《建筑抗震鉴定标准》(GB 50023—2009) 和《房屋结构综合安全性鉴定标准》(DB 11/637—2015)，按北京地区丙类建筑、B 类房屋 (后续使用 40 年)、8 度 (0.20g) 抗震设防要求，参考底层横墙很少的多层砌体房屋对该建筑抗震能力进行鉴定。

(一) 场地、地基和基础抗震能力鉴定评级

依据《房屋结构综合安全性鉴定标准》(DB 11/637—2015) 中 5.1.3 规定，该建筑为地基基础无严重静载缺陷的丙类建筑，地基主要受力层范围内不存在严重不均匀地基，其地基基础抗震鉴定结果以地基基础安全性鉴定结果作为地基基础抗震鉴定结果。

(二) 上部结构抗震能力鉴定评级

1. 上部结构构件抗震承载力鉴定评级

依据《房屋结构综合安全性鉴定标准》(DB 11/637—2015) 中 6.4.2 规定，按砌体房屋抗震宏观控制和抗震承载力两个项目进行评定。

(1) 抗震宏观控制评级

依据《房屋结构综合安全性鉴定标准》(DB 11/637—2015) 中 6.4.6 规定，该房屋砌体结构抗震构造措施鉴定结果汇总见表 5-14。

表 5-14 抗震措施鉴定结果汇总

<table>
<tr><th colspan="2">检测内容</th><th>规范规定</th><th>检查结果</th><th>鉴定结果</th></tr>
<tr><td colspan="2">总高度</td><td>GB 50023—2009
中 5.3.1</td><td>总高度 6.5m（横墙很少，高度限值 15.0m），普通砖实心墙</td><td>满足要求</td></tr>
<tr><td colspan="2">总层数</td><td>GB 50023—2009
中 5.3.1</td><td>地上二层（横墙很少，层数限值四层），普通砖实心墙</td><td>满足要求</td></tr>
<tr><td colspan="2">结构体系</td><td>GB 50023—2009
中 5.3.3</td><td>最大横墙间距 13.2m（限值 11.0m），房屋的最大高宽比 1.26，房屋高度与底层平面最长尺寸之比最大值 0.62</td><td>不满足要求</td></tr>
<tr><td colspan="2">构件实际材料强度</td><td>GB 50023—2009
中 5.3.4</td><td>地上一层至地上二层烧结普通砖强度等级为 MU7.5，地上一层砂浆强度 4.5MPa，地上二层砂浆强度 3.9MPa</td><td>满足要求</td></tr>
<tr><td colspan="2">整体性连接构造</td><td>GB 50023—2009
中 5.3.5</td><td>墙体布置在平面内应闭合，纵横墙体交接处可靠连接，咬槎较好，地上一层至地上二层楼层外墙设置圈梁，圈梁间距大于限值 7m，装配式混凝土楼盖、屋盖，构造柱与圈梁有可靠连接</td><td>不满足要求</td></tr>
<tr><td colspan="2">楼梯间设置</td><td>GB 50023—2009
中 5.3.3</td><td>房屋尽端未设置楼梯间</td><td>满足要求</td></tr>
<tr><td colspan="2">平立面和
墙体布置</td><td>GB 50023—2009
中 5.2.2</td><td>质量和刚度沿高度分布比较规则均匀，立面高度变化不超过一层，楼层的质心和计算刚心基本重合或接近</td><td>满足要求</td></tr>
<tr><td colspan="2">地基基础与上部
结构适应性</td><td colspan="2">地基基础与上部结构相适应</td><td>满足要求</td></tr>
<tr><td colspan="2">构造柱设置</td><td>GB 50023—2009
中 5.3.5</td><td>8 度，地上二层，外墙四角，较大洞口两侧设置构造柱，构造柱与圈梁有可靠连接</td><td>满足要求</td></tr>
<tr><td rowspan="2">局部易损易倒部件及其连接</td><td rowspan="2">现有结构估计的局部尺寸、支承长度和连接</td><td rowspan="2">GB 50023—2009
中 5.3.10</td><td>承重的门窗间墙最小宽度 0.9m，最大宽度 1.2m</td><td>不满足要求</td></tr>
<tr><td>承重外墙尽端至门窗洞边的距离最小长度 1.024m，最大长度 1.5m</td><td>不满足要求</td></tr>
</table>

根据表 5-14 检查汇总结果，依据《房屋结构综合安全性鉴定标准》（DB 11/637—2015）中 6.4.6 规定，对房屋上部结构抗震宏观控制进行鉴定评级，评定等级见表 5-15。

（2）抗震承载力评级

根据抗震承载力计算结果，依据《房屋结构综合安全性鉴定标准》（DB 11/637—2015）中 6.4.4 规定，该房屋各层综合抗震能力指数 β_{ci} 见表 5-16，房屋抗震承载力评定等级见表 5-15。

表 5-15　房屋结构抗震能力鉴定评级结果

<table>
<tr><td>鉴定项目</td><td colspan="6">子单元鉴定评级</td><td>鉴定单元鉴定评级</td></tr>
<tr><td rowspan="6">抗震能力鉴定</td><td rowspan="3">场地地基和基础</td><td>场地评级</td><td colspan="3">—</td><td rowspan="3">A_e</td><td rowspan="6">D_{se}</td></tr>
<tr><td>地基变形评级</td><td colspan="3">A_e</td></tr>
<tr><td>基础承载力评级</td><td colspan="3">—</td></tr>
<tr><td rowspan="3">上部结构</td><td rowspan="2">楼层结构抗震承载力鉴定评级</td><td>地上一层</td><td>D_{e1}</td><td rowspan="2">D_{e1}</td><td rowspan="3">D_e</td></tr>
<tr><td>地上二层</td><td>A_{e1}</td></tr>
<tr><td>抗震宏观控制评级</td><td colspan="3">D_{e2}</td></tr>
</table>

表 5-16　房屋各层综合抗震能力指数 β_{ci}

楼层	ψ1		ψ2		楼层综合抗震能力指数（β_{ci}）		鉴定评级
					横向	纵向	
地上一层	房屋高宽比取值 1.0，横墙间距取值 0.9，相邻楼层的墙体刚度比取值 1.0，圈梁布置和构造取值 1.0	0.90	墙体局部尺寸取值 1.0，楼梯间等大梁支承长度取值 1.0，支撑悬挑构件构件的承重墙体 1.0，房屋尽端设楼梯间 1.0	1.00	1.36	0.82	D_{e1}
地上二层	房屋高宽比取值 1.0，横墙间距取值 0.9，相邻楼层的墙体刚度比取值 1.0，圈梁布置和构造取值 1.0	0.90	墙体局部尺寸取值 1.0，楼梯间等大梁支承长度取值 1.0，支撑悬挑构件构件的承重墙体 0.8，房屋尽端设楼梯间 1.0	0.80	1.68	1.47	A_{e1}

（3）房屋抗震能力鉴定评级

依据《房屋结构综合安全性鉴定标准》（DB 11/637—2015）中 3.5.9 规定，根据场地、地基和基础抗震能力等级和上部结构抗震能力等级，对房屋抗震能力进行鉴定评级。房屋抗震能力等级结果详见表 5-15。

八、房屋综合安全性鉴定评级

根据现场检验、检测及计算结果，依据现行《房屋结构综合安全性鉴定标准》（DB 11/637—2015），该办公楼鉴定结论如下。

（1）安全性鉴定等级为 D_{su} 级。

（2）抗震能力鉴定等级为 D_{se} 级。

该房屋综合安全性鉴定等级为 D_{eu} 级。房屋结构安全性严重不符合本标准的安全性要求，严重影响整体安全，建筑抗震能力整体严重不符合现行国家标准《建筑抗震鉴定标准》（GB 50023—2009）和《房屋结构综合安全性鉴定标准》（DB 11/637—2015）的要求，在后续使用年限内显著影响整体抗震性能。[北京地区丙类建筑、B类房屋——后续使用40年、8度（0.20g）抗震设防]。

九、房屋危险性复核

（一）第一阶段鉴定（地基危险性鉴定）

根据《危险房屋鉴定标准》（JGJ 125—2016），地基的危险性鉴定包括地基承载力、地基沉降、土体位移等内容。

地基危险性状态鉴定应符合下列规定。

（1）可通过分析房屋近期沉降、倾斜观测资料和其上部结构因不均匀沉降引起的反应的检查结果进行判定。

（2）必要时，宜通过地质勘察报告等资料对地基的状态进行分析和判断，缺乏地质勘察资料时，宜补充地质勘察。

通过现场检查发现，该建筑部分墙体发现有不均匀沉降产生的裂缝，但无发展迹象，地基已趋于稳定，房屋整体结构没有明显倾斜迹象，结合建筑周边环境及建筑自身上部结构状况判断，该建筑物地基和基础无明显缺陷，基本满足承载力和稳定性要求，因此评定地基为非危险状态。

（二）第二阶段鉴定（基础及上部结构危险性鉴定）

1. 构件危险性鉴定（第一层次）

（1）基础构件危险性鉴定

根据《危险房屋鉴定标准》（JGJ 125—2016），基础构件的危险性鉴定应包括基础构件的承载能力、构造与连接、裂缝和变形等内容。

基础构件的危险性鉴定应符合下列规定。

①可通过分析房屋近期沉降、倾斜观测资料和其因不均匀沉降引起上部结构反应的检查结果进行判定。判定时，应检查基础与承重砖墙连接处的水平、竖向和斜向阶梯形裂缝状况，基础与框架柱根部连接处的水平裂缝状况，房屋的倾斜位移状况，地基滑坡、稳定、特殊土质变形和开裂等状况。

②必要时，宜结合开挖方式对基础构件进行检测，通过验算承载力进行判定。

通过现场检查，未发现该建筑近期有明显沉降、倾斜，未发现由于基础老化、腐蚀、酥碎所造成的上部结构出现明显倾斜、位移、变形等现象，基础构件共11个，故判断该建筑基础构件均为非危险构件，基础危险等级为A_u级。

（2）砌体结构构件危险性鉴定

根据《危险房屋鉴定标准》（JGJ 125—2016），砌体结构构件的危险性鉴定应包括承载能力、构造与连接、裂缝和变形等内容。

砌体结构构件检查应包括下列主要内容。

①查明不同类型构件的构造连接部位状况。

②查明纵横墙交接处的斜向或竖向裂缝状况。

③查明承重墙体的变形、裂缝和拆改情况。

④查明拱脚裂缝和位移状况，以及圈梁构造柱的完损情况。

⑤确定裂缝宽度、长度、深度、走向、数量分布，并应观测裂缝的发展趋势。

（3）混凝土结构构件危险性鉴定

根据《危险房屋鉴定标准》（JGJ 125—2016），混凝土结构构件的危险性鉴定应包括承载能力、构造与连接、裂缝和变形等内容。混凝土结构构件应重点检查墙、柱、梁、板的受力裂缝和钢筋锈蚀状况，柱根、柱顶的裂缝状况，屋架倾斜以及支撑系统的稳定性情况等。

（4）围护结构承重构件危险性鉴定

根据《危险房屋鉴定标准》（JGJ 125—2016），围护结构承重构件的危险性鉴定应包括承载能力、构造和连接、变形等内容。

同时，根据《危险房屋鉴定标准》（JGJ 125—2016）中 5.1.5 规定，当构件同时符合下列条件时，可直接评定为非危险构件。危险构件位置汇总见表 5-17。

①构件未受结构性改变、修复或用途及使用条件改变的影响。

②构件无明显的开裂、变形等损坏。

③构件工作正常，无安全性问题。

表 5-17　危险构件位置汇总

序号	危险点部位	危险点描述	判定依据	
			JGJ 125—2016	
			判定条款	是否达到危险点
1	地上一层①/Ⓑ混凝土柱	混凝土柱保护层因钢筋锈蚀而严重脱落、露筋	5.4.3-9	是
2	地上一层④-⑤/Ⓒ混凝土梁	混凝土梁保护层因钢筋锈蚀而严重脱落、露筋	5.4.3-4	是
3	地上二层⑤/Ⓑ-Ⓒ混凝土梁	混凝土梁保护层因钢筋锈蚀而严重脱落、露筋	5.4.3-4	是

该建筑结构主要受力构件的危险构件数及构件总数汇总，见表 5-18。

表 5-18　结构主要受力构件危险情况汇总

构件名称	边柱	角柱	墙体	中梁	边梁	次梁	楼屋面板	围护构件
地上一层构件总数	3	2	6	10	2	4	8	4
地上一层危险构件数	0	1	0	0	0	1	0	0
地上二层构件总数	0	0	10	6	2	4	8	18
地上二层危险构件数	0	0	1	0	1	0	0	0

2. 基础及楼层危险性鉴定（第二层次）

基础及上部结构各楼层的危险构件综合比例依据《危险房屋鉴定标准》（JGJ 125—2016）公式 6.3.1、公式 6.3.3 进行计算和评定，通过现场检查、检测及计算结果，该建筑基础及各层危险性等级评定结果见表 5-19。

表 5-19　基础及楼层构件评级汇总

楼层	楼层危险构件综合比例/%	楼层危险性等级
基础	0	A_u
地上一层	4.26	B_u
地上二层	5.76	C_u

3. 房屋整体结构危险性鉴定（第三层次）

依据《危险房屋鉴定标准》（JGJ 125—2016）中 6.3 综合评定方法确定房屋整体结构危险性等级，整体结构危险构件综合比例 R 按公式 6.3.5 确定。

综上检查、检测结果，该办公楼结构危险构件综合比例为 3.93%，依据《危险房屋鉴定标准》（JGJ 125—2016）中 6.3.6 规定，该建筑处于 B 级房屋状态——个别结构构件评定为危险构件，但不影响主体结构安全，基本能满足安全使用要求。

十、鉴定结论及处理建议

（一）鉴定结论

根据现场检查、检测及计算结果，依据现行《房屋结构综合安全性鉴定标准》（DB 11/637—2015）该工程房屋安全性的鉴定结论如下。

（1）该建筑安全性鉴定等级为 D_{su}级。

（2）该建筑的抗震能力等级为 D_{se}级。

综上所述，该办公楼综合安全性等级为 D_{eu}级。房屋结构安全性严重不符合本标准的安全性要求，严重影响整体安全，建筑抗震能力整体严重不符合现行国家标准《建筑抗震鉴定标准》（GB 50023—2009）和《房屋结构综合安全性鉴定标准》（DB 11/637—2015）的要求，在后续使用年限内显著影响整体抗震性能。[北京地区丙类建筑、B 类房屋——后续使用 40 年、8 度（0.20g）抗震设防]。

对该建筑使用《危险房屋鉴定标准》（JGJ 125—2016）进行房屋危险性复核鉴定，结果为二层小楼危险性等级为 B 级房屋状态（个别结构构件评定为危险构件，但不影响主体结构安全，基本能满足安全使用要求）。

（二）处理建议

（1）对建筑中存在的危险构件和损伤进行专业加固修复处理，并对该建筑整体进行抗震加固，以满足使用功能要求。

（2）使用人及所有人应定期对建筑进行检查、维护。若发现有异常情况，如结构构件出现倾斜、变形等异常情况，应及时采取安全措施进行处理并报告有关部门，以确保安全。

（3）使用过程中如使用功能或荷载发生变化，必须征得设计单位或鉴定单位同意。

第六章　钢　结　构

案例六　某改造工程安全性及抗震性鉴定

一、房屋概况

改造工程位于北京市丰台区马家堡街道，该项目原结构为单层钢筋混凝土排架结构，建造时间为1994年，原使用用途为煤库。原建筑总长度约为108.0m，总宽度约为36.0m，总高度约为17.3m。原建筑设计单位为中国航空工业规划设计研究院。该建筑于2016年对内部进行改建，由原有的一层钢筋混凝土排架结构改建为七层钢框架结构（局部突出屋面），目前处于空置状态，改建后整体结构类型为混合结构（钢结构与混凝土结构形成混合结构）。改建后建筑总长度约为108.0m，总宽度约为36.0m，总高度约为21.7m。一层层高为3.3m，二层至七层层高均为3.0m，室内外高差0.4m。该建筑总建筑面积为27006.01m^2，鉴定面积为27006.01m^2。委托方提供原建筑施工图一份，改建钢结构施工图一份（出图单位为秦皇岛市运泽钢结构建筑工程有限公司，非正规图纸，以下关于新建钢结构的信息参考钢结构施工图使用），该房屋概况如下。

（1）地基：原结构基础持力层为粉细沙层，容许承载力为160kPa。

（2）基础：原结构排架柱及新建钢结构基础均为独立基础。

（3）上部承重结构：该建筑原结构为单层钢筋混凝土排架结构，现改建后保留了原结构排架柱及抗风柱及外围的围护墙体，柱间支撑及原屋面等其他原结构构件均已拆除。现改建后为地上七层混合结构（混凝土结构＋钢结构），主要承重构件为焊接圆形钢柱、焊接H型钢梁、原混凝土柱。原混凝土柱设计强度等级为C25，钢筋采用二级钢。地上一层至地上六层楼面板主要采用SP预应力空心板［板宽为1200mm，板厚为150mm，板型为SP15C（8～9.5）］，面层厚度为80mm，地上七层屋面板主要采用预制钢骨架轻型板（板宽为1480mm，板长为5980mm，板型为GWB6015-1）。原混凝土柱与基础为插入式连接形成铰接，钢柱与基础为埋入式刚性连接。

（4）围护结构承重构件：①/Ⓐ轴及①/Ⓔ轴围护墙体为240mm厚烧结普通砖墙；①轴、⑲轴围护墙体为200mm厚泡沫砌块墙；隔墙采用120mm或150mm厚泡沫砌块墙砌筑。

为了解改造工程房屋的综合安全性，委托方特委托中国国检测试控股集团股份有限公司对该建筑进行检测、鉴定。

房屋外观实景见图6-1，房屋平面布置示意图见图6-2～图6-7。

图 6-1 房屋外观实景

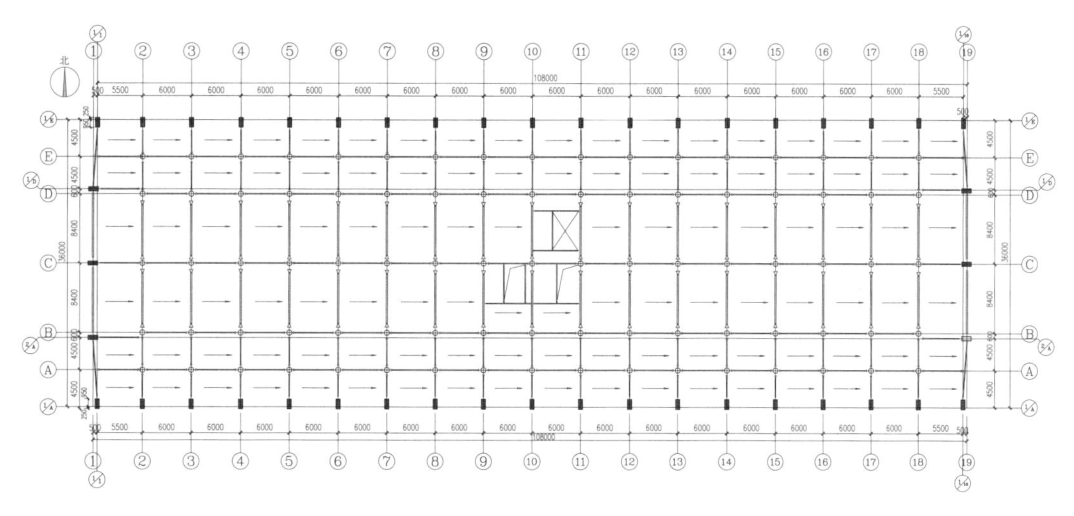

图 6-2 一层至二层平面布置示意图（单位：mm）

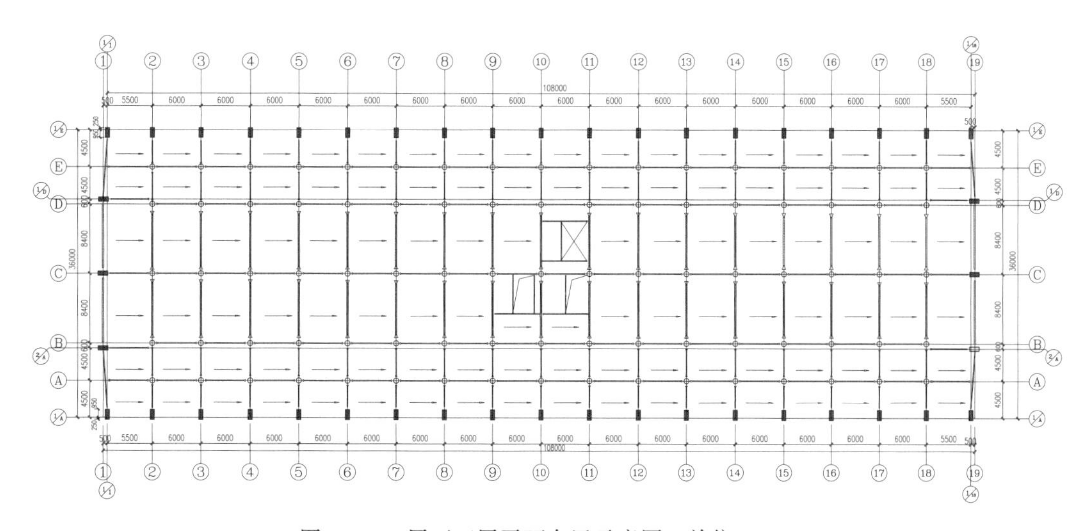

图 6-3 三层至四层平面布置示意图（单位：mm）

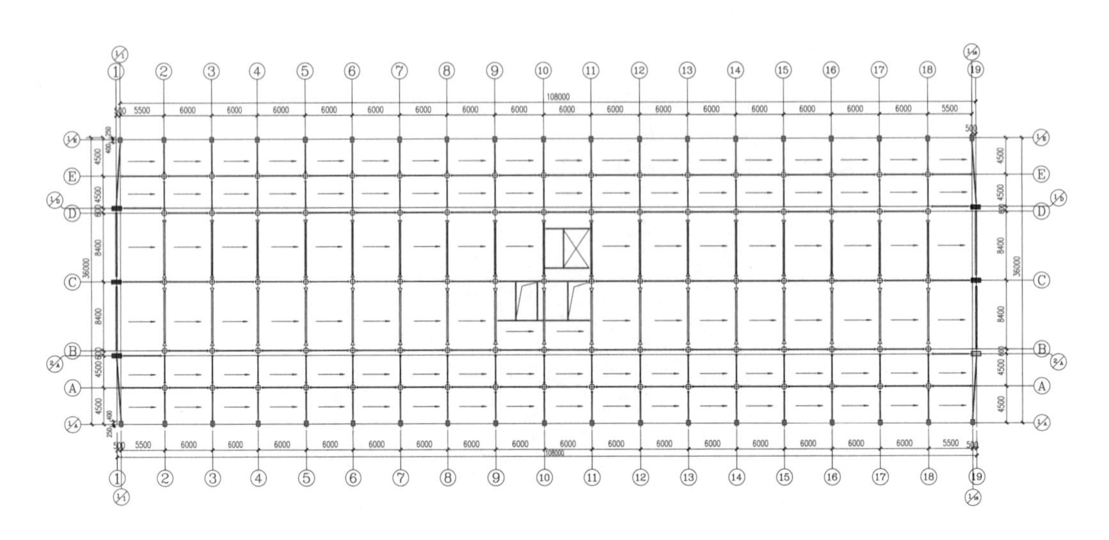

图 6-4　五层平面布置示意图（单位：mm）

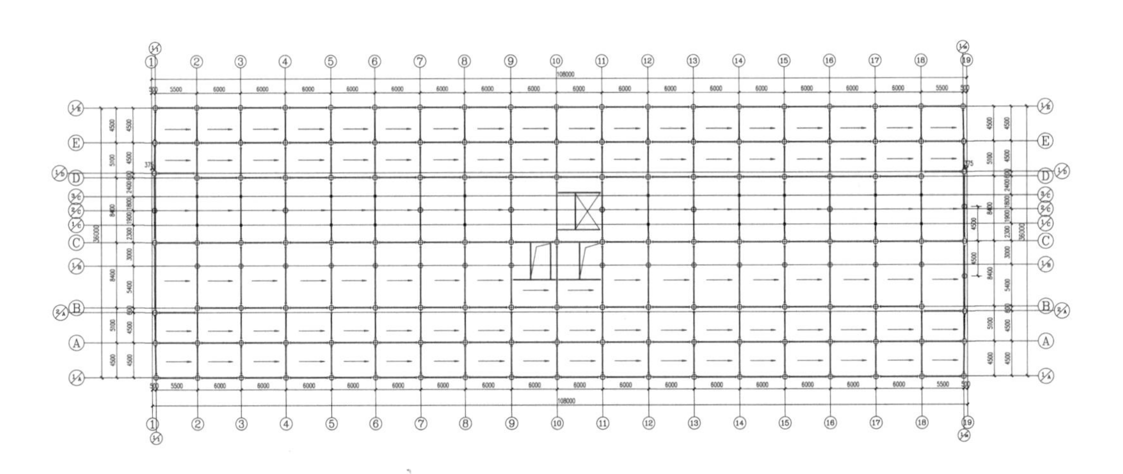

图 6-5　六层平面布置示意图（单位：mm）

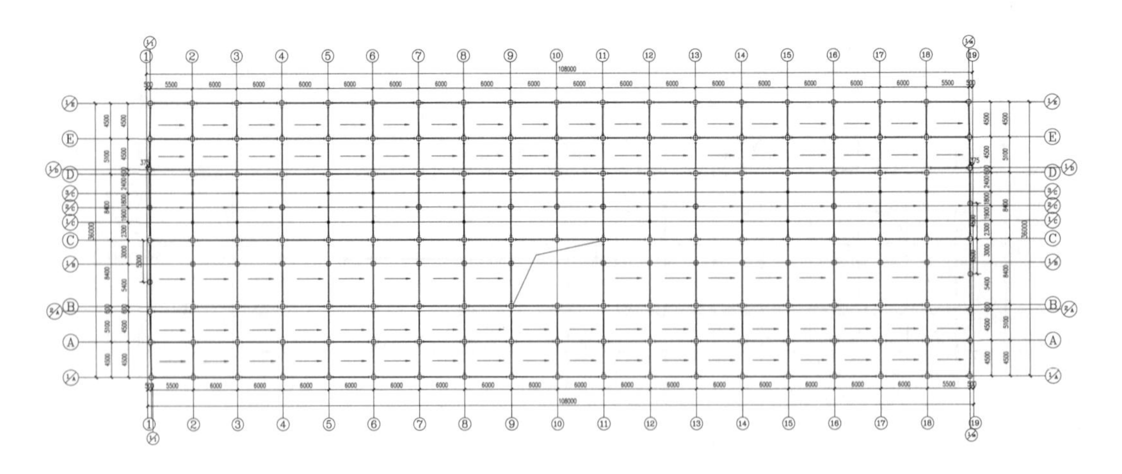

图 6-6　七层平面布置示意图（单位：mm）

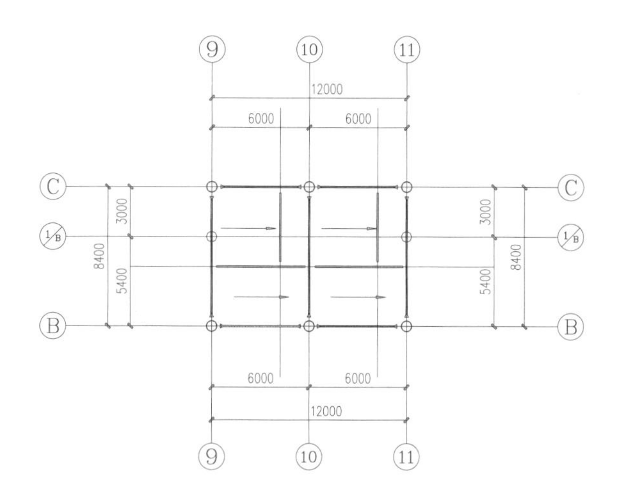

图 6-7 突出屋面层布置示意图（单位：mm）

二、鉴定范围和内容

（一）鉴定范围

对马家堡街道嘉园煤库结构整体范围进行鉴定。

（二）鉴定内容

（1）建筑结构使用条件与环境检查。

对建筑结构使用条件与环境进行核查。

（2）地基。

通过对建筑物现状及沉降、变形等情况进行检查。

（3）基础和上部结构现状检查。

对混凝土及内部加建钢结构房屋建筑的结构体系、结构布置、构造措施、节点连接、构件损伤与缺陷、连接情况等进行检查，对混凝土结构与钢结构连接情况进行检查。

（4）围护结构承重部分现状检查。

（5）上部承重结构检测。

混凝土强度——采用回弹法进行检测。

钢筋配置——使用钢筋探测仪及游标卡尺进行检测。

混凝土构件截面尺寸——使用钢卷尺进行检测。

钢材强度——采用表面硬度法进行检测。

钢构件尺寸——采用超声波测厚仪及钢卷尺进行检测。

整体倾斜——使用全站仪进行检测。

（6）承载力复核计算。

（7）房屋综合安全性鉴定。

根据检查、检测结果及计算，依据《房屋结构综合安全性鉴定标准》（DB 11/637—2015）对该房屋结构综合安全性进行鉴定，并提出相关处理意见。

三、检测鉴定的依据和设备

（一）检测鉴定依据

（1）《建筑结构检测技术标准》（GB/T 50344—2019）。
（2）《钢结构现场检测技术标准》（GB/T 50621—2010）。
（3）《低合金高强度结构钢》（GB/T 1591—2018）。
（4）《金属材料　里氏硬度试验　第1部分：试验方法》（GB/T 17394.1—2014）。
（5）《金属材料　里氏硬度试验　第4部分：硬度值换算表》（GB/T 17394.4—2014）。
（6）《黑色金属硬度及强度换算值》（GB/T 1172—1999）。
（7）《钢结构工程施工质量验收标准》（GB 50205—2020）。
（8）《回弹法检测混凝土抗压强度技术规程》（JGJ/T 23—2011）。
（9）《混凝土中钢筋检测技术标准》（JGJ/T 152—2019）。
（10）《混凝土结构工程施工质量验收规范》（GB 50204—2015）。
（11）《混凝土结构设计规范》（GB 50010—2010）（2015年版）。
（12）《钢结构设计标准》（GB 50017—2017）。
（13）《民用建筑可靠性鉴定标准》（GB 50292—2015）。
（14）《房屋结构综合安全性鉴定标准》（DB 11/637—2015）。
（15）《建筑变形测量规范》（JGJ 8—2016）。
（16）《危险房屋鉴定标准》（JGJ 125—2016）。
（17）《建筑抗震鉴定标准》（GB 50023—2009）。
（18）《建筑抗震设计规范》（GB 50011—2010）（2016年版）。
（19）《工程结构通用规范》（GB 55001—2021）。

（二）检测设备

（1）一体式数字回弹仪（ZT-169）。
（2）钢卷尺（ZT-195）。
（3）碳化深度尺（ZT-204）。
（4）激光测距仪（ZT-213）。
（5）钢筋扫描仪（ZT-178）。
（6）超声波测厚仪（GJ-043）。
（7）里氏硬度计（GJ-011）。
（8）全站仪（ZT-035）。
（9）数码照相机。

四、检测鉴定抽样

根据双方合同约定、现场实际情况及相关单位意见，按照《房屋结构综合安全性鉴定标准》（DB 11/637—2015）（该建筑房屋结构综合安全鉴定类别为Ⅲ类）和《建筑结构检测技术标准》（GB/T 50344—2019）等确定该房屋检测项目及抽样规范。检测项目及抽样方法见表6-1。

表 6-1　检测项目及抽样方法

序号	检测项目内容	抽检方法
1	混凝土强度等级	按 GB/T 50344—2019 抽样
2	钢筋配置	按 GB/T 50344—2019 抽样
3	钢材强度	按 GB/T 50344—2019 抽样
4	构件尺寸	按 GB/T 50344—2019 抽样
5	构件损伤的识别与测定	全数检测
6	建筑物倾斜	按 JGJ 8—2016 抽样

五、现场检查、检测情况

该工程于 2022 年 8 月 30 日至 2022 年 9 月 16 日进场，对该建筑现状进行了现场检查、检测，具体结果如下。

（一）现场检查结果

1. 建筑结构使用条件与环境等情况核查

该建筑建于 1994 年，原结构为单层钢筋混凝土排架结构，用途为煤库。2016 年对原单层钢筋混凝土排架结构进行改建，改建后为整体七层混合结构（混凝土结构＋钢结构），用途改为公寓，现处于空置状态。

2. 建筑地基、基础现状调查

通过现场结构现状检查，未发现该建筑有影响房屋安全的明显沉降和倾斜，未发现由于基础老化、腐蚀、酥碎、折断所造成的上部主要承重结构构件出现明显倾斜、位移、扭曲等现象。

3. 上部承重结构现状检查

该建筑原结构为单层钢筋混凝土排架结构，现改建后保留了原结构排架柱及抗风柱及外围的围护墙体，柱间支撑及原屋面等其他原结构构件均已拆除。现改造后为七层混合结构（混凝土结构＋钢结构），主要承重构件为钢柱、钢梁、原混凝土柱。钢结构梁与原混凝土柱采用后锚固螺栓形成铰接，六层钢结构柱与原结构混凝土柱采用后锚固螺栓形成刚性连接，钢梁与钢柱通过螺栓及焊接方式形成刚性连接节点。一层至五层①/[1A]、⑲/[1A]、①/[1E]、⑲/[1E]角柱与围护墙相交区域楼面板为现浇混凝土板，其他区域一层至六层楼面板采用 SP 预应力空心板，七层屋面板为预制钢骨架轻型板。现浇混凝土楼面板与原结构柱、围护墙采用后锚固方式连接，SP 预应力空心板为单端预埋件与钢梁焊接方式连接，屋面预制钢骨架轻型板与钢梁采用焊接方式连接。

该建筑受力体系为钢构件与混凝土构件组成的混合受力体系，在一层至五层①/Ⓐ轴及①/Ⓔ轴纵向无水平受力构件与原混凝土柱相连接。

原结构混凝土结构构件进行检查：未发现混凝土结构构件存在弯曲变形、侧向位移、裂缝和钢筋锈蚀、损伤、缺陷等现象。未发现柱脚与基础连接部位有损坏现象。

原结构混凝土结构与改建的钢结构构件连接处进行检查：钢结构梁与原混凝土柱连接节点板有扩孔等连接缺陷，六层钢结构柱与原结构混凝土柱连接存在缺陷。未发现钢结构与原混凝土结构连接处原钢筋混凝土柱出现裂缝、损坏等影响安全的缺陷。

改建钢结构构件及混凝土构件（楼屋面板为预制混凝土板）进行检查：未发现钢结构柱脚与基础（或原钢筋混凝土柱）连接部位有损坏现象。钢结构构件可见防腐涂层，未见防火涂层。主要承重钢构件存在锈蚀等现象，锈蚀程度未达到影响构件承载能力。未发现主要承重钢构件存在变形等现象。未发现混凝土结构构件存在弯曲变形、侧向位移等现象，部分屋面板存在钢筋锈蚀现象。

现场检查构件缺陷典型照片汇总如图 6-8～图 6-14 所示。

图 6-8　钢梁与混凝土柱连接存在扩孔现象

图 6-9　钢梁与混凝土柱连接存在缺陷

图 6-10　钢梁存在锈蚀现象

图 6-11　钢柱存在锈蚀现象

图 6-12　钢梁连接节点存在缺陷

图 6-13　钢柱与混凝土柱连接存在缺陷

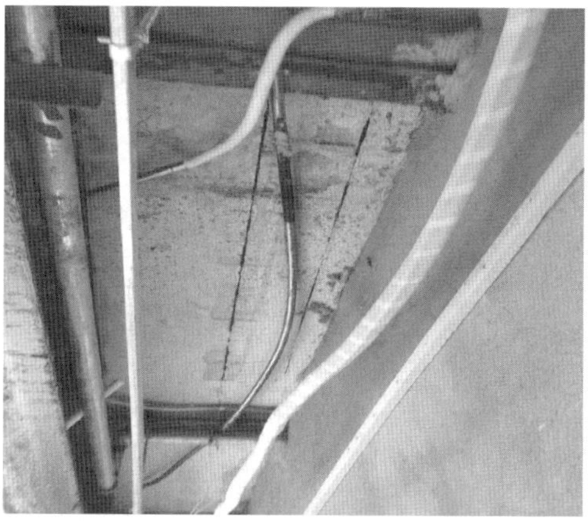

图 6-14　屋面板存在钢筋锈蚀现象

4. 围护结构承重构件

①/Ⓐ轴及②/Ⓔ轴围护墙体为 240mm 厚烧结普通砖墙，与混凝土排架柱为外贴式；①轴、⑲轴围护墙体为 200mm 厚泡沫砌块墙；隔墙采用 120mm 和 150mm 厚泡沫砌块砌筑。部分围护结构存在开裂等现象，如图 6-15～图 6-48 所示。

图 6-15　一层①/Ⓐ-Ⓒ轴围护墙体裂缝（裂缝长度超过层高 1/2）

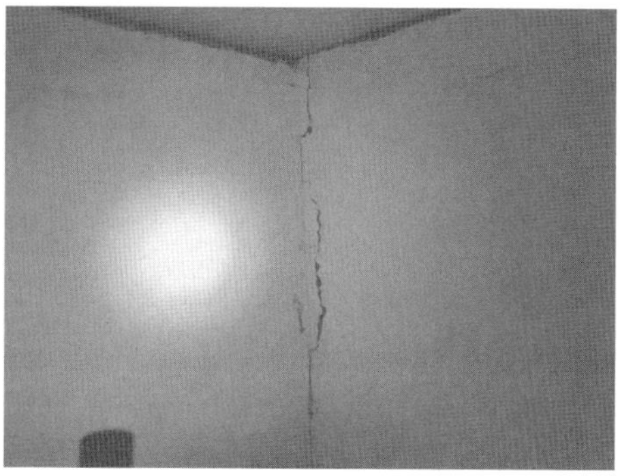

图 6-16　一层①/Ⓒ-Ⓓ轴纵横墙交接处通常竖向裂缝

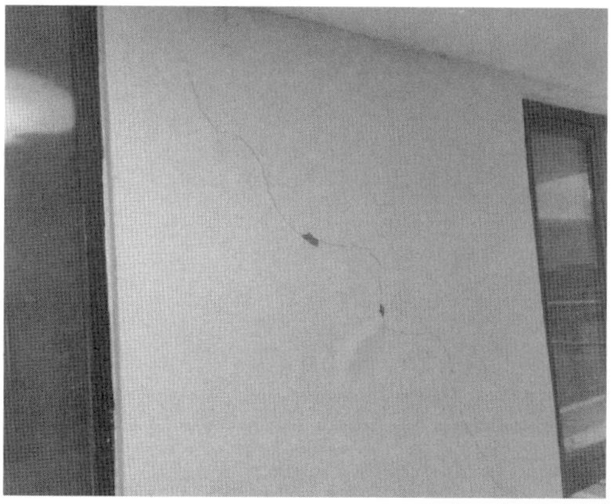

图 6-17　一层②-③/Ⓑ-Ⓒ轴间围护墙体裂缝（裂缝长度超过层高 1/2）

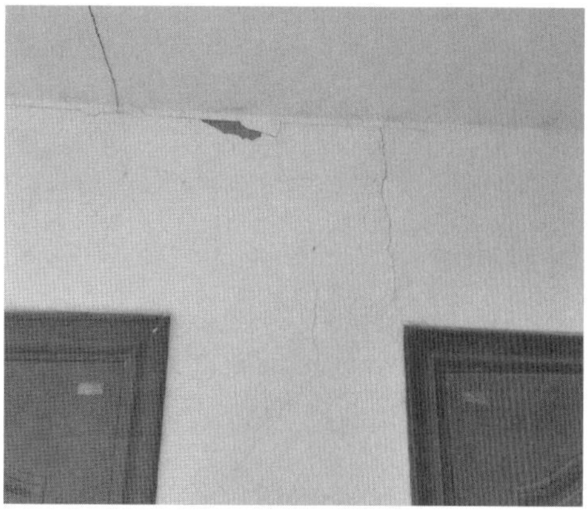

图 6-18　一层②-③/Ⓑ轴围护墙体多条超过层高 1/3 裂缝

图 6-19　一层⑤-⑥/Ⓑ-Ⓒ轴间围护墙体裂缝（裂缝长度超过层高 1/2）

图 6-20　一层⑤-⑥/Ⓒ轴围护墙体裂缝（裂缝长度超过层高 1/2）

图 6-21　一层①-②/Ⓒ-Ⓓ轴间围护墙体裂缝（裂缝长度超过层高 1/2）

图 6-22　一层②/Ⓓ-Ⓔ轴间围护墙体裂缝（裂缝长度超过层高 1/2）

图 6-23　一层②-③/Ⓒ-Ⓓ轴间围护墙体裂缝（裂缝长度超过层高 1/2）

图 6-24　二层①-②/Ⓑ轴围护墙体裂缝（裂缝长度超过层高 1/2）

图 6-25 二层⑦/Ⓑ-Ⓒ轴间围护墙体裂缝（裂缝长度超过层高 1/2）

图 6-26 二层⑬/Ⓑ-Ⓒ轴间围护墙体裂缝（裂缝长度超过层高 1/2）

图 6-27 三层①/Ⓐ-Ⓑ轴围护墙多条纵向裂缝（裂缝长度超过层高 1/2）

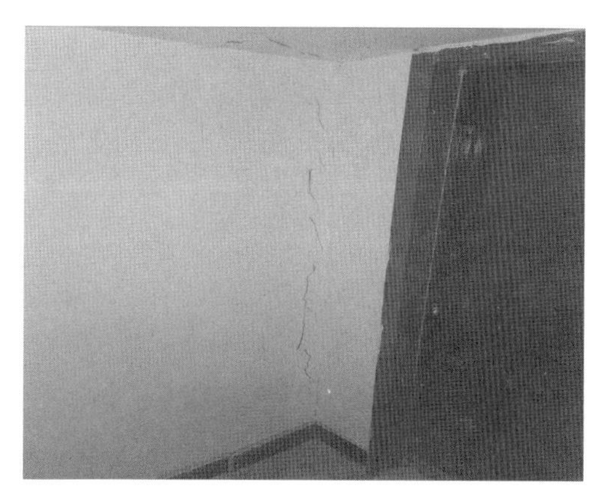

图 6-28 三层①/Ⓑ轴围护墙纵向裂缝（裂缝长度超过层高 1/2）

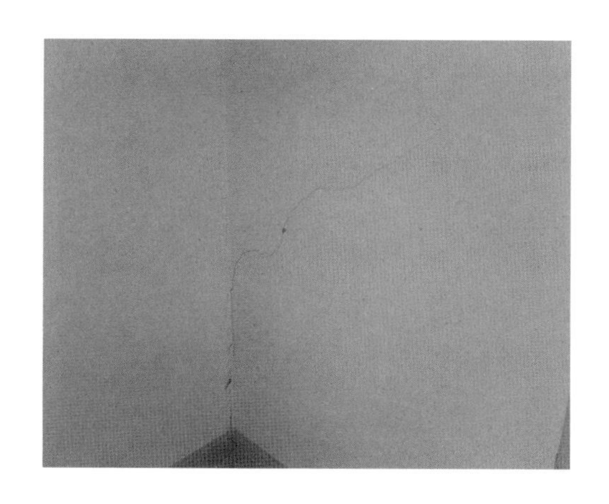

图 6-29 四层①/ⓞⒶ-Ⓐ轴围护墙纵向裂缝（裂缝长度超过层高 1/2）

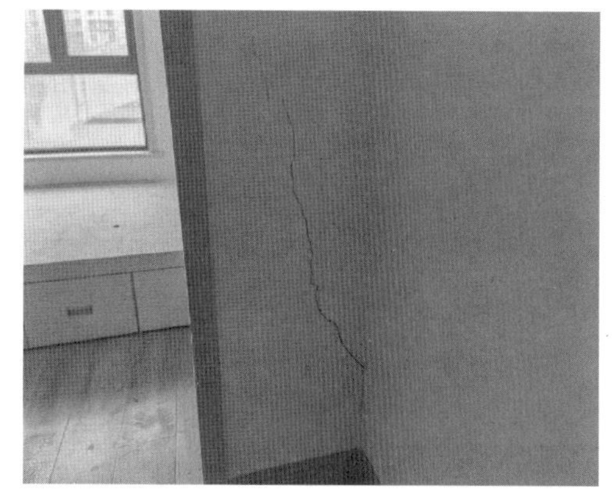

图 6-30 四层⑩/ⓞⒶ-Ⓐ轴围护墙纵向裂缝（裂缝长度超过层高 1/2）

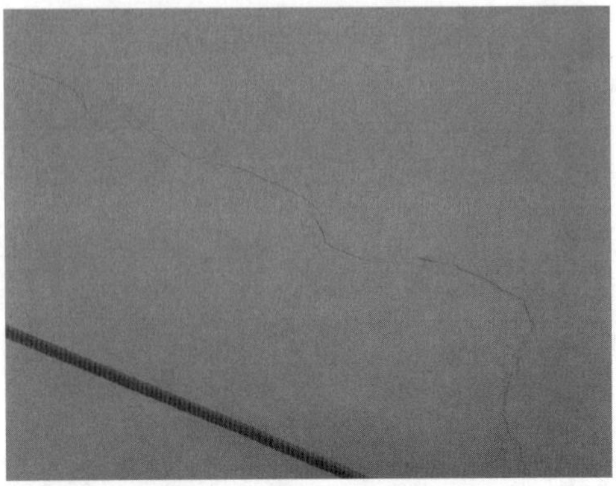

图 6-31　五层①/Ⓔ-[1/E]轴围护墙纵向裂缝（裂缝长度超过层高 1/2）

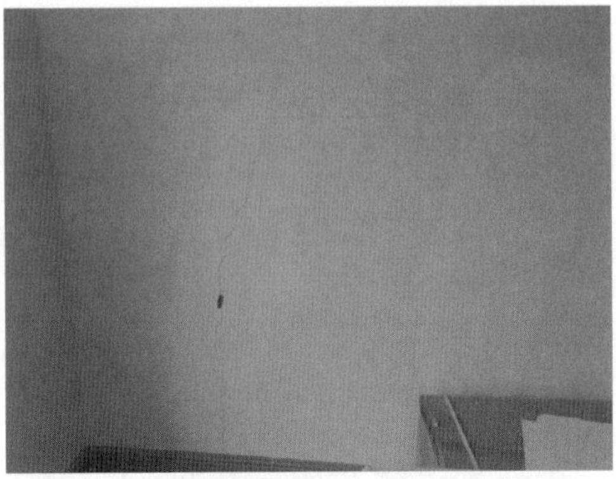

图 6-32　五层①-②/Ⓔ-[1/E]轴间围护墙纵向裂缝（裂缝长度超过层高 1/2）

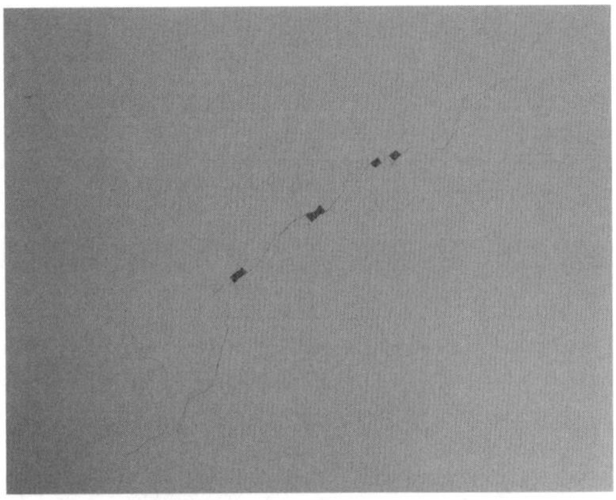

图 6-33　六层⑲/Ⓔ-[1/E]轴围护墙纵向裂缝（裂缝长度超过层高 1/2）

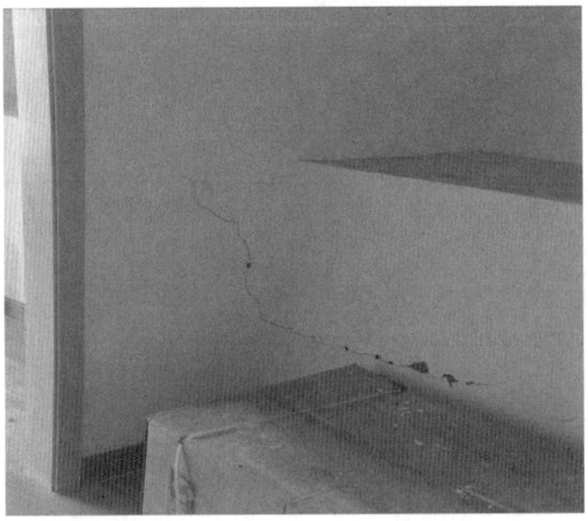

图 6-34　六层①/Ⓔ-[1/E]轴围护墙纵向裂缝（裂缝长度超过层高 1/2）

图 6-35　七层⑱-⑲/Ⓔ轴间围护墙多条超过层高 1/3 裂缝

图 6-36　七层①/Ⓔ-[1/E]轴围护墙纵向裂缝（裂缝长度超过层高 1/2）

图 6-37 七层①/Ⓐ-Ⓑ轴围护墙纵向裂缝（裂缝长度超过层高 1/2）

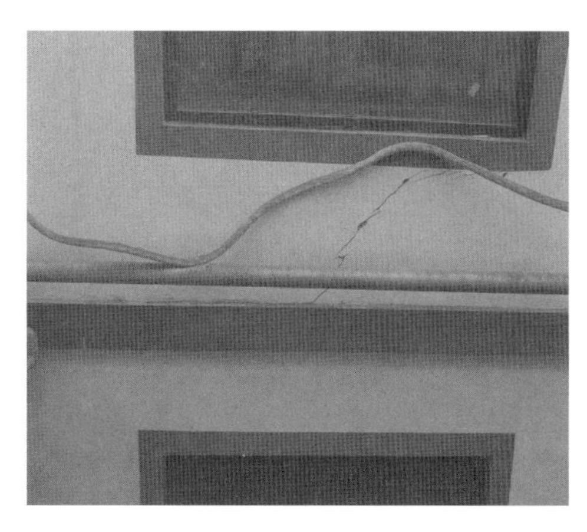

图 6-38 七层②-③/Ⓑ-Ⓒ轴间围护墙纵向裂缝（裂缝长度超过层高 1/2）

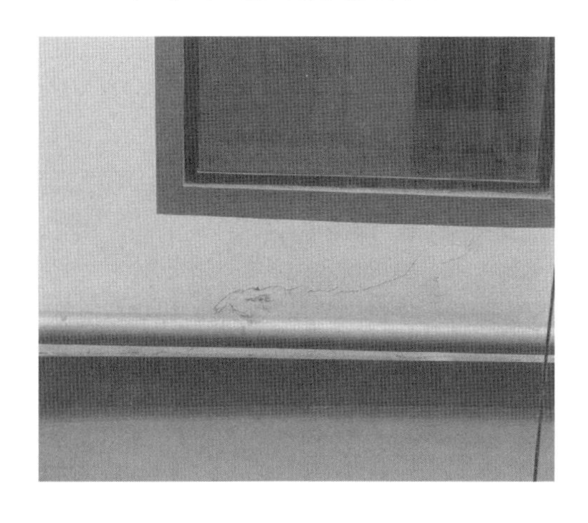

图 6-39 七层③-④/Ⓑ-Ⓒ轴间围护墙纵向裂缝（裂缝长度超过层高 1/2）

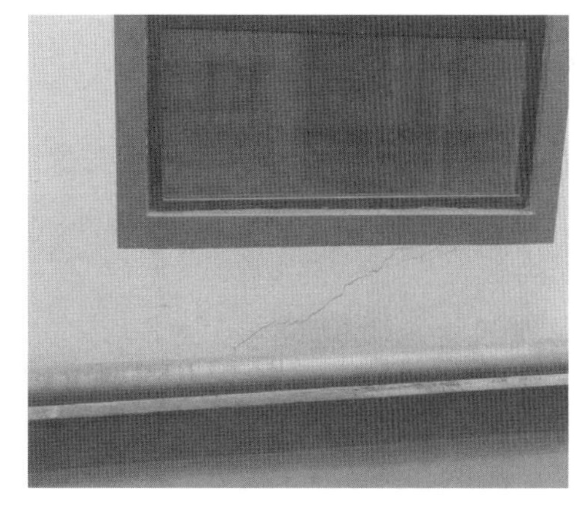

图 6-40 七层④-⑤/Ⓑ-Ⓒ轴间围护墙纵向裂缝（裂缝长度超过层高 1/2）

图 6-41 七层⑦/Ⓑ-Ⓒ轴间围护墙纵向裂缝（裂缝长度超过层高 1/2）

图 6-42 七层⑪/Ⓑ-Ⓒ轴间围护墙纵向裂缝（裂缝长度超过层高 1/2）

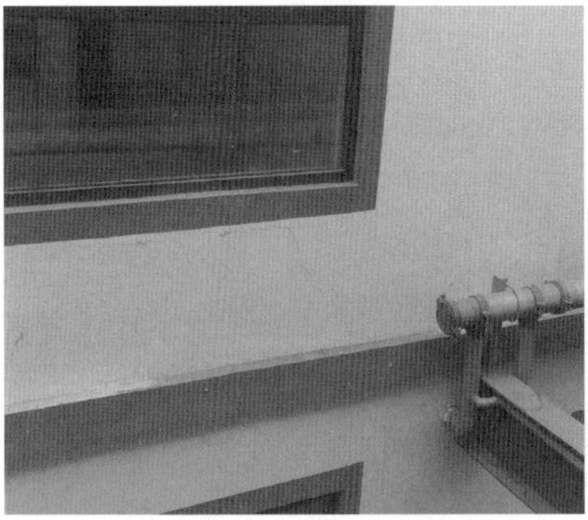

图 6-43　七层⑫-⑬/Ⓑ-Ⓒ轴间围护墙纵向裂缝（裂缝长度超过层高 1/2）

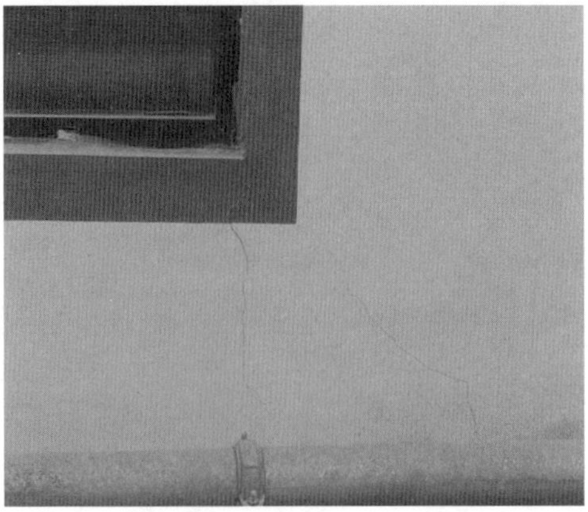

图 6-44　七层⑭-⑮/Ⓑ-Ⓒ轴间围护墙多条超过层高 1/3 裂缝

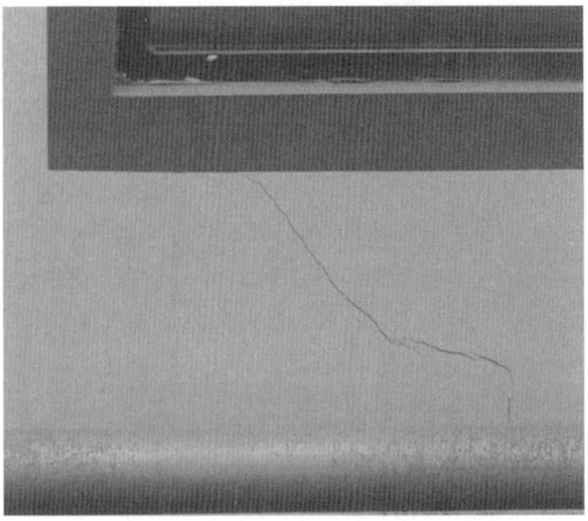

图 6-45　七层⑮-⑯/Ⓑ-Ⓒ轴间围护墙纵向裂缝（裂缝长度超过层高 1/2）

图 6-46　七层⑰-⑱/Ⓔ轴间围护墙纵向裂缝（裂缝长度超过层高 1/2）

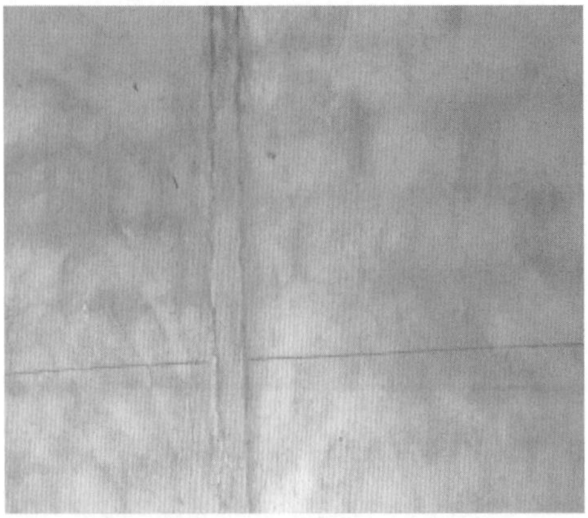

图 6-47　七层⑱/Ⓔ-[1/E]轴间围护墙纵向裂缝（裂缝长度超过层高 1/2）

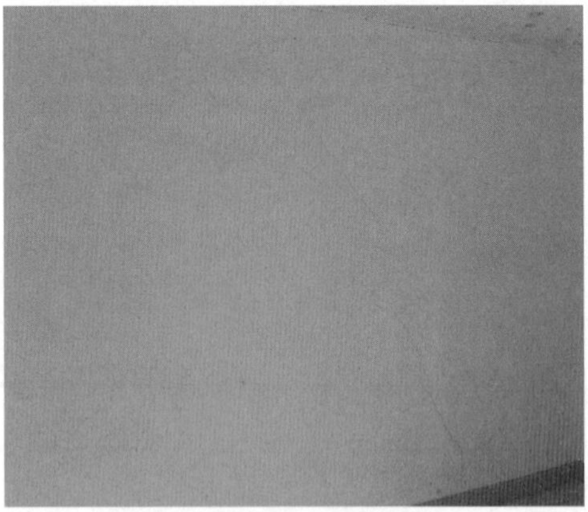

图 6-48　七层⑱-⑲/Ⓔ轴间围护墙多条超过层高 1/3 裂缝

（二）检测数据

采用回弹法对可检区域内混凝土柱强度进行了抽检，委托方要求进行无损检测，应委托方要求不进行钻芯修正，根据《民用建筑可靠性鉴定标准》（GB 50292—2015）附录K中老龄混凝土回弹值龄期修正的规定，该建筑混凝土浇筑时间为1994年，混凝土抗压强度换算值修正系数取0.92，检测结果见表6-2。

表6-2 回弹法批量检测混凝土强度评定汇总

<table>
<tr><th colspan="3" rowspan="2">构件名称及部位</th><th colspan="3">批抗压强度换算值/MPa</th></tr>
<tr><th>测区强度平均值</th><th>标准差</th><th>换算强度平均值</th></tr>
<tr><td rowspan="8">混凝土柱</td><td>1</td><td>②/[1A]柱</td><td rowspan="8">32.7</td><td rowspan="8">1.99</td><td rowspan="8">29.4</td></tr>
<tr><td>2</td><td>⑨/[1A]柱</td></tr>
<tr><td>3</td><td>⑬/[1A]柱</td></tr>
<tr><td>4</td><td>⑲/[1A]柱</td></tr>
<tr><td>5</td><td>④/[1E]柱</td></tr>
<tr><td>6</td><td>⑦/[1E]柱</td></tr>
<tr><td>7</td><td>⑬/[1E]柱</td></tr>
<tr><td>8</td><td>⑲/[1E]柱</td></tr>
<tr><td colspan="6">该批混凝土龄期修正后强度推定值为27.1MPa</td></tr>
</table>

根据现场情况，采用钢筋探测仪对该建筑钢筋混凝土柱构件的钢筋配置进行检测，检测结果见表6-3。

表6-3 柱钢筋配置检测表

序号	构件名称及部位	纵筋数量（$b\times h$）	箍筋间距/mm	
			非加密区	加密区
1	②/[1A]柱	5×4	204	102
2	⑨/[1A]柱	—×4	199	98
3	⑬/[1A]柱	—×4	205	100
4	⑲/[1A]柱	—×4	201	101
5	④/[1E]柱	5×—	199	105
6	⑦/[1E]柱	—×4	198	97
7	⑬/[1E]柱	—×4	200	98
8	⑲/[1E]柱	5×—	202	99

注："—"表示现场条件限制，无法检测。

采用钢卷尺对混凝土柱的截面尺寸进行检测，检测结果见表6-4。

表 6-4 柱截面尺寸检测结果

序号	构件名称及部位	构件尺寸实测值（长×宽）/mm
		柱截面尺寸（变截面尺寸）
1	②/[1A]柱	1198×500（649×501）
2	⑨/[1A]柱	1200×498（648×498）
3	⑬/[1A]柱	1197×501（651×500）
4	⑲/[1A]柱	1198×499（651×501）
5	④/[1E]柱	1201×500（650×500）
6	⑦/[1E]柱	1200×499（650×499）
7	⑬/[1E]柱	1197×502（651×500）
8	⑲/[1E]柱	1204×499（651×502）

采用表面硬度法对钢材强度进行检测，即直接测试钢材上的里氏硬度，根据《金属材料　里氏硬度试验　第1部分：试验方法》（GB/T 17394.1—2014）将所测得的里氏硬度 HL 转化成维氏硬度 HV，通过《黑色金属硬度及强度换算值》（GB/T 1172—1999）中碳钢维氏硬度与抗拉强度的换算值表换算出所测钢材的抗拉强度值，结果见表 6-5、表 6-6。

表 6-5 钢柱钢材抗拉强度汇总

序号	构件名称及部位	里氏硬度平均值	换算强度值/（N/mm²）	序号	构件名称及部位	里氏硬度平均值	换算强度值/（N/mm²）
1	一层柱⑫/Ⓐ	428	513	14	一层柱⑧/Ⓔ	421	480
2	一层柱⑬/Ⓐ	425	503	15	二层柱⑨/Ⓐ	423	500
3	一层柱⑯/Ⓐ	432	523	16	二层柱⑫/Ⓐ	428	513
4	一层柱⑰/Ⓐ	432	523	17	二层柱⑬/Ⓐ	434	526
5	一层柱⑱/Ⓐ	434	526	18	二层柱⑮/Ⓐ	426	508
6	一层柱⑫/Ⓑ	442	546	19	二层柱⑨/Ⓑ	440	543
7	一层柱⑬/Ⓑ	431	520	20	二层柱⑫/Ⓑ	431	520
8	一层柱⑯/Ⓑ	441	543	21	二层柱⑮/Ⓑ	436	534
9	一层柱⑰/Ⓑ	431	520	22	二层柱⑨/Ⓒ	432	523
10	一层柱⑱/Ⓑ	435	529	23	二层柱⑨/Ⓔ	424	503
11	一层柱②/Ⓒ	438	537	24	三层柱⑤/Ⓐ	416	484
12	一层柱⑬/Ⓒ	431	520	25	三层柱⑮/Ⓐ	420	493
13	一层柱②/Ⓔ	428	513	26	三层柱⑤/Ⓑ	422	498

续表

序号	构件名称及部位	里氏硬度平均值	换算强度值/（N/mm²）	序号	构件名称及部位	里氏硬度平均值	换算强度值/（N/mm²）
27	三层柱⑮/[B]	430	518	54	五层柱⑪/[E]	417	484
28	三层柱③/[E]	422	498	55	五层柱⑭/[E]	421	480
29	三层柱⑤/[E]	422	498	56	六层柱④/[A]	417	484
30	三层柱⑫/[E]	418	489	57	六层柱⑧/[A]	420	493
31	三层柱⑬/[E]	416	484	58	六层柱⑪/[A]	419	491
32	四层柱⑤/[A]	423	500	59	六层柱⑱/[A]	413	480
33	四层柱⑦/[A]	426	508	60	六层柱④/[B]	418	489
34	四层柱⑦/[B]	433	523	61	六层柱⑱/[B]	422	498
35	四层柱⑭/[C]	429	518	62	六层柱④/[C]	415	484
36	四层柱⑰/[C]	429	518	63	六层柱⑧/[C]	427	500
37	四层柱⑦/[D]	421	480	64	六层柱⑬/[C]	419	491
38	四层柱⑬/[D]	423	500	65	六层柱②/[D]	420	493
39	四层柱⑤/[E]	417	484	66	六层柱⑲/[D]	425	503
40	四层柱⑩/[E]	426	508	67	六层柱②/[E]	420	493
41	四层柱⑬/[E]	418	489	68	六层柱⑧/[E]	423	500
42	四层柱⑭/[E]	420	493	69	六层柱⑨/[E]	414	482
43	五层柱⑤/[A]	419	491	70	七层柱⑤/[A]	406	463
44	五层柱⑦/[A]	417	484	71	七层柱⑪/[A]	414	482
45	五层柱⑮/[A]	416	484	72	七层柱⑱/[A]	405	459
46	五层柱⑦/[B]	415	484	73	七层柱⑪/[B]	409	469
47	五层柱⑤/[C]	419	491	74	七层柱⑱/[B]	401	455
48	五层柱⑪/[C]	415	484	75	七层柱⑤/[C]	405	459
49	五层柱⑫/[C]	421	480	76	七层柱⑰/[C]	409	469
50	五层柱⑯/[C]	416	484	77	七层柱⑱/[D]	401	455
51	五层柱⑭/[D]	417	484	78	七层柱⑩/[E]	407	467
52	五层柱④/[E]	418	489	79	七层柱⑱/[E]	402	457
53	五层柱⑤/[E]	423	500	80	七层柱⑲/[E]	411	469

表 6-6 钢梁钢材抗拉强度汇总

序号	构件	位置	里氏硬度平均值	换算强度值/（N/mm²）
1	一层梁②/[D]-[E]	上翼缘	433	523
		下翼缘	430	518
		腹板	426	508

续表

序号	构件	位置	里氏硬度平均值	换算强度值/(N/mm²)
2	一层梁⑧/Ⓓ-Ⓔ	上翼缘	431	520
		下翼缘	439	540
		腹板	429	518
3	一层梁⑫/Ⓓ-Ⓔ	上翼缘	432	523
		下翼缘	437	537
		腹板	431	520
4	一层梁⑫/Ⓐ-Ⓑ	上翼缘	436	534
		下翼缘	441	526
		腹板	429	518
5	一层梁⑫/Ⓔ-(1E)	上翼缘	429	518
		下翼缘	433	523
		腹板	429	518
6	一层梁⑬/Ⓐ-Ⓑ	上翼缘	435	529
		下翼缘	441	526
		腹板	426	508
7	一层梁⑯/Ⓐ-Ⓑ	上翼缘	434	526
		下翼缘	433	523
		腹板	434	526
8	一层梁⑰/(1A)-Ⓐ	上翼缘	436	534
		下翼缘	436	534
		腹板	426	508
9	一层梁⑰/Ⓐ-Ⓑ	上翼缘	433	523
		下翼缘	432	523
		腹板	432	523
10	一层梁⑱/Ⓐ-Ⓑ	上翼缘	442	546
		下翼缘	435	529
		腹板	427	510
11	一层梁①/Ⓒ-Ⓓ	上翼缘	458	589
		下翼缘	457	589
		腹板	441	526
12	一层梁②/Ⓒ-Ⓓ	上翼缘	452	573
		下翼缘	455	582
		腹板	438	537

续表

序号	构件	位置	里氏硬度平均值	换算强度值/（N/mm²）
13	一层梁⑧/Ⓒ-Ⓓ	上翼缘	452	573
		下翼缘	458	589
		腹板	435	529
14	一层梁⑬/Ⓒ-Ⓓ	上翼缘	456	586
		下翼缘	460	596
		腹板	439	540
15	一层梁①-②/Ⓒ	上翼缘	406	463
		下翼缘	408	467
		腹板	405	459
16	一层梁⑧-⑨/Ⓒ	上翼缘	405	459
		下翼缘	406	463
		腹板	399	447
17	一层梁⑫-⑬/Ⓔ	上翼缘	407	467
		下翼缘	400	451
		腹板	397	447
18	一层梁⑱-⑲/Ⓑ	上翼缘	406	463
		下翼缘	402	457
		腹板	395	440
19	二层⑨/(1/A)-Ⓐ	上翼缘	437	537
		下翼缘	434	526
		腹板	431	520
20	二层梁⑨/Ⓐ-Ⓑ	上翼缘	433	523
		下翼缘	438	537
		腹板	426	508
21	二层梁⑨/Ⓓ-Ⓔ	上翼缘	437	537
		下翼缘	440	543
		腹板	430	518
22	二层梁⑨/Ⓔ-(1/E)	上翼缘	433	523
		下翼缘	431	520
		腹板	428	513
23	二层梁⑫/(1/A)-Ⓐ	上翼缘	428	513
		下翼缘	442	546
		腹板	424	503

续表

序号	构件	位置	里氏硬度平均值	换算强度值/(N/mm²)
24	二层梁⑫/Ⓐ-Ⓑ	上翼缘	439	540
		下翼缘	435	529
		腹板	428	513
25	二层梁⑬/(1A)-Ⓐ	上翼缘	434	526
		下翼缘	438	537
		腹板	433	523
26	二层梁⑬/Ⓐ-Ⓑ	上翼缘	437	537
		下翼缘	435	529
		腹板	423	500
27	二层梁⑮/(1A)-Ⓐ	上翼缘	436	534
		下翼缘	435	529
		腹板	437	537
28	二层梁⑮/Ⓐ-Ⓑ	上翼缘	435	529
		下翼缘	433	523
		腹板	427	510
29	二层梁⑩/Ⓐ-Ⓑ	上翼缘	431	520
		下翼缘	434	526
		腹板	431	520
30	二层梁⑩/Ⓓ-Ⓔ	上翼缘	431	520
		下翼缘	431	520
		腹板	433	523
31	二层梁⑬/Ⓓ-Ⓔ	上翼缘	436	534
		下翼缘	439	540
		腹板	433	523
32	二层梁⑬/Ⓔ-①/Ⓔ	上翼缘	437	537
		下翼缘	438	537
		腹板	425	503
33	二层梁⑫-⑬/Ⓑ	上翼缘	408	467
		下翼缘	399	447
		腹板	403	459
34	二层梁⑬-⑭/Ⓐ	上翼缘	396	444
		下翼缘	406	463
		腹板	407	467

续表

序号	构件	位置	里氏硬度平均值	换算强度值/(N/mm²)
35	二层梁⑮-⑯/Ⓐ	上翼缘	407	467
		下翼缘	407	467
		腹板	407	467
36	二层梁⑮-⑯/Ⓑ	上翼缘	406	463
		下翼缘	401	455
		腹板	401	455
37	三层梁①/(1A)-Ⓐ	上翼缘	435	529
		下翼缘	434	526
		腹板	426	508
38	三层梁⑤/(1A)-Ⓐ	上翼缘	436	534
		下翼缘	443	548
		腹板	434	526
39	三层梁⑤/Ⓐ-Ⓑ	上翼缘	437	537
		下翼缘	434	526
		腹板	423	500
40	三层梁⑮/(1A)-Ⓐ	上翼缘	436	534
		下翼缘	440	543
		腹板	437	537
41	三层梁⑮/Ⓐ-Ⓑ	上翼缘	440	543
		下翼缘	438	537
		腹板	424	503
42	三层梁③/Ⓓ-Ⓔ	上翼缘	439	540
		下翼缘	438	537
		腹板	425	503
43	三层梁③/Ⓔ-(1E)	上翼缘	432	523
		下翼缘	438	537
		腹板	437	537
44	三层梁⑤/Ⓓ-Ⓔ	上翼缘	440	543
		下翼缘	436	534
		腹板	430	518
45	三层梁⑤/Ⓔ-(1E)	上翼缘	438	537
		下翼缘	427	510
		腹板	425	503

续表

序号	构件	位置	里氏硬度平均值	换算强度值/(N/mm²)
46	三层梁⑬/Ⓓ-Ⓔ	上翼缘	436	534
		下翼缘	430	518
		腹板	431	520
47	三层梁⑬/Ⓔ-(1E)	上翼缘	439	540
		下翼缘	437	537
		腹板	423	500
48	三层梁⑦/Ⓓ-Ⓔ	上翼缘	440	543
		下翼缘	435	529
		腹板	425	503
49	三层梁⑦/Ⓔ-(1E)	上翼缘	434	526
		下翼缘	431	520
		腹板	432	523
50	三层梁⑨/Ⓓ-Ⓔ	上翼缘	436	534
		下翼缘	432	523
		腹板	430	518
51	三层梁⑫-⑬/Ⓓ	上翼缘	406	463
		下翼缘	407	467
		腹板	401	455
52	三层梁⑫-⑬/Ⓔ	上翼缘	406	463
		下翼缘	409	469
		腹板	401	455
53	三层梁⑮-⑯/Ⓐ	上翼缘	397	447
		下翼缘	407	467
		腹板	398	447
54	三层梁⑮-⑯/Ⓑ	上翼缘	405	459
		下翼缘	406	463
		腹板	405	459
55	四层梁⑤/(1A)-Ⓐ	上翼缘	433	523
		下翼缘	436	534
		腹板	434	526
56	四层梁⑤/Ⓐ-Ⓑ	上翼缘	438	537
		下翼缘	433	523
		腹板	431	520

续表

序号	构件	位置	里氏硬度平均值	换算强度值/(N/mm²)
57	四层梁⑦/(1/A)-Ⓐ	上翼缘	430	518
		下翼缘	441	526
		腹板	432	523
58	四层梁⑦/Ⓐ-Ⓑ	上翼缘	429	518
		下翼缘	438	537
		腹板	426	508
59	四层梁⑤/Ⓓ-Ⓔ	上翼缘	437	537
		下翼缘	437	537
		腹板	433	523
60	四层梁⑤/Ⓔ-(1/E)	上翼缘	432	523
		下翼缘	441	526
		腹板	425	503
61	四层梁⑭/Ⓓ-Ⓔ	上翼缘	436	534
		下翼缘	441	526
		腹板	427	510
62	四层梁⑭/(1/E)-Ⓔ	上翼缘	432	523
		下翼缘	437	537
		腹板	428	513
63	四层梁⑭/Ⓒ-Ⓓ	上翼缘	459	592
		下翼缘	459	592
		腹板	439	540
64	四层梁⑰/Ⓒ-Ⓓ	上翼缘	455	582
		下翼缘	452	573
		腹板	434	526
65	四层梁⑲/Ⓒ-Ⓓ	上翼缘	455	582
		下翼缘	452	573
		腹板	435	529
66	四层梁④-⑤/Ⓓ	上翼缘	398	447
		下翼缘	408	467
		腹板	401	455
67	四层梁④-⑤/Ⓔ	上翼缘	404	459
		下翼缘	405	459
		腹板	398	447

续表

序号	构件	位置	里氏硬度平均值	换算强度值/(N/mm²)
68	四层梁⑤-⑥/Ⓐ	上翼缘	401	455
		下翼缘	406	463
		腹板	402	457
69	四层梁⑥-⑦/Ⓐ	上翼缘	411	471
		下翼缘	409	469
		腹板	402	457
70	四层梁⑥-⑦/Ⓑ	上翼缘	404	459
		下翼缘	406	463
		腹板	394	438
71	四层梁⑭-⑮/Ⓔ	上翼缘	408	467
		下翼缘	408	467
		腹板	407	467
72	四层梁⑰-⑱/Ⓒ	上翼缘	402	457
		下翼缘	400	451
		腹板	398	447
73	五层梁⑤/[1/A]-Ⓐ	上翼缘	437	537
		下翼缘	439	540
		腹板	426	508
74	五层梁⑤/Ⓐ-Ⓑ	上翼缘	437	537
		下翼缘	441	526
		腹板	435	529
75	五层梁⑦/[1/A]-Ⓐ	上翼缘	439	540
		下翼缘	437	537
		腹板	429	518
76	五层梁⑦/Ⓐ-Ⓑ	上翼缘	437	537
		下翼缘	439	540
		腹板	432	523
77	五层梁⑲/[1/A]-Ⓐ	上翼缘	439	540
		下翼缘	440	543
		腹板	424	503
78	地上五层梁①/Ⓔ-[1/E]	上翼缘	439	540
		下翼缘	439	540
		腹板	433	523

续表

序号	构件	位置	里氏硬度平均值	换算强度值/（N/mm²）
79	五层梁⑤/Ⓓ-Ⓔ	上翼缘	433	523
		下翼缘	439	540
		腹板	427	510
80	五层梁⑤/Ⓔ-[1/E]	上翼缘	435	529
		下翼缘	442	546
		腹板	426	508
81	五层梁⑭/Ⓓ-Ⓔ	上翼缘	433	523
		下翼缘	432	523
		腹板	430	518
82	五层梁⑭/Ⓔ-[1/E]	上翼缘	438	537
		下翼缘	436	534
		腹板	423	500
83	五层梁⑤/Ⓒ-Ⓓ	上翼缘	432	523
		下翼缘	439	540
		腹板	425	503
84	五层梁⑯/Ⓒ-Ⓓ	上翼缘	432	523
		下翼缘	436	534
		腹板	428	513
85	五层梁⑲/Ⓒ-Ⓓ	上翼缘	435	529
		下翼缘	430	518
		腹板	425	503
86	五层梁⑤-⑥/Ⓒ	上翼缘	410	471
		下翼缘	408	467
		腹板	401	455
87	五层梁⑥-⑦/Ⓑ	上翼缘	406	463
		下翼缘	404	459
		腹板	403	459
88	五层梁⑬-⑭/Ⓔ	上翼缘	404	459
		下翼缘	407	467
		腹板	403	459
89	五层梁⑬-⑭/Ⓓ	上翼缘	405	459
		下翼缘	404	459
		腹板	407	467

续表

序号	构件	位置	里氏硬度平均值	换算强度值/(N/mm²)
90	五层梁⑮-⑯/Ⓒ	上翼缘	407	467
		下翼缘	410	471
		腹板	403	459
91	六层梁①/(1A)-Ⓐ	上翼缘	430	518
		下翼缘	441	526
		腹板	430	518
92	六层梁①/Ⓐ-Ⓑ	上翼缘	441	526
		下翼缘	439	540
		腹板	428	513
93	六层梁④/(1A)-Ⓐ	上翼缘	440	543
		下翼缘	437	537
		腹板	427	510
94	六层梁④/Ⓐ-Ⓑ	上翼缘	437	537
		下翼缘	434	526
		腹板	427	510
95	六层梁⑧/(1A)-Ⓐ	上翼缘	431	520
		下翼缘	432	523
		腹板	429	518
96	六层梁⑧/Ⓐ-Ⓑ	上翼缘	439	540
		下翼缘	437	537
		腹板	425	503
97	六层梁②/Ⓓ-Ⓔ	上翼缘	435	529
		下翼缘	435	529
		腹板	433	523
98	六层梁②/Ⓔ-(1E)	上翼缘	435	529
		下翼缘	442	546
		腹板	427	510
99	六层梁⑧/Ⓓ-Ⓔ	上翼缘	428	513
		下翼缘	436	534
		腹板	424	503
100	六层梁⑧/Ⓔ-(1E)	上翼缘	434	526
		下翼缘	440	543
		腹板	430	518

续表

序号	构件	位置	里氏硬度平均值	换算强度值/（N/mm²）
101	六层梁⑨/Ⓔ-(1/E)	上翼缘	433	523
		下翼缘	435	529
		腹板	431	520
102	六层梁⑨/Ⓓ-Ⓔ	上翼缘	429	518
		下翼缘	438	537
		腹板	428	513
103	六层梁⑬/Ⓓ-Ⓔ	上翼缘	439	540
		下翼缘	432	523
		腹板	425	503
104	六层梁⑬/Ⓔ-(1/E)	上翼缘	436	534
		下翼缘	434	526
		腹板	420	493
105	六层梁③-④/Ⓐ	上翼缘	407	467
		下翼缘	408	467
		腹板	394	438
106	六层梁③-④/Ⓑ	上翼缘	413	480
		下翼缘	407	467
		腹板	396	444
107	六层梁⑧-⑨/Ⓒ	上翼缘	397	447
		下翼缘	406	463
		腹板	408	467
108	六层梁⑭-⑮/Ⓒ	上翼缘	406	463
		下翼缘	402	457
		腹板	401	455
109	七层梁①/(1/A)-Ⓐ	上翼缘	409	469
		下翼缘	406	463
		腹板	400	451
110	七层梁①/Ⓐ-Ⓑ	上翼缘	406	463
		下翼缘	402	457
		腹板	400	451
111	七层梁②/Ⓐ-Ⓑ	上翼缘	404	459
		下翼缘	402	457
		腹板	400	451

续表

序号	构件	位置	里氏硬度平均值	换算强度值/(N/mm²)
112	七层梁⑤/Ⓐ-Ⓑ	上翼缘	398	447
		下翼缘	409	469
		腹板	404	459
113	七层梁⑦/Ⓐ-Ⓑ	上翼缘	408	467
		下翼缘	409	469
		腹板	402	457
114	七层梁⑱/Ⓓ-Ⓔ	上翼缘	403	455
		下翼缘	409	469
		腹板	404	459
115	七层梁⑱/Ⓔ-(1/E)	上翼缘	397	447
		下翼缘	404	459
		腹板	407	503
116	七层梁⑲/Ⓓ-Ⓔ	上翼缘	406	463
		下翼缘	406	463
		腹板	402	457
117	七层梁⑲/Ⓔ-(1/E)	上翼缘	409	469
		下翼缘	404	459
		腹板	403	455
118	七层梁⑤/Ⓓ-Ⓔ	上翼缘	400	451
		下翼缘	412	475
		腹板	397	447
119	七层梁⑦/Ⓓ-Ⓔ	上翼缘	406	463
		下翼缘	403	455
		腹板	408	467
120	七层梁⑦/Ⓔ-(1/E)	上翼缘	408	467
		下翼缘	402	457
		腹板	398	447
121	七层梁⑥-⑦/Ⓒ	上翼缘	407	467
		下翼缘	408	467
		腹板	403	459
122	七层梁⑪-⑫/Ⓑ	上翼缘	403	459
		下翼缘	407	467
		腹板	404	459

续表

序号	构件	位置	里氏硬度平均值	换算强度值/(N/mm²)
123	七层梁⑬-⑭/Ⓒ	上翼缘	407	467
		下翼缘	405	459
		腹板	397	447
124	七层梁⑰-⑱/Ⓐ	上翼缘	412	475
		下翼缘	411	471
		腹板	397	447
125	七层梁⑱-⑲/Ⓓ	上翼缘	405	459
		下翼缘	408	467
		腹板	401	455

依据《碳素结构钢》（GB/T 700—2006）中规定，Q235 钢材的抗拉强度范围为 370～500MPa，《低合金高强度结构钢》（GB/T 1591—2018）中规定，Q345 钢材（厚度≤40mm）的抗拉强度为 470～630MPa。

现场对钢构件柱、梁尺寸进行检测，检测结果见表 6-7、表 6-8。

表 6-7 钢柱尺寸汇总

序号	构件名称及部位	实测值/mm		序号	构件名称及部位	实测值/mm	
		直径	厚度			直径	厚度
1	一层柱⑫/Ⓐ	326	8.19	18	二层柱⑮/Ⓐ	327	8.03
2	一层柱⑬/Ⓐ	326	8.24	19	二层柱⑨/Ⓑ	487	10.03
3	一层柱⑯/Ⓐ	323	8.02	20	二层柱⑫/Ⓑ	485	10.14
4	一层柱⑰/Ⓐ	327	8.07	21	二层柱⑮/Ⓑ	478	9.91
5	一层柱⑱/Ⓐ	326	8.12	22	二层柱⑨/Ⓒ	479	10.21
6	一层柱⑫/Ⓑ	477	10.14	23	二层柱⑨/Ⓔ	322	7.96
7	一层柱⑬/Ⓑ	481	9.82	24	三层柱⑤/Ⓐ	327	6.09
8	一层柱⑯/Ⓑ	481	10.09	25	三层柱⑮/Ⓐ	326	6.11
9	一层柱⑰/Ⓑ	479	9.96	26	三层柱⑤/Ⓑ	423	8.22
10	一层柱⑱/Ⓑ	481	10.17	27	三层柱⑮/Ⓑ	425	8.12
11	一层柱②/Ⓒ	481	10.12	28	三层柱③/Ⓔ	325	6.11
12	一层柱⑬/Ⓒ	480	10.17	29	三层柱⑤/Ⓔ	327	5.98
13	一层柱②/Ⓔ	327	8.08	30	三层柱⑫/Ⓔ	324	6.15
14	一层柱⑧/Ⓔ	328	7.99	31	三层柱⑬/Ⓔ	330	6.18
15	二层柱⑨/Ⓐ	326	8.19	32	四层柱⑤/Ⓐ	325	5.97
16	二层柱⑫/Ⓐ	326	7.94	33	四层柱⑦/Ⓐ	324	6.16
17	二层柱⑬/Ⓐ	329	8.19	34	四层柱⑦/Ⓑ	424	8.03

续表

序号	构件名称及部位	实测值/mm		序号	构件名称及部位	实测值/mm	
		直径	厚度			直径	厚度
35	四层柱⑭/Ⓒ	427	8.17	58	六层柱⑪/Ⓐ	325	6.08
36	四层柱⑰/Ⓒ	426	8.01	59	六层柱⑱/Ⓐ	327	6.23
37	四层柱⑦/Ⓓ	430	8.10	60	六层柱④/Ⓑ	326	6.07
38	四层柱⑬/Ⓓ	425	8.14	61	六层柱⑱/Ⓑ	325	5.95
39	四层柱⑤/Ⓔ	325	5.95	62	六层柱④/Ⓒ	326	6.06
40	四层柱⑩/Ⓔ	326	6.10	63	六层柱⑧/Ⓒ	331	6.27
41	四层柱⑬/Ⓔ	323	6.14	64	六层柱⑬/Ⓒ	325	6.04
42	四层柱⑭/Ⓔ	327	6.22	65	六层柱②/Ⓓ	326	6.07
43	五层柱⑤/Ⓐ	327	5.90	66	六层柱⑲/Ⓓ	327	5.90
44	五层柱⑦/Ⓐ	323	6.21	67	六层柱②/Ⓔ	325	6.10
45	五层柱⑮/Ⓐ	328	5.96	68	六层柱⑧/Ⓔ	327	6.22
46	五层柱⑦/Ⓑ	326	5.87	69	六层柱⑨/Ⓔ	325	5.82
47	五层柱⑤/Ⓒ	327	6.17	70	七层柱⑤/Ⓐ	330	5.96
48	五层柱⑪/Ⓒ	326	6.06	71	七层柱⑪/Ⓐ	216	6.06
49	五层柱⑫/Ⓒ	324	6.07	72	七层柱⑱/Ⓐ	219	6.04
50	五层柱⑯/Ⓒ	324	5.87	73	七层柱⑪/Ⓑ	327	6.13
51	五层柱⑭/Ⓓ	327	6.10	74	七层柱⑱/Ⓑ	220	6.04
52	五层柱④/Ⓔ	324	6.16	75	七层柱⑤/Ⓒ	218	6.29
53	五层柱⑤/Ⓔ	330	6.02	76	七层柱⑰/Ⓒ	223	6.13
54	五层柱⑪/Ⓔ	326	6.07	77	七层柱⑱/Ⓓ	220	5.94
55	五层柱⑭/Ⓔ	324	6.02	78	七层柱⑩/Ⓔ	219	6.00
56	六层柱④/Ⓐ	326	5.99	79	七层柱⑱/Ⓔ	217	5.97
57	六层柱⑧/Ⓐ	328	5.91	80	七层柱⑲/Ⓔ	222	6.18

表 6-8　钢梁尺寸汇总

序号	构件名称及部位	实测尺寸/mm
		高×宽×腹板×翼板（上翼板、下翼板）
1	一层梁②/Ⓓ-Ⓔ	351×175×7.36×10.92×11.01
2	一层梁⑧/Ⓓ-Ⓔ	349×175×6.95×11.01×11.28
3	一层梁⑫/Ⓓ-Ⓔ	352×178×7.24×10.88×11.11
4	一层梁⑫/Ⓐ-Ⓑ	353×175×7.14×11.03×11.13
5	一层梁⑫/Ⓔ-(1/E)	350×179×6.91×11.07×11.01
6	一层梁⑬/Ⓐ-Ⓑ	352×177×6.84×11.06×11.11
7	一层梁⑯/Ⓐ-Ⓑ	353×176×6.8×11.02×11.1

续表

序号	构件名称及部位	实测尺寸/mm
		高×宽×腹板×翼板（上翼板、下翼板）
8	一层梁⑰/(1A)-Ⓐ	346×175×7.1×11.24×11.04
9	一层梁⑰/Ⓐ-Ⓑ	350×176×6.87×11.16×11
10	一层梁⑱/Ⓐ-Ⓑ	352×177×6.77×11.17×10.84
11	一层梁①/Ⓒ-Ⓓ	501×202×10.34×15.9×16.03
12	一层梁②/Ⓒ-Ⓓ	499×196×10.11×15.81×15.82
13	一层梁⑧/Ⓒ-Ⓓ	502×200×10.31×16.15×16
14	一层梁⑬/Ⓒ-Ⓓ	498×204×10.21×16.22×16
15	一层梁①-②/Ⓒ	300×151×6.39×9.02×8.98
16	一层梁⑧-⑨/Ⓒ	302×154×6.44×8.99×9.14
17	一层梁⑫-⑬/Ⓔ	303×151×6.72×9.29×8.93
18	一层梁⑱-⑲/Ⓑ	298×149×6.6×9.09×9.02
19	二层梁⑨/(1A)-Ⓐ	352×175×6.8×11.04×11.11
20	二层梁⑨/Ⓐ-Ⓑ	351×180×7.03×11.07×11.08
21	二层梁⑨/Ⓓ-Ⓔ	350×174×6.88×10.98×11.27
22	二层梁⑨/Ⓔ-(1E)	347×175×6.96×10.92×10.92
23	二层梁⑫/(1A)-Ⓐ	351×175×6.92×11.07×11.16
24	二层梁⑫/Ⓐ-Ⓑ	350×174×7.02×11.17×11.14
25	二层梁⑬/(1A)-Ⓐ	351×173×7.22×11.23×11.04
26	二层梁⑬/Ⓐ-Ⓑ	348×179×6.98×11.37×11.1
27	二层梁⑮/(1A)-Ⓐ	349×176×7.2×11.06×11.06
28	二层梁⑮/Ⓐ-Ⓑ	352×176×7.3×11.21×11.04
29	二层梁⑩/Ⓐ-Ⓑ	345×179×7.06×11.15×10.86
30	二层梁⑩/Ⓓ-Ⓔ	352×174×7.03×11.05×11.11
31	二层梁⑬/Ⓓ-Ⓔ	349×173×7.19×11.31×10.95
32	二层梁⑬/Ⓔ-(1E)	352×174×6.89×11.09×11.13
33	二层梁⑫-⑬/Ⓑ	302×153×6.5×9.32×9.2
34	二层梁⑬-⑭/Ⓐ	297×150×6.51×8.83×8.97
35	二层梁⑮-⑯/Ⓐ	298×150×6.69×9.13×9.17
36	二层梁⑮-⑯/Ⓑ	302×156×6.55×8.88×9.22
37	三层梁①/(1A)-Ⓐ	403×201×8×12.92×12.99
38	三层梁⑤/(1A)-Ⓐ	348×174×6.79×10.78×10.97

续表

序号	构件名称及部位	实测尺寸/mm
		高×宽×腹板×翼板（上翼板、下翼板）
39	三层梁⑤/Ⓐ-Ⓑ	351×175×6.96×11.17×11.2
40	三层梁⑮/(1/A)-Ⓐ	350×179×7.22×11.16×11.04
41	三层梁⑮/Ⓐ-Ⓑ	348×176×7.22×10.98×11.05
42	三层梁③/Ⓓ-Ⓔ	349×177×7.03×11.05×11.05
43	三层梁③/Ⓔ-(1/E)	352×178×6.98×10.99×11.02
44	三层梁⑤/Ⓓ-Ⓔ	348×177×7.23×11.15×11.07
45	三层梁⑤/Ⓔ-(1/E)	350×178×7.06×11.11×11.04
46	三层梁⑬/Ⓓ-Ⓔ	351×178×7.14×11.05×10.97
47	三层梁⑬/Ⓔ-(1/E)	351×179×6.81×10.97×11.02
48	三层梁⑦/Ⓓ-Ⓔ	346×174×7.13×11.09×11.16
49	三层梁⑦/Ⓔ-(1/E)	348×176×6.87×11.16×11.01
50	三层梁⑨/Ⓓ-Ⓔ	353×174×6.97×11.26×10.97
51	三层梁⑫-⑬/Ⓓ	304×154×6.4×8.81×8.99
52	三层梁⑫-⑬/Ⓔ	303×151×6.73×8.91×9.07
53	三层梁⑮-⑯/Ⓐ	296×151×6.43×9.2×9.15
54	三层梁⑮-⑯/Ⓑ	302×147×6.34×9.1×9.04
55	四层梁⑤/(1/A)-Ⓐ	348×174×7.03×11.2×10.97
56	四层梁⑤/Ⓐ-Ⓑ	352×171×7.24×10.91×11.02
57	四层梁⑦/(1/A)-Ⓐ	347×175×6.92×10.98×11.07
58	四层梁⑦/Ⓐ-Ⓑ	352×175×7.06×11.09×11.1
59	四层梁⑤/Ⓓ-Ⓔ	351×178×6.96×10.93×11.04
60	四层梁⑤/Ⓔ-(1/E)	351×176×7.25×10.95×11.11
61	四层梁⑭/Ⓓ-Ⓔ	350×174×6.89×11.21×10.92
62	四层梁⑭/(1/E)-Ⓔ	348×180×6.97×11.17×11.06
63	四层梁⑭/Ⓒ-Ⓓ	500×198×9.98×15.94×16.03
64	四层梁⑰/Ⓒ-Ⓓ	499×203×10.15×15.69×16.21
65	四层梁⑲/Ⓒ-Ⓓ	400×198×8.07×13.09×13.04
66	四层梁④-⑤/Ⓓ	300×152×6.6×9.31×8.93
67	四层梁④-⑤/Ⓔ	305×154×6.61×9.02×9.31
68	四层梁⑤-⑥/Ⓐ	296×153×6.48×9.11×9.19
69	四层梁⑥-⑦/Ⓐ	303×154×6.35×9.06×9.11

续表

序号	构件名称及部位	实测尺寸/mm
		高×宽×腹板×翼板（上翼板、下翼板）
70	四层梁⑥-⑦/Ⓑ	303×152×6.58×8.92×8.98
71	四层梁⑭-⑮/Ⓔ	299×156×6.63×9.17×8.95
72	四层梁⑰-⑱/Ⓒ	298×151×6.59×9.07×9.13
73	五层梁⑤/[1A]-Ⓐ	348×175×7.11×10.95×10.97
74	五层梁⑤/Ⓐ-Ⓑ	349×175×7.2×10.94×11.18
75	五层梁⑦/[1A]-Ⓐ	352×177×7.19×11.04×10.96
76	五层梁⑦/Ⓐ-Ⓑ	353×176×7.05×11.12×11.15
77	五层梁⑲/[1A]-Ⓐ	403×201×7.94×13.08×13.16
78	五层梁①/Ⓔ-[1E]	404×197×8.12×13.19×12.98
79	五层梁⑤/Ⓓ-Ⓔ	403×200×8.01×13.14×12.95
80	五层梁⑤/Ⓔ-[1E]	348×175×7.09×11.09×11.11
81	五层梁⑭/Ⓓ-Ⓔ	347×177×6.97×10.98×11.12
82	五层梁⑭/Ⓔ-[1E]	353×173×7.09×11.12×11.14
83	五层梁⑤/Ⓒ-Ⓓ	501×198×10.12×16.08×15.95
84	五层梁⑯/Ⓒ-Ⓓ	500×203×10.29×16.03×16.00
85	五层梁⑲/Ⓒ-Ⓓ	502×198×10.57×16.02×16.02
86	五层梁⑤-⑥/Ⓒ	301×150×6.48×9.02×9.07
87	五层梁⑥-⑦/Ⓑ	299×151×6.39×8.94×9.07
88	五层梁⑬-⑭/Ⓔ	299×148×6.55×9.24×8.84
89	五层梁⑬-⑭/Ⓓ	301×153×6.73×8.9×8.78
90	五层梁⑮-⑯/Ⓒ	304×154×6.44×9.36×8.98
91	六层梁①/[1A]-Ⓐ	351×174×6.88×11.14×10.98
92	六层梁①/Ⓐ-Ⓑ	351×174×7.07×11.22×11.14
93	六层梁④/[1A]-Ⓐ	349×176×7.11×11.12×10.91
94	六层梁④/Ⓐ-Ⓑ	348×176×6.97×10.86×11.13
95	六层梁⑧/[1A]-Ⓐ	352×172×7.15×10.95×10.98
96	六层梁⑧/Ⓐ-Ⓑ	347×171×7.13×10.9×11.08
97	六层梁②/Ⓓ-Ⓔ	348×172×7.19×11.07×11.15
98	六层梁②/Ⓔ-[1E]	349×175×7.18×11.2×11.04
99	六层梁⑧/Ⓓ-Ⓔ	354×173×7.03×11.16×11.2
100	六层梁⑧/Ⓔ-[1E]	345×174×6.84×10.95×11

续表

序号	构件名称及部位	实测尺寸/mm
		高×宽×腹板×翼板（上翼板、下翼板）
101	六层梁⑨/Ⓔ-(1/E)	349×175×7.06×11.03×11.04
102	六层梁⑨/Ⓓ-Ⓔ	350×171×7.14×11.25×10.99
103	六层梁⑬/Ⓓ-Ⓔ	349×172×6.94×11.16×11.15
104	六层梁⑬/Ⓔ-(1/E)	348×179×7.21×10.98×11.11
105	六层梁③-③/Ⓐ	299×150×6.63×9.02×8.80
106	六层梁③-④/Ⓑ	300×149×6.24×9.21×8.91
107	六层梁⑧-⑨/Ⓒ	304×152×6.38×9.38×8.93
108	六层梁⑭-⑮/Ⓒ	304×153×6.57×9.01×8.96
109	七层梁①/(1/A)-Ⓐ	347×153×6.38×9.21×9.17
110	七层梁①/Ⓐ-Ⓑ	350×153×6.32×9.1×8.98
111	七层梁②/Ⓐ-Ⓑ	348×152×4.47×5.84×6.18
112	七层梁⑤/Ⓐ-Ⓑ	352×148×4.41×6.03×6.08
113	七层梁⑦/Ⓐ-Ⓑ	350×151×4.55×5.99×5.94
114	七层梁⑱/Ⓓ-Ⓔ	350×150×4.57×6.04×5.95
115	七层梁⑱/Ⓔ-(1/E)	354×147×4.55×6.19×6.11
116	七层梁⑲/Ⓓ-Ⓔ	349×150×4.55×5.97×6.10
117	七层梁⑲/Ⓔ-(1/E)	350×153×4.51×6.25×6.16
118	七层梁⑤/Ⓓ-Ⓔ	354×152×4.48×6.08×6.02
119	七层梁⑦/Ⓓ-Ⓔ	350×153×4.61×5.9×6.17
120	七层梁⑦/Ⓔ-(1/E)	346×150×4.43×5.89×5.97
121	七层梁⑥-⑦/Ⓒ	301×149×4.49×5.93×5.94
122	七层梁⑪-⑫/Ⓑ	296×151×4.62×6.11×6.25
123	七层梁⑬-⑭/Ⓒ	299×150×4.57×6.11×5.89
124	七层梁⑰-⑱/Ⓐ	302×149×4.55×6.12×5.98
125	七层梁⑱-⑲/Ⓓ	300×150×4.55×6.12×6.11

现场对钢结构连接节点进行检测，检测结果见表6-9。

表6-9　连接处螺栓布置汇总

序号	构件名称及位置	螺栓		
		螺栓端距/mm	螺栓孔距/mm	螺栓边距/mm
1	一层梁②/Ⓐ-Ⓑ南端	38	60	51
2	一层梁⑫/(1/E)-Ⓔ南端	35	70	69
3	一层梁⑬/Ⓒ-Ⓓ南端	45	60	25

续表

序号	构件名称及位置	螺栓		
		螺栓端距/mm	螺栓孔距/mm	螺栓边距/mm
4	二层梁⑧-⑨/Ⓑ东端	20	57	62
5	二层梁⑫/Ⓔ-(1/E)南端	48	65	64
6	二层梁④-⑤/Ⓐ东端	43	64	24
7	三层梁⑥-⑦/Ⓑ东端	34	62	60
8	三层梁①/(1/A)-Ⓐ南端	40	65	62
9	三层梁⑬/Ⓓ-Ⓔ北端	38	60	40
10	四层梁⑭-⑮/Ⓒ东端	40	56	38
11	四层梁⑲/Ⓒ-Ⓓ南端	20	59	60
12	四层梁⑬-⑭/Ⓓ东端	40	70	60
13	五层梁⑤-⑥/Ⓔ东端	40	70	70
14	五层梁⑤/Ⓒ-Ⓓ南端	40	55	20
15	五层梁⑤-⑥/Ⓒ东端	38	65	59
16	六层梁⑦-⑧/Ⓔ东端	35	70	64
17	六层梁①/Ⓔ-(1/E)南端	48	65	75
18	六层梁⑰-⑱/Ⓒ西端	44	70	30
19	七层梁④/Ⓐ-Ⓑ北端	37	60	70
20	七层梁⑩-⑪/Ⓑ东端	45	60	60
21	七层梁⑰-⑱/Ⓔ东端	40	65	25

在现场具备测量条件的位置进行建筑物倾斜测量，检测结果见表6-10。

表6-10 建筑倾斜测量结果

测量位置	倾斜方向	偏差值/mm	测斜高度/m	倾斜率/‰
东南角	—	—	—	—
	—	—	—	—
西南角	—	—	—	—
	—	—	—	—
西北角	南	15	19.0	0.8
	东	9	19.0	0.5
东北角	—	—	—	—
	—	—	—	—

注："—"表示现场条件限制，无法观测。

该建筑的可检处倾斜率为0.5‰～0.8‰，整体倾斜率未超过相关规范限值。

六、承载能力验算

依据《建筑结构荷载规范》(GB 50009—2012)《混凝土结构设计规范》(GB 50010—2010(2015版))和《钢结构设计标准》(GB 50017—2017)等规范，对该建筑的主要结构构件进行结构承载力验算。

鉴于该建筑结构图纸缺失，本次模型钢结构构件根据实测结构构件尺寸、材料强度，按实测参数并计入锈蚀等损伤情况进行复核计算，混凝土结构构件材料强度依据设计值、构件尺寸按实测参数并计入风化、锈蚀等损伤情况进行复核计算。荷载按照建筑结构现状及《工程结构通用规范》(GB 55001—2021)取值，荷载组合按照现行《建筑结构可靠性设计统一标准》(GB 50068—2018)的规定，采用PKPM软件建模计算，承载力验算参数见表6-11。

表6-11　承载力验算主要参数

分类	具体参数取值		
结构布置	现场检查、检测结果		
材料强度	钢柱	一层至五层钢柱	Q345
		六层至七层钢柱	Q235
	钢梁	一层至六层横向钢梁	Q345
		一层至七层纵向钢梁及七层横向钢梁	Q235
	柱	一层至五层	C25
荷载取值	风荷载	按50年重现期	0.45kN/m^2
	雪荷载	按50年重现期	0.40kN/m^2
	楼面	恒荷载(包括不板自重)	1.5kN/m^2
	梁上线荷载	恒荷载	2.5kN/m、2.0kN/m、1.5kN/m
	屋面板	恒荷载(包括不板自重)	2.5kN/m^2
	楼面	活荷载	2.0kN/m^2
	屋面(不上人)	活荷载	0.5kN/m^2
地震信息		抗震设防类别	丙类
地震分组		第二组	—
场地类别		Ⅱ类	—
地震烈度		8度(0.20g)	—
结构重要性系数 γ_0		1.0	

七、房屋结构安全性鉴定

依据《房屋结构综合安全性鉴定标准》(DB 11/637—2015)中3.2.5规定，对该建筑结构安全性进行鉴定，鉴定类别为Ⅲ类。

（一）构件安全性鉴定评级（上部承重结构）

根据《房屋结构综合安全性鉴定标准》（DB 11/637—2015），钢结构、混凝土结构构件的安全性鉴定，按承载能力、构造和连接、变形与损伤三个检查项目评定，并取其中最低一级作为该构件安全性等级。根据承载力计算结果及现场检查、检测结果，该建筑结构各层构件的安全性评定汇总结果见表 6-12。

表 6-12　房屋结构构件、楼层结构承载力鉴定评级汇总

楼层	构件集	构件	检查构件总数	检查构件级别和含量								结构评级		
				a_u	含量/%	b_u	含量/%	c_u	含量/%	d_u	含量/%	构件集评定		楼层评定
一层	主要构件	混凝土柱	44	44	100	0	0	0	0	0	0	A_u	C_u	C_u
		钢梁	200	192	96	4	2	0	0	4	2	C_u		
		钢柱	85	85	100	0	0	0	0	0	0	A_u		
	一般构件	钢次梁	8	5	62	1	13	0	0	2	25	D_u	D_u	
		顶板	480	480	100	0	0	0	0	0	0	A_u		
二层	主要构件	混凝土柱	44	44	100	0	0	0	0	0	0	A_u	C_u	C_u
		钢梁	200	192	96	4	2	0	0	4	2	C_u		
		钢柱	85	85	100	0	0	0	0	0	0	A_u		
	一般构件	钢次梁	8	5	62	1	13	0	0	2	25	D_u	D_u	
		顶板	480	480	100	0	0	0	0	0	0	A_u		
三层	主要构件	混凝土柱	44	44	100	0	0	0	0	0	0	A_u	C_u	C_u
		钢梁	200	192	96	4	2	0	0	4	2	C_u		
		钢柱	85	85	100	0	0	0	0	0	0	A_u		
	一般构件	钢次梁	8	5	62	1	13	0	0	2	25	D_u	D_u	
		顶板	480	480	100	0	0	0	0	0	0	A_u		
四层	主要构件	混凝土柱	44	44	100	0	0	0	0	0	0	A_u	C_u	C_u
		钢梁	200	192	95	3	2	1	1	4	2	C_u		
		钢柱	85	84	99	1	1	0	0	0	0	A_u		
	一般构件	钢次梁	8	5	62	1	13	0	0	2	25	D_u	D_u	
		顶板	480	480	100	0	0	0	0	0	0	A_u		
五层	主要构件	混凝土柱	44	44	100	0	0	0	0	0	0	A_u	A_u	C_u
		钢梁	200	200	100	0	0	0	0	0	0	A_u		
		钢柱	85	84	99	1	1	0	0	0	0	A_u		
	一般构件	钢次梁	8	5	62	1	13	0	0	2	25	D_u	D_u	
		顶板	480	480	100	0	0	0	0	0	0	A_u		

续表

楼层	构件集	构件	检查构件总数	检查构件级别和含量								结构评级		
				a_u	含量/%	b_u	含量/%	c_u	含量/%	d_u	含量/%	构件集评定		楼层评定
六层	主要构件	混凝土柱	—	—	—	—	—	—	—	—	—	—	D_u	D_u
		钢梁	236	234	99	0	0	0	0	2	1	C_u		
		钢柱	178	154	86	1	1	1	1	22	12	D_u		
	一般构件	钢次梁	8	8	100	0	0	0	0	0	0	A_u	A_u	
		顶板	480	480	100	0	0	0	0	0	0	A_u		
七层	主要构件	混凝土柱	—	—	—	—	—	—	—	—	—	—	D_u	D_u
		钢梁	235	193	82	28	12	9	4	5	2	C_u		
		钢柱	178	156	87	0	0	0	0	22	13	D_u		
	一般构件	钢次梁	—	—	—	—	—	—	—	—	—	—	A_u	
		顶板	440	440	100	0	0	0	0	0	0	A_u		
突出屋面	主要构件	混凝土柱	—	—	—	—	—	—	—	—	—	—	D_u	D_u
		钢梁	9	9	100	0	0	0	0	0	0	A_u		
		钢柱	8	6	75	0	0	0	0	2	25	D_u		
	一般构件	钢次梁	4	2	50	0	0	0	0	2	50	D_u	D_u	
		顶板	12	12	100	0	0	0	0	0	0	A_u		

（二）子单元安全性鉴定评级

根据《房屋结构综合安全性鉴定标准》（DB 11/637—2015），第二层次鉴定评级应按地基基础、上部承重结构划分为两个子单元。

1. 地基基础子单元的安全性鉴定评级

根据现场检查结果，该建筑上部构件未出现因地基基础不均匀沉降所引起的裂缝或变形，结构整体未出现倾斜现象，结合建筑周边环境及建筑自身上部结构状况判断，该建筑物地基和基础无明显缺陷，基本满足承载力和稳定性要求。依据《房屋结构综合安全性鉴定标准》（DB 11/637—2015）中 5.3 关于地基基础的评级规定，对地基基础安全性等级评定为 A_u 级。

2. 上部承重结构楼层子单元的安全性鉴定评级

（1）上部承重结构楼层承载功能等级

①主要构件的安全性等级

根据结构主要构件的安全性评级，按层统计主要构件的各等级数量计算百分比；依据《房屋结构综合安全性鉴定标准》（DB 11/637—2015）中 3.4.5 规定，对各层主要构件的安全性等级进行评定，评定结果见表 6-12。

②一般构件的安全性等级

根据结构一般构件的安全性评级，按层统计一般构件的各等级数量计算百分比；依据《房屋结构综合安全性鉴定标准》（DB 11/637—2015）中 3.4.5 规定，对各层一般构件的安全性等级进行评定，评定结果见表 6-12。

③各层安全性等级

依据《房屋结构综合安全性鉴定标准》（DB 11/637—2015）中 3.4.7 规定，对该建筑各层的安全性进行评定，评定结果见表 6-12。

④上部结构承载能力的安全性等级评定

依据《房屋结构综合安全性鉴定标准》（DB 11/637—2015）中 3.4.8 规定，对该建筑上部结构承载能力的安全性等级进行评定，评定结果为表 6-12。

（2）结构整体牢固性等级

依据《房屋结构综合安全性鉴定标准》（DB 11/637—2015）中 3.4.4 规定，对结构上部承重结构整体性等级按结构布置及构造、支撑系统或其他抗侧力系统的构造、结构、构件间的联系和圈梁及构造柱的布置与构造等项目进行评定。

根据现场检查结果，一层至五层 1/A 轴及 1/E 轴上的原结构混凝土柱为单方向受力，其他位置布置基本合理，基本形成完整体系，且结构选型、传力路线基本正确，对结构整体性等级评定，评定等级为 B_u 级。

（3）上部承重结构安全性等级

依据《房屋结构综合安全性鉴定标准》（DB 11/637—2015）中 3.4.8 规定，对上部承重结构安全性等级评定，评定等级为 D_u 级。

综上所述，该房屋结构安全性鉴定评级结果见表 6-13。

表 6-13　房屋结构安全性鉴定评级结果

<table>
<tr><td>鉴定项目</td><td colspan="6">子单元鉴定评级</td><td>鉴定单元鉴定评级</td></tr>
<tr><td rowspan="11">安全性鉴定</td><td rowspan="2">地基基础</td><td>地基变形评级</td><td colspan="3">A_u</td><td rowspan="2">A_u</td><td rowspan="11">D_{su}</td></tr>
<tr><td>基础承载力评级</td><td colspan="3">—</td></tr>
<tr><td rowspan="9">上部承重结构</td><td rowspan="8">楼层结构安全性鉴定评级</td><td>一层</td><td>C_u</td><td rowspan="8">D_u</td><td rowspan="9">D_u</td></tr>
<tr><td>二层</td><td>C_u</td></tr>
<tr><td>三层</td><td>C_u</td></tr>
<tr><td>四层</td><td>C_u</td></tr>
<tr><td>五层</td><td>C_u</td></tr>
<tr><td>六层</td><td>D_u</td></tr>
<tr><td>七层</td><td>D_u</td></tr>
<tr><td>突出屋面层</td><td>D_u</td></tr>
<tr><td>结构整体性评级</td><td colspan="3">B_u</td></tr>
</table>

注：D_{su}——安全性极不符合国家现行标准规范的安全性要求，已影响整体安全性能，必须立即采取措施。

八、房屋结构抗震性能鉴定

依据《建筑抗震设计规范》（GB 50011—2010）（2016 年版）和《房屋结构综合安全性鉴定标准》（DB 11/637—2015），按北京地区丙类建筑、C 类房屋（后续使用 50 年）、8 度（0.20g）抗震设防要求，对该建筑抗震能力进行鉴定。

（一）场地、地基和基础抗震能力鉴定评级

依据《房屋结构综合安全性鉴定标准》（DB 11/637—2015）中 5.1.3 规定，该建筑为地基基础无严重静载缺陷的丙类建筑，地基主要受力层范围内不存在严重不均匀地基，以地基基础安全性鉴定结果作为地基基础抗震鉴定结果。

（二）上部结构抗震能力鉴定评级

该建筑为内部钢框架结构与外围混凝土排架柱（一层至五层为混凝土排架柱，六层及七层为钢框架柱）组成的混合结构体系，对于该混合体系的抗震能力评定，无现行标准可依据。结合该结构的现场检查、检测情况，参考多层钢框架结构对其抗震能力进行评价，评定的原则如下。

钢结构部分抗震等级按三级、混凝土结构部分抗震等级按二级考虑。

（1）对结构体系与结构布置、房屋最大高宽比、楼盖设置参考多层钢框架结构进行抗震宏观控制评定。

（2）对内部框架柱构件长细比、板件宽厚比、柱脚构造、节点连接构造参考多层钢框架结构进行抗震宏观控制评定。

（3）对外围一层至五层混凝土柱截面尺寸、轴压比、纵向钢筋配置、箍筋配置等抗震构造措施参考框架柱进行抗震宏观控制评定。

依据《房屋结构综合安全性鉴定标准》（DB 11/637—2015）中 8.4.2 和 7.4.15 规定，按钢框架结构（部分构件按混凝土结构构件）房屋抗震宏观控制和抗震承载力两个项目进行评定。

1. 抗震宏观控制评级

根据检查、检测及计算结果可知，该建筑存在最大层间位移角、层间位移比、强柱弱梁等不满足《建筑抗震设计规范》（GB 50011—2010）（2016 年版）。

多层钢框架结构抗震构造措施鉴定结果汇总见表 6-14；混凝土柱抗震构造措施鉴定结果汇总见表 6-15。

表 6-14　钢框架抗震措施鉴定结果汇总

检测内容		规范规定	检测结果	鉴定结果
一般规定	结构体系与结构布置	框架体系或框架支撑体系	一层至五层①/Ⓐ轴及①/Ⓔ轴混凝土柱单方向受力	不满足要求
	房屋最大高度	烈度 8 度，90m（框架）	21.7m	满足要求
	框架结构跨数	丙类设防，不宜为单跨框架	多跨框架	满足要求
	最大高宽比	烈度 8 度，6.0	0.62	满足要求
	楼盖	宜采用压型钢板现浇混凝土组合楼板或钢筋混凝土楼板，并应与钢梁有可靠连接	钢筋混凝土楼板，并应与钢梁有可靠连接	满足要求

续表

检测内容		规范规定	检测结果	鉴定结果
构造措施	框架柱长细比	三级不应大于 $100\sqrt{235/f_{ay}}$	六层及七层部分柱不满足，具体构件位置见计算结果	不满足要求
	框架梁、柱板件宽厚比	见表 8.3.2	部分柱构件径厚比不满足要求，部分梁构件宽厚比及高厚比超限，具体构件位置见计算结果	不满足要求
	柱脚构造	宜采用埋入式，也可采用外包式	埋入式	满足要求
	钢结构节点连接构造	梁柱构件的侧向支撑，梁与柱的连接构造	1. 梁受压翼缘无侧向支撑； 2. 柱贯通、圆柱、梁柱刚接	基本满足要求

注：抗震鉴定按照《建筑抗震设计规范》(GB 50011—2010（2016 版)）要求进行。

表 6-15　混凝土柱抗震措施鉴定结果汇总

检测内容		规范规定	检测结果	鉴定结果
构造措施	截面尺寸	不宜小于 400mm	500mm×650mm	满足要求
	轴压比	表 6.3.6	0.09	满足要求
	纵向钢筋配置	见 6.3.7	1.1%	满足要求
	箍筋配置	见 6.3.7	柱箍筋加密区指标不满足	不满足要求

注：抗震鉴定按照《建筑抗震设计规范》(GB 50011—2010)（2016 年版）要求进行鉴定。

2. 抗震承载力评级

根据抗震承载力计算结果，依据《房屋结构综合安全性鉴定标准》(DB 11/637—2015）中 8.4.4 规定，房屋抗震承载力评定等级见表 6-16。

表 6-16　构件承载力评级结果

楼层	构件集	构件	检查构件总数	检查构件级别和含量								结构评级	
				a_u	含量/%	b_u	含量/%	c_u	含量/%	d_u	含量/%	构件集评定	楼层评定
一层	主要构件	混凝土柱	44	44	100	0	0	0	0	0	0	A_u	
		钢梁	200	192	96	4	2	0	0	4	2	C_u	C_u
		钢柱	85	85	100	0	0	0	0	0	0	A_u	
	一般构件	钢次梁	8	5	62	1	13	0	0	2	25	D_u	D_u
		顶板	480	480	100	0	0	0	0	0	0	A_u	
一层													C_u
二层	主要构件	混凝土柱	44	44	100	0	0	0	0	0	0	A_u	
		钢梁	200	192	96	4	2	0	0	4	2	C_u	C_u
		钢柱	85	85	100	0	0	0	0	0	0	A_u	
	一般构件	钢次梁	8	5	62	1	13	0	0	2	25	D_u	D_u
		顶板	480	480	100	0	0	0	0	0	0	A_u	
二层													C_u

续表

楼层	构件集	构件	检查构件总数	检查构件级别和含量								结构评级		
				a_u	含量/%	b_u	含量/%	c_u	含量/%	d_u	含量/%	构件集评定		楼层评定
三层	主要构件	混凝土柱	44	44	100	0	0	0	0	0	0	A_u	C_u	C_u
		钢梁	200	192	96	4	2	0	0	4	2	C_u		
		钢柱	85	85	100	0	0	0	0	0	0	A_u		
	一般构件	钢次梁	8	5	62	1	13	0	0	2	25	D_u	D_u	
		顶板	480	480	100	0	0	0	0	0	0	A_u		
四层	主要构件	混凝土柱	44	44	100	0	0	0	0	0	0	A_u	C_u	C_u
		钢梁	200	192	95	3	2	1	1	4	2	C_u		
		钢柱	85	85	100	0	0	0	0	0	0	A_u		
	一般构件	钢次梁	8	5	62	1	13	0	0	2	25	D_u	D_u	
		顶板	480	480	100	0	0	0	0	0	0	A_u		
五层	主要构件	混凝土柱	44	44	100	0	0	0	0	0	0	A_u	A_u	C_u
		钢梁	200	200	100	0	0	0	0	0	0	A_u		
		钢柱	85	84	99	1	1	0	0	0	0	A_u		
	一般构件	钢次梁	8	5	62	1	13	0	0	2	25	D_u	D_u	
		顶板	480	480	100	0	0	0	0	0	0	A_u		
六层	主要构件	混凝土柱	—	—	—	—	—	—	—	—	—	—	D_u	D_u
		钢梁	236	234	99	0	0	0	0	2	1	C_u		
		钢柱	178	154	86	1	1	1	1	22	12	D_u		
	一般构件	钢次梁	8	8	100	0	0	0	0	0	0	A_u	A_u	
		顶板	480	480	100	0	0	0	0	0	0	A_u		
七层	主要构件	混凝土柱	—	—	—	—	—	—	—	—	—	—	D_u	D_u
		钢梁	235	193	82	28	12	9	4	5	2	C_u		
		钢柱	178	158	89	0	0	0	0	20	11	D_u		
	一般构件	钢次梁	—	—	—	—	—	—	—	—	—	—	A_u	
		顶板	440	440	100	0	0	0	0	0	0	A_u		
突出屋面层	主要构件	混凝土柱	—	—	—	—	—	—	—	—	—	—	D_u	D_u
		钢梁	9	9	100	0	0	0	0	0	0	A_u		
		钢柱	8	6	75	0	0	0	0	2	25	D_u		
	一般构件	钢次梁	4	2	50	0	0	0	0	2	50	D_u	D_u	
		顶板	12	12	100	0	0	0	0	0	0	A_u		

3. *房屋抗震能力鉴定评级*

依据《房屋结构综合安全性鉴定标准》（DB 11/637—2015）中 3.5.9 规定，根据场地、地基和基础抗震能力等级和上部结构抗震能力等级，对房屋抗震能力进行鉴定评级。

房屋抗震能力等级结果详见表6-17。

表6-17 房屋结构安全性鉴定评级结果

<table>
<tr><td>鉴定项目</td><td colspan="6">子单元鉴定评级</td><td>鉴定单元鉴定评级</td></tr>
<tr><td rowspan="11">安全性鉴定</td><td rowspan="2">地基基础</td><td>地基变形评级</td><td colspan="3">A_u</td><td rowspan="2">A_u</td><td rowspan="11">D_{se}</td></tr>
<tr><td>基础承载力评级</td><td colspan="3">—</td></tr>
<tr><td rowspan="9">上部承重结构</td><td rowspan="8">楼层结构抗震承载力评级</td><td>一层</td><td>C_u</td><td rowspan="8">D_u</td><td rowspan="9">D_u</td></tr>
<tr><td>二层</td><td>C_u</td></tr>
<tr><td>三层</td><td>C_u</td></tr>
<tr><td>四层</td><td>C_u</td></tr>
<tr><td>五层</td><td>C_u</td></tr>
<tr><td>六层</td><td>D_u</td></tr>
<tr><td>七层</td><td>D_u</td></tr>
<tr><td>突出屋面</td><td>D_u</td></tr>
<tr><td>抗震宏观控制评级</td><td colspan="3">D_u</td></tr>
</table>

注：D_{se}——严重不符合现行国家标准《建筑抗震鉴定标准》（GB 50023—2009）和《房屋结构综合安全性鉴定标准》（DB 11/637—2015）的抗震能力要求，严重影响整体抗震性能，必须立即采取整体加固。

九、房屋综合安全性鉴定评级

依据《房屋结构综合安全性鉴定标准》（DB 11/637—2015）中3.4的相关规定，对该改造工程的综合安全性的鉴定结论如下。

（1）该建筑安全性鉴定等级为D_{su}级。

（2）该建筑的抗震能力等级为D_{se}级，D_{se}严重不符合现行国家标准《建筑抗震鉴定标准》（GB 50023—2009）和《房屋结构综合安全性鉴定标准》（DB 11/637—2015）的抗震能力要求，严重影响整体抗震性能，必须立即采取整体加固。

综上所述，该改造工程的综合安全性等级为D_{eu}级。房屋结构安全性严重不符合安全性要求，已严重影响整体安全，建筑抗震能力整体严重不符合现行国家标准《建筑抗震鉴定标准》（GB 50023—2009）和《房屋结构综合安全性鉴定标准》（DB 11/637—2015）的要求，在后续使用年限内显著影响整体抗震性能。[北京地区丙类建筑、C类房屋——后续使用50年、8度（0.20g）抗震设防]。

十、房屋结构危险性复核

使用《危险房屋鉴定标准》（JGJ 125—2016）进行房屋危险性复核鉴定。该建筑原混凝土结构建于1994年，钢结构建于2016年，依据《危险房屋鉴定标准》（JGJ 125—2016）中5.1.2规定，该建筑房屋混凝土结构构件属于Ⅱ类，钢结构构件属于Ⅲ类，混凝土构件结构构件抗力与效应之比的调整系数取1.10，钢构件结构构件抗力与效应之比的调整系数取1.00。

(一)第一阶段鉴定(地基危险性鉴定)

根据《危险房屋鉴定标准》(JGJ 125—2016),地基的危险性鉴定包括地基承载力、地基沉降、土体位移等内容。

地基危险性状态鉴定应符合下列规定。

(1)可通过分析房屋近期沉降、倾斜观测资料和其上部结构因不均匀沉降引起的反应的检查结果进行判定。

(2)必要时,宜通过地质勘察报告等资料对地基的状态进行分析和判断,缺乏地质勘察资料时,宜补充地质勘察。

通过现场检查发现,该建筑近期没有出现由于地基危险状态而导致的沉降速率过大、上部结构构件出现严重裂缝、房屋倾斜过大等现象,因此评定地基为非危险状态。

(二)第二阶段鉴定(基础及上部结构危险性鉴定)

1. 构件危险性鉴定(第一层次)

(1)基础构件危险性鉴定

根据《危险房屋鉴定标准》(JGJ 125—2016),基础构件的危险性鉴定应包括基础构件的承载能力、构造与连接、裂缝和变形等内容。

基础构件的危险性鉴定应符合下列规定。

①可通过分析房屋近期沉降、倾斜观测资料和其因不均匀沉降引起上部结构反应的检查结果进行判定。判定时,应检查基础与承重砖墙连接处的水平、竖向和斜向阶梯形裂缝状况,基础与框架柱根部连接处的水平裂缝状况,房屋的倾斜位移状况,地基滑坡、稳定、特殊土质变形和开裂等状况。

②必要时,宜结合开挖方式对基础构件进行检测,通过验算承载力进行判定。

通过现场检查,未发现该建筑近期有明显沉降、倾斜,也未发现因地基不均匀沉降引起上部结构的裂缝、位移等不良反应,故判断该建筑基础构件均为非危险构件,基础总数为129个,基础危险构件数为0个,基础危险构件综合比例为0%,基础危险等级为A_u级。

(2)混凝土结构构件危险性鉴定

根据《危险房屋鉴定标准》(JGJ 125—2016),混凝土结构构件的危险性鉴定应包括承载能力、构造与连接和变形等内容。

混凝土结构构件检查应包括下列主要内容。

①查明墙、柱、梁、板及屋架的受力裂缝和钢筋锈蚀状况。

②查明柱根和柱顶的裂缝状况。

③查明屋架倾斜以及支撑系统的稳定性状况。

根据现场检查、检测及计算结果,依据5.4.3规定,主要混凝土受力构件总数及危险构件数见表6-18。

(3)钢结构构件危险性鉴定

根据《危险房屋鉴定标准》(JGJ 125—2016),钢结构构件的危险性鉴定应包括承载能力、构造与连接、变形等内容。

钢结构构件重点检查应包括下列主要内容。

①检查各连接节点的焊缝、螺栓、铆钉等情况。

②检查钢柱与连接形式,支撑杆件,柱脚与基础部位的损坏情况。

③检查钢屋架杆件弯曲、截面扭曲、节点板弯折情况和钢屋架挠度、侧向倾斜等偏差情况。

通过现场检查、检测及计算结果，依据 5.6.3 规定，主要钢结构受力构件总数及危险构件数见表 6-18。

（4）围护结构承重构件危险性鉴定

根据《危险房屋鉴定标准》（JGJ 125—2016），围护结构承重构件的危险性鉴定应包括承载能力、构造和连接、变形等内容。

根据现场检查、检测结果，依据 5.7.3 规定，围护结构总数及危险构件数见表 6-18。

表 6-18　结构主要受力构件危险情况汇总

构件名称		中柱	边柱	角柱	中梁	边梁	次梁	楼（屋）板	围护构件
一层	构件总数	85	40	4	192	8	8	144	377
	危险构件数	0	0	0	0	4	2	0	9
二层	构件总数	85	40	4	200	8	8	144	383
	危险构件数	0	0	0	0	4	2	0	3
三层	构件总数	85	40	4	200	8	8	144	364
	危险构件数	0	0	0	0	4	2	0	2
四层	构件总数	85	40	4	200	8	8	144	383
	危险构件数	0	0	0	0	4	2	0	2
五层	构件总数	85	40	4	200	8	8	144	383
	危险构件数	0	0	0	0	4	2	0	2
六层	构件总数	127	47	4	200	44	8	144	383
	危险构件数	22	0	0	2	0	0	0	2
七层	构件总数	128	52	8	191	44	4	144	394
	危险构件数	20	2	0	2	3	2	0	14

2. 楼层危险性鉴定（第二层次）

上部结构各楼层的危险构件综合比例依据《危险房屋鉴定标准》（JGJ 125—2016）公式 6.3.3 进行计算和评定，通过现场检查，该建筑各层构件数量及评定结果见表 6-19。

表 6-19　楼层构件评价汇总

楼层	楼层危险构件综合比例/%	楼层危险性等级
基础	0	A_u 级
一层	1.26	B_u 级
二层	0.79	B_u 级
三层	0.73	B_u 级
四层	0.72	B_u 级
五层	0.72	B_u 级
六层	5.32	C_u 级
七层	6.33	C_u 级

3. 房屋整体结构危险性鉴定（第三层次）

依据《危险房屋鉴定标准》（JGJ 125—2016）中 6.3 综合评定方法确定房屋整体结构危险性等级，整体结构危险构件综合比例 R 按公式 6.3.5 确定。

综上检查、检测结果，该建筑结构危险构件综合比例见表 6-20。

表 6-20　房屋危险性鉴定等级汇总

房屋危险性综合比例/%	房屋危险性等级
2.33	B

注：B 级——个别结构构件评定为危险构件，但不影响主体结构安全，基本满足安全使用要求。

十一、房屋结构安全性鉴定结论及处理建议

（一）鉴定结论

依据《房屋结构综合安全性鉴定标准》（DB 11/637—2015）中 3.4 的相关规定，对该改造工程综合安全性的鉴定结论如下。

（1）该建筑安全性鉴定等级为 D_{su} 级。

（2）该建筑的抗震能力等级为 D_{se} 级。

综上所述，该改造工程综合安全性等级为 D_{eu} 级。房屋结构安全性严重不符合本标准的安全性要求，已严重影响整体安全，建筑抗震能力整体严重不符合现行国家标准《建筑抗震鉴定标准》（GB 50023—2009）和《房屋结构综合安全性鉴定标准》（DB 11/637—2015）的要求，在后续使用年限内显著影响整体抗震性能。[北京地区丙类建筑、C 类房屋—后续使用 50 年、8 度（0.20g）抗震设防]。

对按《房屋结构综合安全性鉴定标准》（DB 11/637—2015）鉴定安全性等级为 D_{eu} 级的丰台区马家堡嘉园煤库改造工程整体，使用《危险房屋鉴定标准》（JGJ 125—2016）进行房屋危险性复核鉴定，该改造工程整体危险性等级评定为 B 级。（B 级——个别结构构件评定为危险构件，但不影响主体结构安全，基本满足安全使用要求）

（二）处理建议

（1）委托相关设计及加固施工单位对建筑整体进行加固处理。

（2）对防腐涂层老化、脱落区域重新进行涂刷，对钢构件锈蚀区域及时进行专业修复处理，对该建筑钢结构构件进行涂刷防火涂层。

（3）该建筑若后续进行使用，使用人及所有人未经具有专业资质的单位进行设计或鉴定时，不应随意改变原有结构布置及使用功能。

（4）该建筑若后续进行使用，使用人及所有人应定期对建筑进行检查、维护，若发现有异常情况，如结构构件出现倾斜、裂缝、变形等异常情况，应及时采取安全措施进行处理并报告有关部门，以确保安全。

第三部分

危房鉴定

第七章　混凝土结构

案例七　某酒店危房鉴定

一、房屋建筑概况

酒店项目位于北京市丰台区南宫村，该建筑建于2009年，结构形式为地下一层、地上三层钢筋混凝土框架结构。建筑总长度约为88.6m，建筑总宽度约为24.6m，地下一层层高4.5m，地上一层层高为4.8m，地上二层层高为3.3m，地上三层层高为3.0m，突出屋面层高约为5.0m，室内外高差0.75m，建筑总高度约为11.85m。建筑面积为8366.50m^2，本次鉴定面积为8366.50m^2。该建筑施工单位为北京恒业宏达建筑工程有限责任公司，设计单位监理单位不详，委托方提供结构竣工图纸一份。

该房屋结构概况如下。

（1）地基：持力层为粉质黏土层，地基承载力特征值为120kPa。

（2）基础：基础为独立基础、墙下条基加防水板。

（3）上部承重结构：该建筑主要承重构件为现浇钢筋混凝土梁、柱。地下一层至地上三层楼板为现浇混凝土板，屋面层为混凝土斜梁，屋面板为彩钢夹芯板。混凝土强度等级为地下一层至地上一层墙、柱C40，梁、板为C35，地上二层及以上墙、梁、板、柱强度等级均为C30，钢筋强度等级为HRB335。

（4）围护结构承重构件：围护结构墙体采用烧结普通砖及陶粒空心砌块等材料墙砌筑而成，围护墙厚为120mm、200mm、300mm。屋面檩条为钢檩条，檩条间距约为1.5m，屋面板为彩钢夹芯板。

为了解该房屋的危险性，委托方特委托中国国检测试控股集团股份有限公司对酒店结构实体进行第三方危险性检测鉴定。建筑外观见图7-1，主体结构布置示意图见图7-2～图7-7。

图7-1　建筑外观

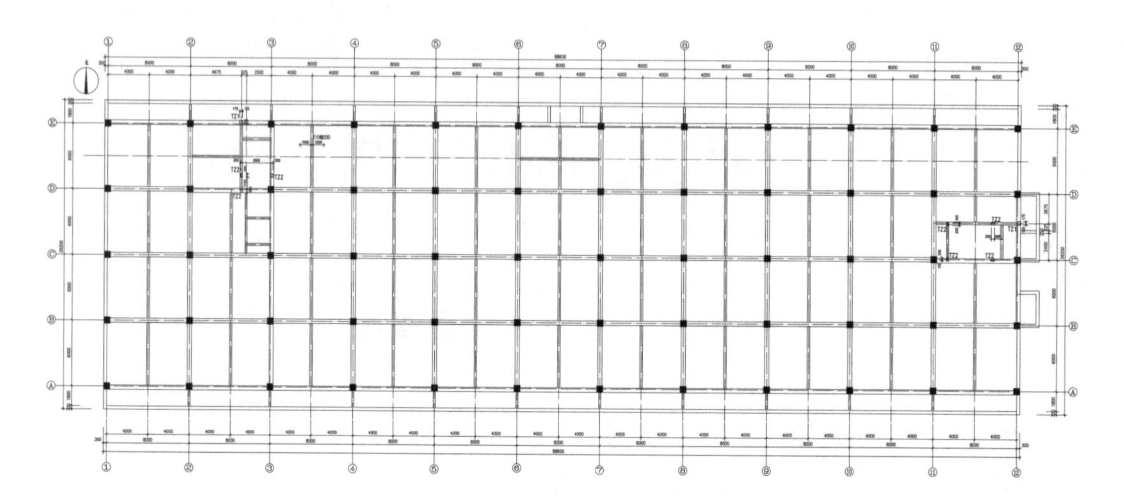

图 7-2　地下一层结构布置意图（单位：mm）

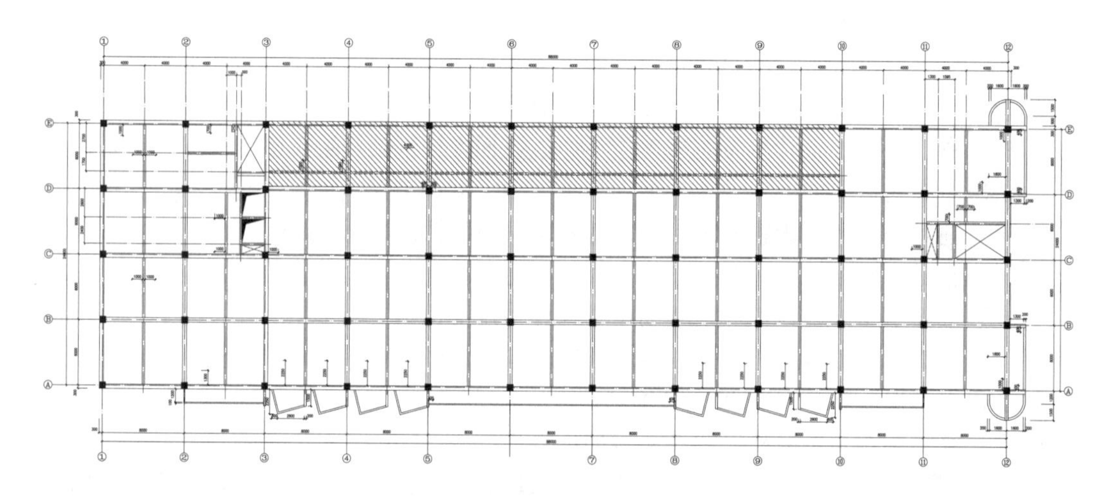

图 7-3　地上一层结构布置意图（单位：mm）

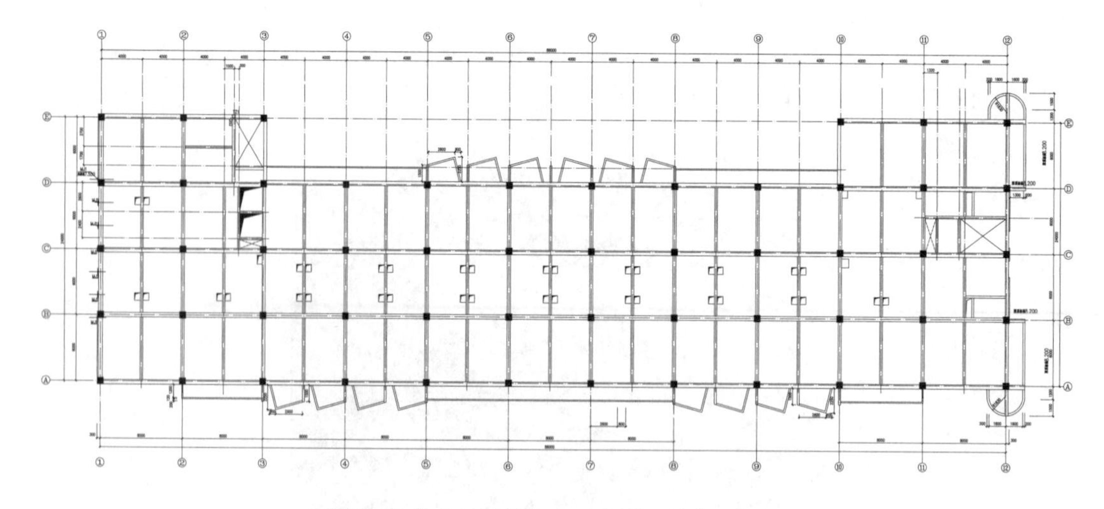

图 7-4　地上二层结构布置意图（单位：mm）

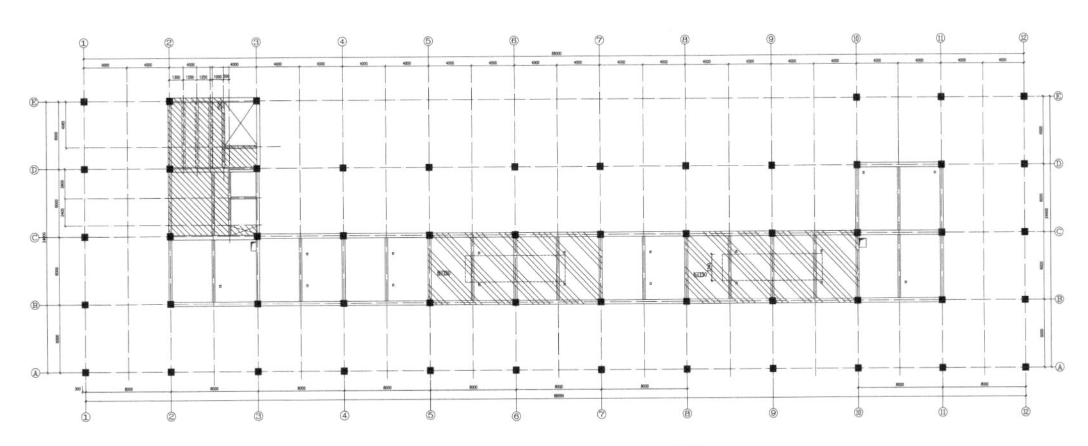

图 7-5　地上三层结构布置意图（单位：mm）

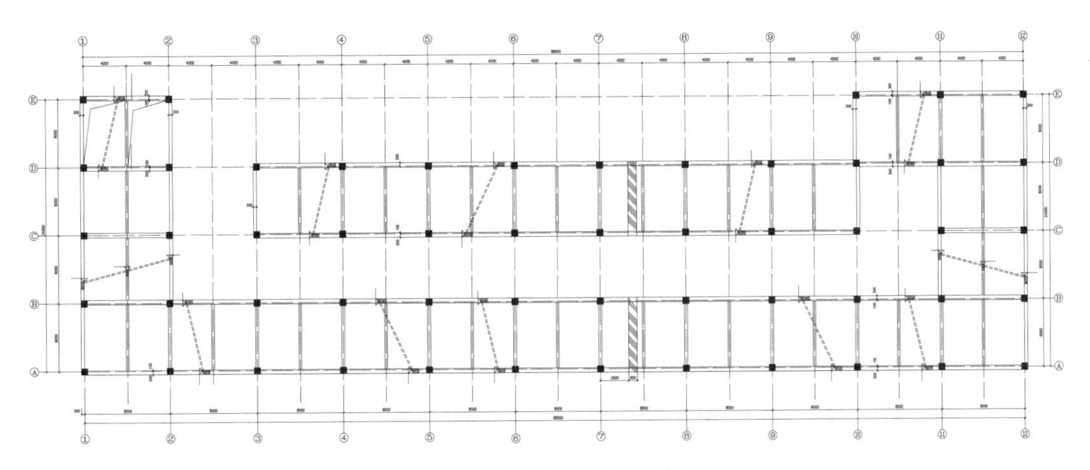

图 7-6　屋面层结构布置意图（单位：mm）

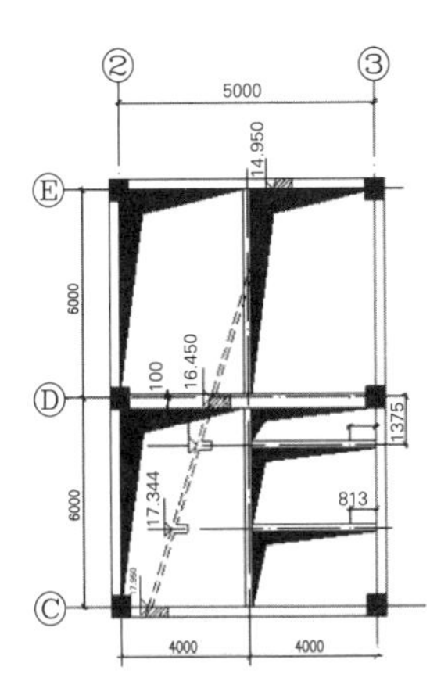

图 7-7　突出屋面部分结构布置意图（单位：mm）

二、鉴定范围和内容

（一）鉴定范围

对该酒店主体结构进行鉴定。

（二）鉴定内容

（1）建筑结构使用条件与环境检查。

对建筑结构使用条件与环境进行检查。

（2）地基。

通过对建筑物现状及沉降、变形等情况进行检查。

（3）基础和上部结构现状检查。

（4）围护结构承重部分现状检查。

（5）上部承重结构检测。

①混凝土强度——使用混凝土回弹仪对混凝土强度进行检测。

②钢筋配置——使用钢筋扫描仪对钢筋配置进行检测。

③构件尺寸——使用钢卷尺对构件尺寸进行检测。

④整体倾斜——使用全站仪进行检测。

（6）对该房屋整体承载力进行计算。

（7）房屋危险性鉴定。

根据检查、检测及计算结果，依据《危险房屋鉴定标准》（JGJ 125—2016）对该房屋结构危险性进行鉴定，并提出相关处理意见。

三、检测鉴定的依据和设备

（一）检测鉴定依据

（1）《建筑结构检测技术标准》（GB/T 50344—2019）。

（2）《混凝土结构现场检测技术标准》（GB/T 50784—2013）。

（3）《回弹法检测混凝土抗压强度技术规程》（JGJ/T 23—2011）。

（4）《混凝土中钢筋检测技术标准》（JGJ/T 152—2019）。

（5）《混凝土结构工程施工质量验收规范》（GB 50204—2015）。

（6）《混凝土结构设计规范》（GB 50010—2010）（2015 年版）。

（7）《建筑结构荷载规范》（GB 50009—2012）。

（8）《建筑结构可靠性设计统一标准》（GB 50068—2018）。

（9）《民用建筑可靠性鉴定标准》（GB 50292—2015）。

（10）《建筑变形测量规范》（JGJ 8—2016）。

（11）《工程结构通用规范》（GB 55001—2021）。

（12）《危险房屋鉴定标准》（JGJ 125—2016）。

（二）检测设备

（1）激光测距仪（ZT-213）。

（2）钢卷尺（ZT-195）。

（3）一体式数字回弹仪（ZT-168、ZT-169）。

（4）钢筋扫描仪（ZT-178）。

（5）碳化深度尺（ZT-204）。

（6）全站仪（ZT-035）。

（7）数码照相机。

四、现场检查、检测情况

于 2022 年 11 月 10 日至 11 月 22 日对该工程建筑现状进行了现场检查、检测，具体结果如下。

（一）建筑结构使用条件与环境检查

根据委托方提供的资料及现场检查和调查，该建筑现状为地下一层为空置状态，地上一层主要为会议及客房用房使用，地上二层至地上三层主要为客房使用。使用条件及环境未见明显异常。

（二）建筑地基现状检查

通过现场结构现状检查，未发现该建筑有影响房屋安全的明显沉降和倾斜，未发现由于地基承载力不足或不均匀沉降所造成的上部构件节点脱开和构件损伤。

（三）建筑基础和上部承重结构现状检查

该建筑结构为钢筋混凝土框架结构，主要承重构件为钢筋混凝土梁、柱。地下一层至地上三层楼板为现浇混凝土板，屋面层为混凝土斜梁，屋面板为彩钢夹芯板。

通过现场结构现状检查，未发现该建筑有影响房屋安全的明显沉降和倾斜，未发现由于基础老化、腐蚀、酥碎所造成的上部结构出现明显倾斜、位移、变形等现象。

该建筑结构布置与所提供的图纸资料基本相符，结构布置合理，能形成完整传力体系，整体牢固性较好，主要承重构件外观质量基本完好，未发现明显的倾斜、歪扭、变形等现象以及明显影响结构安全性的缺陷及损伤，未发现明显裂缝。混凝土构件未发现钢筋锈蚀、混凝土脱落、露筋等现象。

（四）围护结构现状检查

经现场检查，围护构件墙体等构件外观质量基本完好，未发现明显的倾斜、歪扭等现象以及明显影响结构安全性的缺陷及损伤，装饰层未见开裂、起鼓、脱落等现象。

（五）上部承重结构现场检测结果

1. 混凝土强度

采用回弹法对该建筑可检区域内构件混凝土强度进行抽检检测，应委托方要求不进行钻芯修正，依据《民用建筑可靠性鉴定标准》（GB 50292—2015）附录 K 中老龄混凝土回弹值龄期修正的规定，混凝土浇筑时间约为 2009 年，依据表 K.0.3 混凝土抗压强度换算值修正系数取 0.95，检测结果见表 7-1、表 7-2。

表 7-1　回弹法检测混凝土柱强度汇总

<table>
<tr><th rowspan="2">检验批</th><th rowspan="2">序号</th><th rowspan="2">构件名称及位置</th><th colspan="3">批抗压强度换算值/MPa</th><th rowspan="2">混凝土设计强度等级</th></tr>
<tr><th>测区强度平均值</th><th>标准差</th><th>换算强度平均值</th></tr>
<tr><td rowspan="4">地下一层混凝土柱</td><td>1</td><td>地下一层柱②/Ⓔ</td><td rowspan="4">47.0</td><td rowspan="4">3.21</td><td rowspan="4">41.7</td><td rowspan="4">C40</td></tr>
<tr><td>2</td><td>地下一层柱④/Ⓔ</td></tr>
<tr><td>3</td><td>地下一层柱⑪/Ⓑ</td></tr>
<tr><td>4</td><td>地下一层柱⑫/Ⓑ</td></tr>
</table>

续表

检验批	序号	构件名称及位置	批抗压强度换算值/MPa			混凝土设计强度等级
			测区强度平均值	标准差	换算强度平均值	
地下一层混凝土柱	5	地下一层柱⑧/Ⓔ	47.0	3.21	41.7	C40
	6	地下一层柱⑧/Ⓓ				
	7	地下一层柱⑦/Ⓔ				
	8	地下一层柱⑩/Ⓔ				
	9	地下一层柱⑪/Ⓔ				
	10	地下一层柱⑦/Ⓓ				
	11	地下一层柱④/Ⓓ				
	12	地下一层柱③/Ⓒ				
	13	地下一层柱⑥/Ⓔ				
地上一层混凝土柱	1	地上一层柱②/Ⓓ	44.9	2.53	40.7	C40
	2	地上一层柱②/Ⓑ				
	3	地上一层柱②/Ⓒ				
	4	地上一层柱④/Ⓒ				
	5	地上一层柱⑤/Ⓑ				
	6	地上一层柱⑤/Ⓒ				
	7	地上一层柱⑥/Ⓑ				
	8	地上一层柱⑥/Ⓐ				
	9	地上一层柱③/Ⓒ				
	10	地上一层柱④/Ⓑ				
	11	地上一层柱④/Ⓐ				
	12	地上一层柱⑩/Ⓒ				
	13	地上一层柱⑪/Ⓒ				
地上二层至顶层混凝土柱	1	地上二层柱②/Ⓒ	38.7	2.53	34.5	C30
	2	地上二层柱②/Ⓓ				
	3	地上二层柱③/Ⓒ				
	4	地上二层柱⑪/Ⓒ				
	5	地上二层柱⑩/Ⓒ				
	6	地上二层柱⑩/Ⓓ				
	7	地上二层柱⑪/Ⓓ				
	8	地上二层柱⑫/Ⓓ				
	9	地上三层柱⑪/Ⓒ				
	10	地上三层柱⑩/Ⓒ				
	11	地上三层柱⑩/Ⓓ				

续表

检验批	序号	构件名称及位置	批抗压强度换算值/MPa			混凝土设计强度等级
			测区强度平均值	标准差	换算强度平均值	
地上二层至顶层混凝土柱	12	地上三层柱③/Ⓒ	38.7	2.53	34.5	C30
	13	地上三层柱②/Ⓔ				
	14	地上三层柱①/Ⓒ				
	15	地上三层柱②/Ⓒ				
	16	地上三层柱⑪/Ⓓ				
	17	地上三层柱⑫/Ⓓ				
	18	屋面层柱②/Ⓓ				
	19	屋面层柱②/Ⓒ				
	20	屋面层⑩/Ⓒ柱				

表 7-2　回弹法检测混凝土梁强度汇总

检验批	序号	构件名称及位置	抗压强度换算值/MPa			混凝土设计强度等级
			测区强度平均值	标准差	换算强度平均值	
地下一层混凝土梁	1	地下一层梁①-②/Ⓔ	42.6	3.58	36.7	C35
	2	地下一层梁②/Ⓓ-Ⓔ				
	3	地下一层梁③-④/Ⓔ				
	4	地下一层梁④/Ⓓ-Ⓔ				
	5	地下一层梁⑪-⑫/Ⓑ				
	6	地下一层梁[1/11]/Ⓐ-Ⓑ				
	7	地下一层梁⑪/Ⓐ-Ⓑ				
	8	地下一层梁⑩-⑪/Ⓑ				
	9	地下一层梁⑧/Ⓓ-Ⓔ				
	10	地下一层梁[1/7]/Ⓓ-Ⓔ				
	11	地下一层梁⑦/Ⓓ-Ⓔ				
	12	地下一层梁⑧-⑨/Ⓓ				
	13	地下一层梁[1/8]/Ⓓ-Ⓔ				
	14	地下一层梁⑨-⑩/Ⓓ				
	15	地下一层梁[1/11]/Ⓓ-Ⓔ				
	16	地下一层梁⑩-⑪/Ⓓ				
	17	地下一层梁③-④/Ⓓ				
	18	地下一层梁④-⑤/Ⓓ				
	19	地下一层梁[1/1]/Ⓓ-Ⓔ				

续表

检验批	序号	构件名称及位置	抗压强度换算值/MPa			混凝土设计强度等级
			测区强度平均值	标准差	换算强度平均值	
地下一层混凝土梁	20	地下一层梁④/Ⓒ-Ⓓ	42.6	3.58	36.7	C35
	21	地下一层梁(1/4)/Ⓒ-Ⓓ				
	22	地下一层梁(1/5)/Ⓒ-Ⓓ				
	23	地下一层梁⑦/Ⓒ-Ⓓ				
	24	地下一层梁(1/9)/Ⓓ-Ⓔ				
	25	地下一层梁⑩/Ⓓ-Ⓔ				
	26	地下一层梁⑪/Ⓓ-Ⓔ				
	27	地下一层梁⑪-⑫/Ⓔ				
	28	地下一层梁⑫/Ⓐ-Ⓑ				
	29	地下一层梁①-②/Ⓓ				
	30	地下一层梁②-③/Ⓒ				
	31	地下一层梁⑥/Ⓒ-Ⓓ				
	32	地下一层梁⑦/Ⓒ-Ⓓ				
地上一层混凝土梁	1	地上一层梁②-③/Ⓓ	41.5	3.35	36.0	C35
	2	地上一层梁②/Ⓓ-Ⓔ				
	3	地上一层梁②-(1/2)东/(1/D)				
	4	地上一层梁②/Ⓑ-Ⓒ				
	5	地上一层梁②/Ⓐ-Ⓑ				
	6	地上一层梁②-③/Ⓒ				
	7	地上一层梁②-③/Ⓑ				
	8	地上一层梁(1/2)/Ⓐ-Ⓑ				
	9	地上一层梁③-④/Ⓒ				
	10	地上一层梁(1/3)/Ⓒ-Ⓓ				
	11	地上一层梁④-⑤/Ⓒ				
	12	地上一层梁④/Ⓒ-Ⓓ				
	13	地上一层梁④/Ⓑ-Ⓒ				
	14	地上一层梁⑤/Ⓑ-Ⓒ				
	15	地上一层梁④-⑤/Ⓑ				
	16	地上一层梁(1/4)/Ⓑ-Ⓒ				
	17	地上一层梁④-⑤/Ⓒ				
	18	地上一层梁⑥/Ⓑ-Ⓒ				
	19	地上一层梁(1/5)/Ⓑ-Ⓒ				

续表

检验批	序号	构件名称及位置	抗压强度换算值/MPa			混凝土设计强度等级
			测区强度平均值	标准差	换算强度平均值	
地上一层混凝土梁	20	地上一层梁⑤-⑥/Ⓑ	41.5	3.35	36.0	C35
	21	地上一层梁⑥/Ⓐ-Ⓑ				
	22	地上一层梁⑥-⑦/Ⓑ				
	23	地上一层梁⑤-⑥/Ⓐ				
	24	地上一层梁(1/5)/Ⓐ-Ⓑ				
	25	地上一层梁④/Ⓐ-Ⓑ				
	26	地上一层梁(1/4)/Ⓐ-Ⓑ				
	27	地上一层梁⑨-⑩/Ⓑ				
	28	地上一层梁⑨/Ⓑ-Ⓒ				
	29	地上一层梁⑧/Ⓑ-Ⓒ				
	30	地上一层梁⑦/Ⓑ-Ⓒ				
	31	地上一层梁⑥-⑦/Ⓒ				
	32	地上一层梁⑥/Ⓑ-Ⓒ				
地上二层至顶层混凝土梁	1	地上二层梁②/Ⓒ-Ⓓ	39.8	3.81	33.6	C30
	2	地上二层梁①-②/Ⓒ				
	3	地上二层梁②-③/Ⓒ				
	4	地上二层梁①-②/Ⓓ				
	5	地上二层梁(1/1)/Ⓓ-Ⓓ				
	6	地上二层梁②-(1/2)东/(1/D)				
	7	地上二层梁(1/2)/Ⓒ-Ⓓ				
	8	地上二层梁②-③/Ⓓ				
	9	地上二层梁③/Ⓑ-Ⓒ				
	10	地上二层梁(1/4)/Ⓑ-Ⓒ				
	11	地上二层梁⑤/Ⓑ-Ⓒ				
	12	地上二层梁⑥/Ⓑ-Ⓒ				
	13	地上二层梁(1/7)/Ⓑ-Ⓒ				
	14	地上二层梁⑨-⑩/Ⓒ				
	15	地上二层梁⑨-⑩/Ⓑ				
	16	地上二层梁⑩/Ⓑ-Ⓒ				
	17	地上二层梁⑪/Ⓑ-Ⓒ				
	18	地上三层梁⑪/Ⓑ-Ⓒ				
	19	地上三层梁③-④/Ⓑ				

续表

检验批	序号	构件名称及位置	抗压强度换算值/MPa			混凝土设计强度等级
			测区强度平均值	标准差	换算强度平均值	
地上二层至顶层混凝土梁	20	地上三层梁④-⑤/Ⓑ	39.8	3.81	33.6	C30
	21	地上三层梁⑩-⑪/Ⓑ				
	22	地上三层梁⑨/Ⓑ-Ⓒ				
	23	地上三层梁(1/8)/Ⓑ-Ⓒ				
	24	地上三层梁⑧/Ⓑ-Ⓒ				
	25	地上三层梁⑦/Ⓑ-Ⓒ				
	26	地上三层梁⑥/Ⓑ-Ⓒ				
	27	地上三层梁⑤/Ⓑ-Ⓒ				
	28	地上三层梁④/Ⓑ-Ⓒ				
	29	地上三层梁③/Ⓑ-Ⓒ				
	30	地上三层梁②/Ⓑ-Ⓒ				
	31	地上三层梁⑫/Ⓑ-Ⓒ				
	32	屋面梁⑪-⑫/Ⓓ				
	33	屋面梁(1/11)/Ⓓ-Ⓔ				
	34	屋面梁①-②/Ⓒ				

检测结果表明，所抽检构件的混凝土强度满足设计强度等级要求。

2. 钢筋配置

采用钢筋探测仪对梁、柱的钢筋配置进行检测，检测结果见表7-3、表7-4。

表7-3　混凝土柱纵筋数量及箍筋间距检测汇总

序号	构件名称及部位	箍筋间距/mm		单侧纵筋数量	
		实测均值	设计值	实测值	设计值
1	地下一层柱②/Ⓔ	202	200	—	—
2	地下一层柱①/Ⓓ	205	200	4（东）	4
3	地下一层柱②/Ⓓ	204	200	5（西）	5
4	地下一层柱④/Ⓔ	204	200	6（南）	6
5	地下一层柱⑪/Ⓑ	201	200	5（东）	5
6	地下一层柱⑫/Ⓑ	199	200	5（西）	5
7	地下一层柱⑧/Ⓔ	198	200	—	—
8	地下一层柱⑧/Ⓓ	203	200	—	—
9	地下一层柱⑦/Ⓔ	200	200	6（南）	6
10	地下一层柱⑩/Ⓔ	203	200	—	—

续表

序号	构件名称及部位	箍筋间距/mm		单侧纵筋数量	
		实测均值	设计值	实测值	设计值
11	地下一层柱⑪/Ⓔ	200	200	—	—
12	地下一层柱⑦/Ⓓ	203	200	4（西）	4
13	地下一层柱④/Ⓓ	198	200	6（南）	6
14	地下一层柱③/Ⓓ	103	200	4（东）	4
15	地下一层柱③/Ⓒ	201	200	—	—
16	地下一层柱⑥/Ⓔ	205	200	—	—
17	地上一层柱②/Ⓓ	99	100	5（东）	5
18	地上一层柱②/Ⓑ	103	100	5（北）	5
19	地上一层柱②/Ⓒ	100	100	5（南）	5
20	地上一层柱④/Ⓒ	98	100	4（东）	4
21	地上一层柱⑤/Ⓑ	102	100	5（南）	5
22	地上一层柱⑤/Ⓒ	100	100	4（东）	4
23	地上一层柱⑥/Ⓑ	97	100	5（南）	5
24	地上一层柱⑥/Ⓐ	101	100	5（北）	5
25	地上一层柱③/Ⓒ	99	100	—	—
26	地上一层柱④/Ⓑ	105	100	5（南）	5
27	地上一层柱④/Ⓐ	98	100	5（北）	5
28	地上一层柱⑩/Ⓒ	100	100	4（东）	4
29	地上一层柱⑪/Ⓒ	105	100	5（南）	5
30	地上一层柱⑪/Ⓓ	199	200	4（东）	4
31	地上二层柱②/Ⓒ	99	100	4（北）	4
32	地上二层柱②/Ⓓ	97	100	4（东）	4
33	地上二层柱③/Ⓒ	199	200	—	—
34	地上二层柱⑪/Ⓒ	201	200	4（南）	4
35	地上二层柱⑩/Ⓒ	204	200	4（东）	4
36	地上二层柱⑩/Ⓓ	199	200	—	—
37	地上二层柱⑪/Ⓓ	202	200	4（东）	4
38	地上二层柱⑫/Ⓓ	205	200	4（西）	4
39	地上三层柱⑪/Ⓒ	198	200	4（南）	4
40	地上三层柱⑩/Ⓒ	197	200	4（东）	4
41	地上三层柱⑩/Ⓓ	205	200	—	—
42	地上三层柱③/Ⓒ	204	200	—	—
43	地上三层柱②/Ⓔ	196	200	4（东）	4

续表

序号	构件名称及部位	箍筋间距/mm		单侧纵筋数量	
		实测均值	设计值	实测值	设计值
44	地上三层柱②/Ⓓ	197	200	4（东）	4
45	地上三层柱①/Ⓒ	202	200	4（东）	4
46	地上三层柱②/Ⓒ	204	200	4（北）	4
47	地上三层柱⑪/Ⓓ	205	200	4（东）	4
48	地上三层柱⑫/Ⓓ	203	200	4（西）	4
49	屋面层柱②/Ⓓ	204	200	4（东）	4
50	屋面层柱②/Ⓒ	204	200	4（西）	4
51	屋面层柱⑩/Ⓒ	197	200	—	—

注："—"表示现场条件限制，无法检测。

表 7-4　混凝土梁纵筋数量及箍筋间距检测汇总

序号	构件名称及部位	箍筋间距/mm		底部纵筋数量	
		实测值	设计值	实测值	设计值
1	地下一层梁①-②/Ⓔ	197	200	—	—
2	地下一层梁②/Ⓓ-Ⓔ	198	200	—	—
3	地下一层梁③-④/Ⓔ	199	200	—	—
4	地下一层梁④/Ⓓ-Ⓔ	198	200	4	4
5	地下一层梁⑪-⑫/Ⓑ	202	200	4	4
6	地下一层梁⑪/Ⓐ-Ⓑ	202	200	3	3
7	地下一层梁⑪/Ⓐ-Ⓑ	196	200	—	—
8	地下一层梁⑩-⑪/Ⓑ	202	200	—	—
9	地下一层梁⑧/Ⓓ-Ⓔ	201	200	—	—
10	地下一层梁⑰/Ⓓ-Ⓔ	197	200	3	3
11	地下一层梁⑧/Ⓓ-Ⓔ	199	200	4	4
12	地下一层梁⑧-⑨/Ⓓ	204	200	—	—
13	地下一层梁⑱/Ⓓ-Ⓔ	201	200	3	3
14	地下一层梁⑨-⑩/Ⓓ	200	200	—	—
15	地下一层梁⑪/Ⓓ-Ⓔ	205	200	3	3
16	地下一层梁⑩-⑪/Ⓓ	204	200	—	—
17	地下一层梁③-④/Ⓓ	203	200	4	4
18	地下一层梁④-⑤/Ⓓ	197	200	4	4
19	地下一层梁⑪/Ⓓ-Ⓔ	205	200	2	2
20	地下一层梁④/Ⓒ-Ⓓ	199	200	4	4
21	地下一层梁⑭/Ⓒ-Ⓓ	200	200	3	3

续表

序号	构件名称及部位	箍筋间距/mm		底部纵筋数量	
		实测值	设计值	实测值	设计值
22	地下一层梁[1/5]/Ⓒ-Ⓓ	200	200	3	3
23	地下一层梁⑦/Ⓒ-Ⓓ	202	200	—	—
24	地下一层梁[1/9]/Ⓓ-Ⓔ	196	200	3	3
25	地下一层梁⑩/Ⓓ-Ⓔ	197	200	—	—
26	地下一层梁⑪/Ⓓ-Ⓔ	200	200	—	—
27	地下一层梁⑪-⑫/Ⓔ	204	200	—	—
28	地下一层梁⑫/Ⓐ-Ⓑ	198	200	—	—
29	地下一层梁①-②/Ⓓ	198	200	—	—
30	地下一层梁②-③/Ⓒ	198	200	4	4
31	地下一层梁⑥/Ⓒ-Ⓓ	205	200	4	4
32	地下一层梁⑦/Ⓒ-Ⓓ	202	200	—	—
33	地上一层梁②-③/Ⓓ	204	200	5	5
34	地上一层梁②/Ⓓ-Ⓔ	201	200	5	5
35	地上一层梁②-[1/2]东/[1/D]	203	200	3	3
36	地上一层梁②/Ⓑ-Ⓒ	201	200	4	4
37	地上一层梁②/Ⓐ-Ⓑ	200	200	5	5
38	地上一层梁②-③/Ⓒ	203	200	—	—
39	地上一层梁②-③/Ⓑ	200	200	6	6
40	地上一层梁[1/2]/Ⓐ-Ⓑ	202	200	4	4
41	地上一层梁③-④/Ⓒ	197	200	6	6
42	地上一层梁[1/3]/Ⓒ-Ⓓ	197	200	3	3
43	地上一层梁④-⑤/Ⓒ	197	200	6	6
44	地上一层梁④/Ⓒ-Ⓓ	200	200	4	4
45	地上一层梁④/Ⓑ-Ⓒ	197	200	4	4
46	地上一层梁⑤/Ⓑ-Ⓒ	201	200	4	4
47	地上一层梁④-⑤/Ⓑ	203	200	6	6
48	地上一层梁[1/4]/Ⓑ-Ⓒ	204	200	3	3
49	地上一层梁④-⑤/Ⓒ	203	200	6	6
50	地上一层梁⑥/Ⓑ-Ⓒ	196	200	4	4
51	地上一层梁[1/5]/Ⓑ-Ⓒ	198	200	3	3
52	地上一层梁⑤-⑥/Ⓑ	204	200	6	6
53	地上一层梁⑥/Ⓐ-Ⓑ	196	200	5	5
54	地上一层梁⑥-⑦/Ⓑ	201	200	6	6

续表

序号	构件名称及部位	箍筋间距/mm		底部纵筋数量	
		实测值	设计值	实测值	设计值
55	地上一层梁⑤-⑥/Ⓐ	202	200	—	—
56	地上一层梁⑮/Ⓐ-Ⓑ	200	200	3	3
57	地上一层梁④/Ⓐ-Ⓑ	203	200	5	5
58	地上一层梁⑭/Ⓐ-Ⓑ	203	200	3	3
59	地上一层梁⑨-⑩/Ⓑ	201	200	6	6
60	地上一层梁⑨/Ⓑ-Ⓒ	202	200	4	4
61	地上一层梁⑧/Ⓑ-Ⓒ	200	200	4	4
62	地上一层梁⑦/Ⓑ-Ⓒ	204	200	4	4
63	地上一层梁⑥-⑦/Ⓒ	201	200	—	—
64	地上一层梁⑥/Ⓑ-Ⓒ	200	200	4	4
65	地上二层梁②/Ⓒ-Ⓓ	204	200	3	3
66	地上二层梁①-②/Ⓒ	201	200	—	—
67	地上二层梁②-③/Ⓒ	202	200	—	—
68	地上二层梁①-②/Ⓓ	197	200	6	6
69	地上二层梁⑪/Ⓓ-Ⓓ	203	200	3	3
70	地上二层梁②-⑫东/（①/Ⓓ）	202	200	3	3
71	地上二层梁⑫/Ⓒ-Ⓓ	203	200	3	3
72	地上二层梁②-③/Ⓓ	197	200	—	—
73	地上二层梁③/Ⓑ-Ⓒ	202	200	3	3
74	地上二层梁⑭/Ⓑ-Ⓒ	200	200	3	3
75	地上二层梁⑤/Ⓑ-Ⓒ	198	200	3	3
76	地上二层梁⑥/Ⓑ-Ⓒ	204	200	3	3
77	地上二层梁⑰/Ⓑ-Ⓒ	198	200	3	3
78	地上二层梁⑨-⑩/Ⓒ	205	200	—	—
79	地上二层梁⑨-⑩/Ⓑ	199	200	—	—
80	地上二层梁⑩/Ⓑ-Ⓒ	201	200	3	3
81	地上二层梁⑪/Ⓑ-Ⓒ	198	200	3	3
82	地上三层梁⑪/Ⓑ-Ⓒ	200	200	3	3
83	地上三层梁③-④/Ⓑ	201	200	4	4
84	地上三层梁④-⑤/Ⓑ	200	200	4	4
85	地上三层梁⑩-⑪/Ⓑ	205	200	4	4
86	地上三层梁⑨/Ⓑ-Ⓒ	197	200	4	4
87	地上三层梁⑱/Ⓑ-Ⓒ	205	200	3	3

续表

序号	构件名称及部位	箍筋间距/mm		底部纵筋数量	
		实测值	设计值	实测值	设计值
88	地上三层梁⑧/Ⓑ-Ⓒ	199	200	3	3
89	地上三层梁⑦/Ⓑ-Ⓒ	198	200	3	3
90	地上三层梁⑥/Ⓑ-Ⓒ	205	200	4	4
91	地上三层梁⑤/Ⓑ-Ⓒ	198	200	3	3
92	地上三层梁④/Ⓑ-Ⓒ	201	200	3	3
93	地上三层梁③/Ⓑ-Ⓒ	202	200	3	3
94	地上三层梁②/Ⓑ-Ⓒ	196	200	3	3
95	地上三层梁⑫/Ⓑ-Ⓒ	197	200	3	3
96	屋面梁⑪-⑫/Ⓓ	197	200	4	4
97	屋面梁⑩/Ⓓ-Ⓔ	204	200	2	2
98	屋面梁①-②/Ⓒ	201	200	4	4

注：“—”表示现场条件限制，无法检测。

检测结果表明，所抽检构件的钢筋配置符合设计要求。

3. 构件截面尺寸

采用钢卷尺对钢筋混凝土梁、柱截面尺寸进行抽样检测，检测结果见表7-5、表7-6。

表7-5　混凝土柱截面尺寸检测汇总

序号	构件名称及部位	构件尺寸（$b \times h$）/mm	
		实测值	设计值
1	地下一层柱①/Ⓓ	—×599	600×600
2	地下一层柱②/Ⓓ	—×601	600×600
3	地下一层柱④/Ⓔ	603×—	600×600
4	地下一层柱⑪/Ⓑ	—×601	600×600
5	地下一层柱⑫/Ⓑ	—×600	600×600
6	地下一层柱⑦/Ⓔ	598×—	600×600
7	地下一层柱⑦/Ⓓ	—×602	600×600
8	地下一层柱④/Ⓓ	598×600	600×600
9	地下一层柱③/Ⓓ	—×598	600×600
10	地上一层柱②/Ⓓ	603×601	600×600
11	地上一层柱②/Ⓑ	603×—	600×600
12	地上一层柱②/Ⓒ	601×602	600×600
13	地上一层柱④/Ⓒ	599×600	600×600
14	地上一层柱⑤/Ⓑ	599×600	600×600

续表

序号	构件名称及部位	构件尺寸（b×h）/mm	
		实测值	设计值
15	地上一层柱⑤/Ⓒ	600×598	600×600
16	地上一层柱⑥/Ⓑ	601×598	600×600
17	地上一层柱⑥/Ⓐ	599×—	600×600
18	地上一层柱④/Ⓑ	601×601	600×600
19	地上一层柱④/Ⓐ	600×—	600×600
20	地上一层柱⑩/Ⓒ	—×599	600×600
21	地上一层柱⑪/Ⓒ	600×602	600×600
22	地上一层柱⑪/Ⓓ	—×599	600×600
23	地上二层柱②/Ⓒ	601×601	600×600
24	地上二层柱①/Ⓓ	—×601	600×600
25	地上二层柱②/Ⓓ	602×601	600×600
26	地上二层柱⑪/Ⓒ	600×—	600×600
27	地上二层柱⑩/Ⓒ	—×597	600×600
28	地上二层柱⑪/Ⓓ	—×600	600×600
29	地上二层柱⑫/Ⓓ	—×600	600×600
30	地上三层柱⑪/Ⓒ	600×—	600×600
31	地上三层柱⑩/Ⓒ	—×603	600×600
32	地上三层柱②/Ⓔ	—×600	600×600
33	地上三层柱②/Ⓓ	—×601	600×600
34	地上三层柱①/Ⓒ	—×598	600×600
35	地上三层柱②/Ⓒ	600×600	600×600
36	地上三层柱⑪/Ⓓ	—×603	600×600
37	地上三层柱⑫/Ⓓ	—×603	600×600
38	屋面层柱②/Ⓓ	—×601	600×600
39	屋面层柱②/Ⓒ	—×601	600×600

注："—"表示现场条件限制，无法检测。

表 7-6　混凝土梁截面尺寸检测汇总

序号	构件名称及部位	构件尺寸（b×h）/mm		
		实测值	设计值	板厚设计值
1	地下一层梁①-②/Ⓔ	—×519	400×700	180
2	地下一层梁②/Ⓓ-Ⓔ	—×519	400×700	180
3	地下一层梁③-④/Ⓔ	—×521	400×700	180
4	地下一层梁④/Ⓓ-Ⓔ	401×518	400×700	180

续表

序号	构件名称及部位	构件尺寸（b×h）/mm		
		实测值	设计值	板厚设计值
5	地下一层梁⑪-⑫/Ⓑ	402×519	400×700	180
6	地下一层梁(1/11)/Ⓐ-Ⓑ	253×323	250×500	180
7	地下一层梁⑪/Ⓐ-Ⓑ	—×518	400×700	180
8	地下一层梁⑩-⑪/Ⓑ	—×523	400×700	180
9	地下一层梁⑧/Ⓓ-Ⓔ	—×519	400×700	180
10	地下一层梁(1/17)/Ⓓ-Ⓔ	248×317	250×500	180
11	地下一层梁⑦/Ⓓ-Ⓔ	397×520	400×700	180
12	地下一层梁⑧-⑨/Ⓓ	—×517	400×700	180
13	地下一层梁(1/18)/Ⓓ-Ⓔ	250×318	250×500	180
14	地下一层梁⑨-⑩/Ⓓ	—×521	400×700	180
15	地下一层梁(1/11)/Ⓓ-Ⓔ	248×319	250×500	180
16	地下一层梁⑩-⑪/Ⓓ	—×519	400×700	180
17	地下一层梁③-④/Ⓓ	401×519	400×700	180
18	地下一层梁④-⑤/Ⓓ	401×518	400×700	180
19	地下一层梁(1/1)/Ⓓ-Ⓔ	252×322	250×500	180
20	地下一层梁④/Ⓒ-Ⓓ	399×519	400×700	180
21	地下一层梁(1/14)/Ⓒ-Ⓓ	250×324	250×500	180
22	地下一层梁(1/15)/Ⓒ-Ⓓ	249×320	250×500	180
23	地下一层梁⑦/Ⓒ-Ⓓ	—×519	400×700	180
24	地下一层梁(1/19)/Ⓓ-Ⓔ	251×321	250×500	180
25	地下一层梁⑩/Ⓓ-Ⓔ	—×521	400×700	180
26	地下一层梁⑪/Ⓓ-Ⓔ	—×522	400×700	180
27	地下一层梁⑪-⑫/Ⓔ	—×519	400×700	180
28	地下一层梁⑫/Ⓐ-Ⓑ	—×522	400×700	180
29	地下一层梁①-②/Ⓓ	—×518	400×700	180
30	地下一层梁②-③/Ⓒ	401×523	400×700	180
31	地下一层梁⑥/Ⓒ-Ⓓ	401×517	400×700	180
32	地下一层梁⑦/Ⓒ-Ⓓ	—×522	400×700	180
33	地上一层梁②-③/Ⓓ	402×577	400×700	120
34	地上一层梁②/Ⓓ-Ⓔ	401×576	400×700	120
35	地上一层梁②-(1/12)东/(1/D)	202×280	200×400	120
36	地上一层梁②/Ⓑ-Ⓒ	403×575	400×700	120
37	地上一层梁②/Ⓐ-Ⓑ	401×575	400×700	120

续表

序号	构件名称及部位	构件尺寸（$b\times h$）/mm		
		实测值	设计值	板厚设计值
38	地上一层梁②-③/Ⓒ	401×579	400×700	120
39	地上一层梁②-③/Ⓑ	403×580	400×700	120
40	地上一层梁⑫/Ⓐ-Ⓑ	254×382	250×500	120
41	地上一层梁③-④/Ⓒ	403×576	400×700	120
42	地上一层梁⑬/Ⓒ-Ⓓ	250×377	250×500	120
43	地上一层梁④-⑤/Ⓒ	403×579	400×700	120
44	地上一层梁④/Ⓒ-Ⓓ	402×581	400×700	120
45	地上一层梁④/Ⓑ-Ⓒ	400×580	400×700	120
46	地上一层梁⑤/Ⓑ-Ⓒ	398×582	400×700	120
47	地上一层梁④-⑤/Ⓑ	400×582	400×700	120
48	地上一层梁⑭/Ⓑ-Ⓒ	250×380	250×500	120
49	地上一层梁④-⑤/Ⓒ	400×582	400×700	120
50	地上一层梁⑥/Ⓑ-Ⓒ	401×571	400×700	120
51	地上一层梁⑮/Ⓑ-Ⓒ	251×377	250×500	120
52	地上一层梁⑤-⑥/Ⓑ	397×580	400×700	120
53	地上一层梁⑥/Ⓐ-Ⓑ	403×582	400×700	120
54	地上一层梁⑥-⑦/Ⓑ	399×582	400×700	120
55	地上一层梁⑤-⑥/Ⓐ	—×576	400×700	120
56	地上一层梁⑮/Ⓐ-Ⓑ	250×381	250×500	120
57	地上一层梁④/Ⓐ-Ⓑ	400×578	400×700	120
58	地上一层梁⑭/Ⓐ-Ⓑ	250×382	250×500	120
59	地上一层梁⑨-⑩/Ⓑ	399×581	400×700	120
60	地上一层梁⑨/Ⓑ-Ⓒ	401×582	400×700	120
61	地上一层梁⑧/Ⓑ-Ⓒ	401×580	400×700	120
62	地上一层梁⑦/Ⓑ-Ⓒ	403×584	400×700	120
63	地上一层梁⑥-⑦/Ⓒ	402×584	400×700	120
64	地上一层梁⑥/Ⓑ-Ⓒ	401×580	400×700	120
65	地上二层梁②/Ⓒ-Ⓓ	300×485	300×600	120
66	地上二层梁①-②/Ⓒ	401×480	400×600	120
67	地上二层梁②-③/Ⓒ	399×480	400×600	120
68	地上二层梁①-②/Ⓓ	399×475	400×600	120
69	地上二层梁⑪/Ⓓ-Ⓓ	251×375	250×500	120
70	地上二层梁②-⑫东/⑪	200×277	200×400	120

续表

序号	构件名称及部位	构件尺寸（$b\times h$）/mm		
		实测值	设计值	板厚设计值
71	地上二层梁⑫/Ⓒ-Ⓓ	247×378	250×500	120
72	地上二层梁②-③/Ⓓ	400×475	400×600	120
73	地上二层梁③/Ⓑ-Ⓒ	302×475	300×600	120
74	地上二层梁⑭/Ⓑ-Ⓒ	249×382	250×500	120
75	地上二层梁⑤/Ⓑ-Ⓒ	300×475	300×600	120
76	地上二层梁⑥/Ⓑ-Ⓒ	300×475	300×600	120
77	地上二层梁⑰/Ⓑ-Ⓒ	253×382	250×500	120
78	地上二层梁⑨-⑩/Ⓒ	400×479	400×600	120
79	地上二层梁⑨-⑩/Ⓑ	402×478	400×600	120
80	地上二层梁⑩/Ⓑ-Ⓒ	304×480	300×600	120
81	地上二层梁⑪/Ⓑ-Ⓒ	301×479	300×600	120
82	地上三层梁⑪/Ⓑ-Ⓒ	298×478	300×600	120
83	地上三层梁③-④/Ⓑ	401×477	400×600	120
84	地上三层梁④-⑤/Ⓑ	398×479	400×600	120
85	地上三层梁⑩-⑪/Ⓑ	400×449	400×600	150
86	地上三层梁⑨/Ⓑ-Ⓒ	400×449	400×600	150
87	地上三层梁⑱/Ⓑ-Ⓒ	250×378	250×500	120
88	地上三层梁⑧/Ⓑ-Ⓒ	302×480	300×600	120
89	地上三层梁⑦/Ⓑ-Ⓒ	302×481	300×600	120
90	地上三层梁⑥/Ⓑ-Ⓒ	403×451	400×600	150
91	地上三层梁⑤/Ⓑ-Ⓒ	301×481	300×600	120
92	地上三层梁④/Ⓑ-Ⓒ	303×481	300×600	120
93	地上三层梁③/Ⓑ-Ⓒ	304×480	300×600	120
94	地上三层梁②/Ⓑ-Ⓒ	302×479	300×600	120
95	地上三层梁⑫/Ⓑ-Ⓒ	253×382	250×500	120
96	屋面梁⑪-⑫/Ⓓ	401×601	400×600	—
97	屋面梁[1/11]/Ⓓ-Ⓔ	202×502	200×500	—
98	屋面梁①-②/Ⓒ	399×602	400×600	—

注：1. “—”表示现场条件限制，无法检测；

2. 实测值为净高（未加板厚）。

检测结果表明，所抽检构件尺寸符合设计要求。

4. 建筑倾斜检测结果

在现场具备测量条件的位置进行建筑物倾斜测量，检测结果见表7-7。

表 7-7　建筑倾斜测量结果

测量位置	倾斜方向	偏差值/mm	测斜高度/m	倾斜率/‰
东南角	—	—	—	—
	—	—	—	—
西南角	北	9	11.1	0.8
	东	6	11.1	0.5
西北角	南	11	11.1	1.0
	西	4	11.1	0.4
东北角	—	—	—	—
	—	—	—	—

注："—"表示现场条件限制，无法观测。

该建筑的可检处倾斜率为 0.4‰～1.0‰，整体倾斜率未超过相关规范限值。

五、承载能力验算

依据现行《建筑结构可靠性设计统一标准》（GB 50068—2018）《工程结构通用规范》（GB 55001—2021）和《混凝土结构设计规范》（GB 50010—2010）（2015 年版）等规范，对该建筑的主要结构构件进行结构承载力验算。

委托方提供了该建筑竣工图，根据检测结果，材料强度实测值达到设计值要求，本次模型材料强度依据设计值，构件尺寸按实测参数并计入风化、锈蚀等损伤情况进行复核计算。荷载按照《工程结构通用规范》（GB 55001—2021）及建筑现状，荷载组合按照现行《建筑结构可靠性设计统一标准》（GB 50068—2018）的规定，楼屋面恒载取现场实际调查情况，采用 PKPM 软件建模计算，承载力验算参数见表 7-8。

表 7-8　承载力验算参数表

分类	具体参数取值		
结构布置	现场检查、检测结果		
材料强度	混凝土柱	地下一层	C40
		地上一层	C40
		地上二层	C30
		地上三层	C30
		屋面层	C30
	混凝土梁	地下一层	C35
		地上一层	C35
		地上二层	C30
		地上三层	C30
		屋面层	C30

续表

分类	具体参数取值		
荷载取值	风荷载	按50年重现期	0.45kN/m²
	雪荷载	按50年重现期	0.40kN/m²
	楼面（除楼梯间外室内区域）	恒荷载（不包括板自重）	2.0kN/m²
	楼面（楼梯间）	恒荷载（包括板自重）	7.0kN/m²
	屋面板	恒荷载（不包括板自重）	4.0kN/m²
	梁上线荷载	恒荷载	地下一层：11.0kN/m、9.0kN/m、6.0kN/m；地上一层：8.0kN/m、6.0kN/m、4.0kN/m；地上二层：8.0kN/m、6.0kN/m、4.0kN/m；
	楼面（除楼梯间外室内区域）	活荷载	2.0kN/m²
	楼面（楼梯间）	活荷载	3.5kN/m²
	屋面（不上人）	活荷载	0.5kN/m²
结构重要性系数 γ_0		1.0	

六、房屋危险性鉴定

该建筑为2009年建造钢筋混凝土结构，依据《危险房屋鉴定标准》（JGJ 125—2016）中5.1.2规定，该建筑房屋类型属于Ⅲ类，混凝土构件结构构件抗力与效应之比的调整系数取1.00。

（一）第一阶段鉴定（地基危险性鉴定）

根据《危险房屋鉴定标准》（JGJ 125—2016），地基的危险性鉴定包括地基承载力、地基沉降、土体位移等内容。地基危险性状态鉴定应符合下列规定。

（1）可通过分析房屋近期沉降、倾斜观测资料和其上部结构因不均匀沉降引起的反应的检查结果进行判定。

（2）必要时，宜通过地质勘察报告等资料对地基的状态进行分析和判断，缺乏地质勘察资料时，宜补充地质勘察。

通过现场检查发现，未发现由不均匀沉降产生的裂缝，地基已趋于稳定，房屋整体结构没有明显倾斜迹象，结合建筑周边环境及建筑自身上部结构状况判断，该建筑物地基和基础无明显缺陷，基本满足承载力和稳定性要求。因此，评定地基为非危险状态。

（二）第二阶段鉴定（基础及上部结构危险性鉴定）

1. 构件危险性鉴定（第一层次）

（1）基础构件危险性鉴定

根据《危险房屋鉴定标准》（JGJ 125—2016），基础构件的危险性鉴定应包括基础构件的承载能力、构造与连接、裂缝和变形等内容。基础构件的危险性鉴定应符合下列规定。

①可通过分析房屋近期沉降、倾斜观测资料和其因不均匀沉降引起上部结构反应的检查结果进行判定。判定时，应检查基础与承重砖墙连接处的水平、竖向和斜向阶梯形裂缝状况，基础与框架柱根部连接处的水平裂缝状况，房屋的倾斜位移状况，地基滑坡、稳定、特殊土质变形和开裂等状况。

②必要时，宜结合开挖方式对基础构件进行检测，通过验算承载力进行判定。

通过现场检查，未发现该建筑近期有明显沉降、倾斜，未发现由于基础老化、腐蚀、酥碎所造成的上部结构出现明显倾斜、位移、变形等现象，基础构件共58个，故判断该建筑基础构件均为非危险构件，基础危险等级为 A_u 级。

（2）混凝土结构构件危险性鉴定

根据《危险房屋鉴定标准》（JGJ 125—2016），混凝土结构构件的危险性鉴定应包括承载能力、构造与连接、裂缝和变形等内容。混凝土结构构件应重点检查墙、柱、梁、板的受力裂缝和钢筋锈蚀状况，柱根、柱顶的裂缝状况，屋架倾斜以及支撑系统的稳定性情况等。混凝土结构构件检查应包括下列主要内容。

①查明墙、柱、梁、板及屋架的受力裂缝和钢筋锈蚀状况。

②查明柱根和柱顶的裂缝状况。

③查明屋架倾斜以及支撑系统的稳定性状况。

根据现场检查、检测及计算结果，依据5.4.3和5.1.5规定，主要混凝土结构受力构件危险性具体结果见表7-9。

（3）围护结构承重构件危险性鉴定

根据《危险房屋鉴定标准》（JGJ 125—2016），围护结构承重构件的危险性鉴定应包括承载能力、构造和连接、变形等内容。围护结构承重构件危险性具体结果见表7-9。

同时，根据《危险房屋鉴定标准》（JGJ 125—2016）中5.1.5规定，当构件同时符合下列条件时，可直接评定为非危险构件。

①构件未受结构性改变、修复或用途及使用条件改变的影响。

②构件无明显的开裂、变形等损坏。

③构件工作正常，无安全性问题。

表7-9　结构主要受力构件危险情况汇总

构件名称	中柱	边柱	角柱	中梁	边梁	次梁	楼屋面板	围护构件
地下一层构件总数	30	26	4	73	30	49	89	112
地下一层危险构件	0	0	0	0	0	0	0	0
地上一层构件总数	30	26	4	73	30	56	89	83
地上一层危险构件数	0	0	0	0	0	0	0	0
地上二层构件总数	22	22	8	54	30	44	75	173
地上二层危险构件	0	0	0	0	0	0	0	0
地上三层及屋面层构件总数	22	22	8	81	32	59	77	171
地上三层及屋面层危险构件数	0	0	0	0	0	0	0	0

2. 楼层危险性鉴定（第二层次）

上部结构各楼层的危险构件综合比例依据《危险房屋鉴定标准》（JGJ 125—2016）公式 6.3.3 进行计算和评定，通过现场检查，该建筑各层危险性等级评定结果见表 7-10。

表 7-10　楼层构件评级汇总

楼层	楼层危险构件综合比例/%	楼层危险性等级
基础层	0	A_u
地下一层	0	A_u
地上一层	0	A_u
地上二层	0	A_u
地上三层及屋面层	0	A_u

3. 房屋整体结构危险性鉴定（第三层次）

依据《危险房屋鉴定标准》（JGJ 125—2016）中 6.3 综合评定方法确定房屋整体结构危险性等级，整体结构危险构件综合比例 R 按公式 6.3.5 确定。

综上检查、检测及计算结果，该酒店结构危险构件综合比例为 0，依据《危险房屋鉴定标准》（JGJ 125—2016）中 6.3.6 规定，该建筑处于 A 级房屋状态——无危险构件，房屋结构能满足安全使用要求。

七、鉴定结论及处理建议

（一）鉴定结论

对该建筑使用《危险房屋鉴定标准》（JGJ 125—2016）进行房屋危险性鉴定，结果为该酒店危险性等级为 A 级房屋状态（无危险构件，房屋结构能满足安全使用要求）。

（二）处理建议

（1）使用人及所有人应定期对建筑进行检查、维护。若发现有异常情况，如结构构件出现倾斜、变形等异常情况，应及时采取安全措施进行处理并报告有关部门，以确保安全。

（2）该建筑在后续使用过程中，使用人及所有人未经具有专业资质的单位进行设计或鉴定时，不应随意改变原有结构布置及使用功能。

（3）使用过程中如使用功能或荷载发生变化，必须征得设计单位或鉴定单位同意。

第八章　砌体结构

案例八　某综合用房危房鉴定

一、房屋建筑概况

综合用房-7—办公用房位于北京市密云区河南寨镇河南寨村，该建筑建于1993年，结构形式为二层砖混结构，无地下室。建筑分为Ⅰ段和Ⅱ段，其中Ⅰ段建筑总长度约为27m，建筑层高约为3.3m，室内外高差为0.6m；Ⅱ段建筑总长度约为42.3m，建筑层高约为3.3m，室内外高差为0.6m；建筑总高度约为6.6m，建筑总宽度约为6.6m。Ⅰ段、Ⅱ段总建筑面积为1029.80m^2，本次鉴定面积为1029.80m^2。委托方未提供岩土勘察报告、建筑设计图纸、结构设计图纸等文件资料，施工单位、设计单位不详。该房屋结构概况如下。

（1）地基：委托方未提供有效设计文件，地基持力层不详。

（2）基础：委托方未提供有效设计文件，基础形式不详。

（3）上部承重结构：该建筑结构为二层砖混结构，主要由纵、横墙承重，外承重墙体采用烧结普通砖墙，墙厚约为370mm，内墙墙体采用烧结普通砖墙，墙厚约为240mm，一层至二层烧结普通砖强度设计等级不详，一层至二层砌筑混合砂浆强度设计等级不详；一层顶采用现浇板，二层顶采用双玻彩钢屋面。该建筑四角及楼梯间附近设置了构造柱，建筑每层均设置圈梁。

为了解该房屋的危险程度，确保房屋的安全使用，委托方特委托中国国检测试控股集团股份有限公司对综合用房-7—办公用房的工程结构实体进行第三方危险性检测鉴定。主体结构布置示意图见图8-1～图8-6。

二、鉴定范围和内容

（一）鉴定范围

对该建筑一层至二层主体结构整体范围进行鉴定。

（二）鉴定内容

（1）建筑结构使用条件与环境检查。

对建筑结构使用条件与环境进行检测。

（2）地基。

通过对建筑物现状及沉降、变形等情况进行检查。

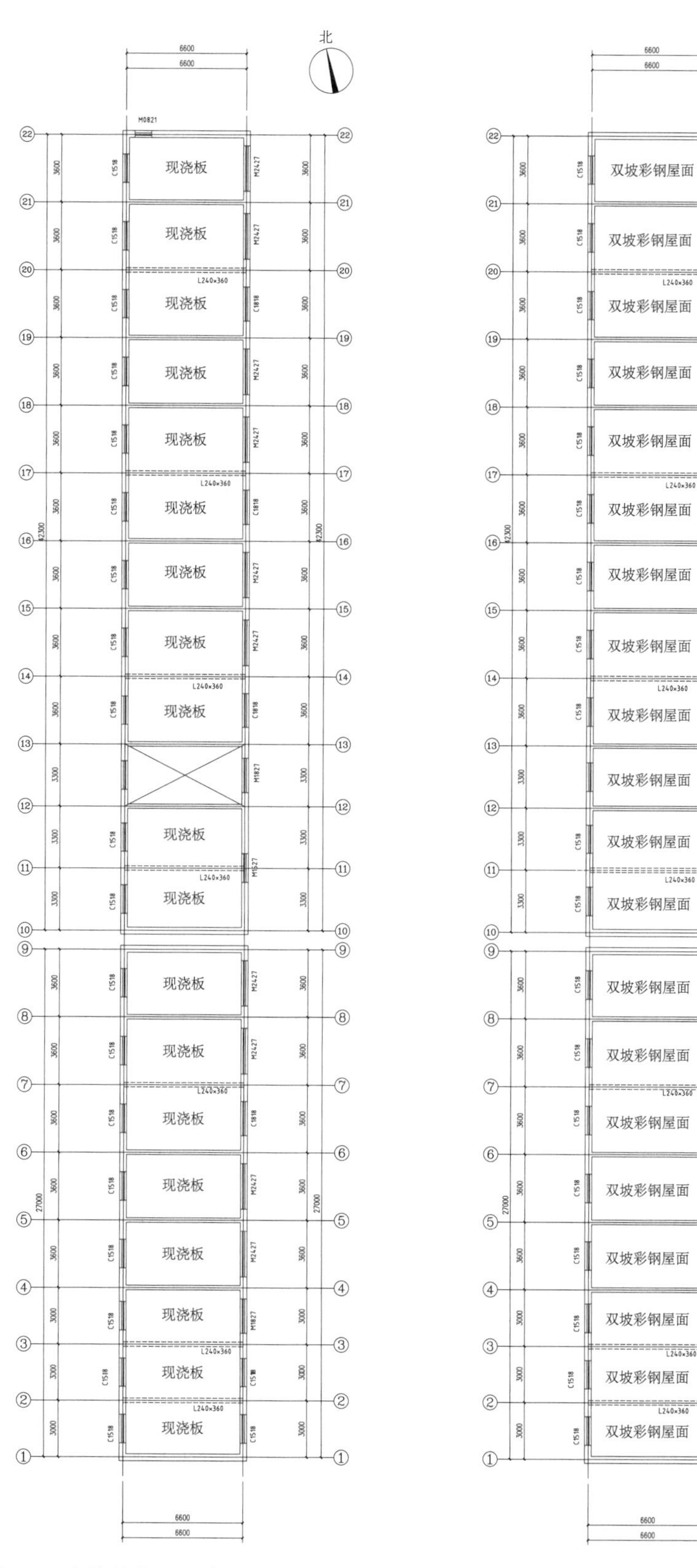

图 8-1 主体结构一层建筑结构布置意图
（单位：mm）

图 8-2 主体结构二层建筑结构布置意图
（单位：mm）

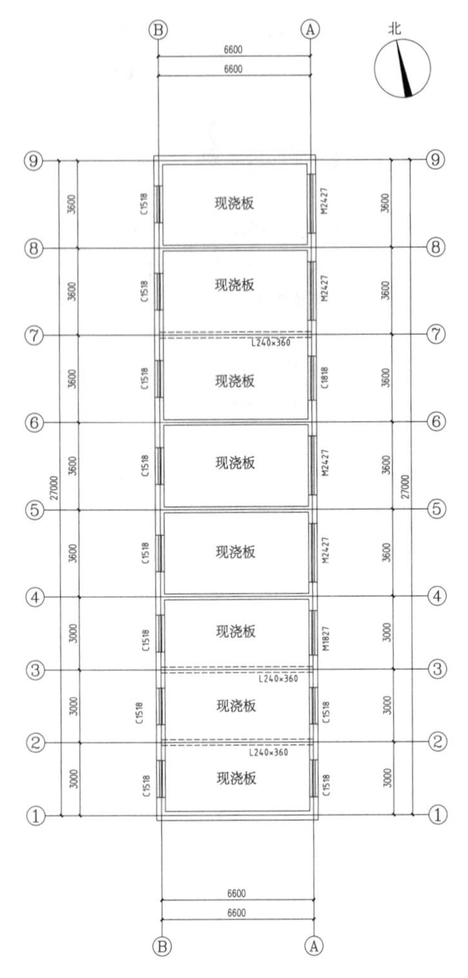

图 8-3　主体结构Ⅰ段一层结构布置示意图（单位：mm）

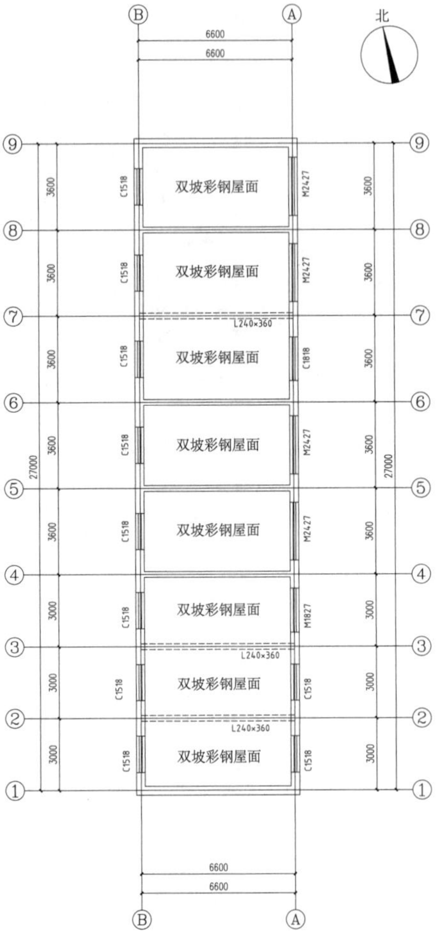

图 8-4　主体结构Ⅰ段二层结构布示意图（单位：mm）

（3）基础和上部结构现状检查。

（4）围护结构承重部分现状检查。

（5）上部承重结构检测。

①砖强度——使用砖回弹仪进行检测。

②砂浆强度——使用贯入仪对混合砂浆强度进行检测。

③采用回弹法对混凝土梁构件混凝土强度进行检测。

④对混凝土梁构件钢筋配置和构件尺寸进行检测。

⑤整体倾斜——使用经纬仪进行检测。

（6）承载力复核计算。

（7）房屋安全性鉴定。

根据检查、检测及计算结果，依据《危险房屋鉴定标准》（JGJ 125—2016）对该房屋结构危险性进行鉴定，并提出相关处理意见。

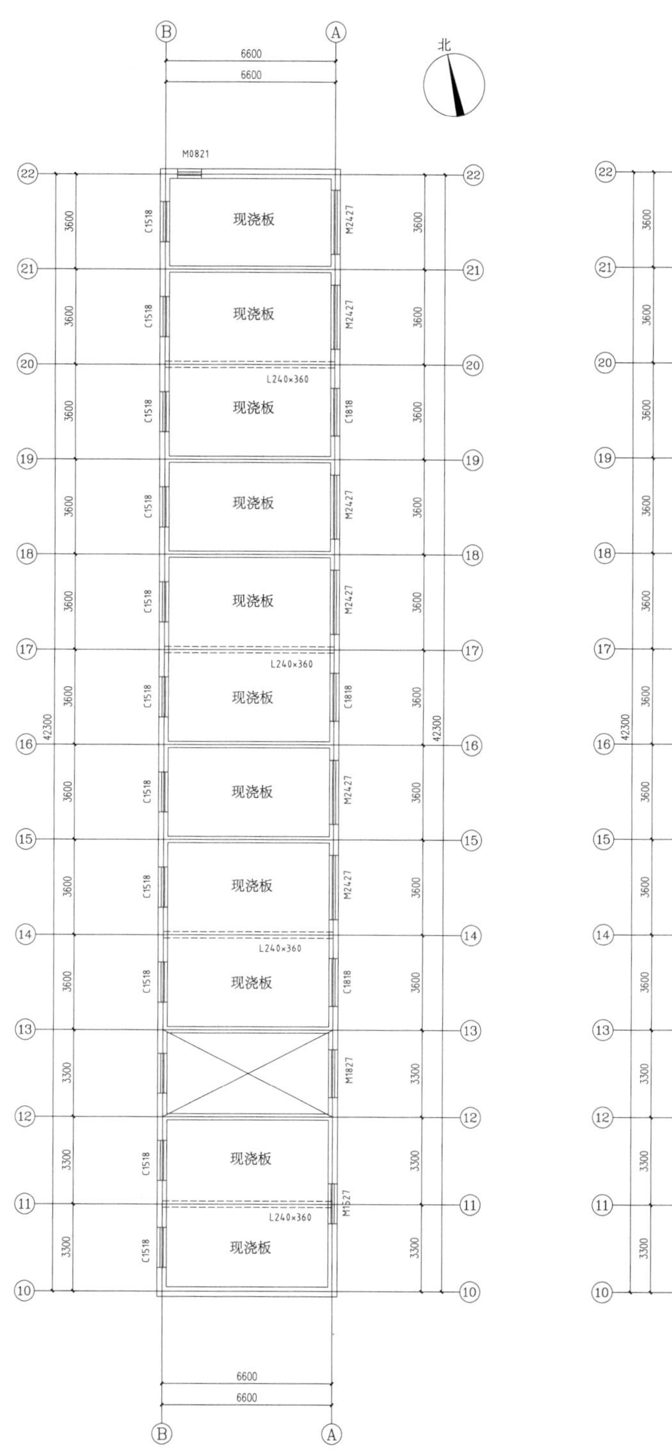

图 8-5　主体结构Ⅱ段一层结构布置示意图
（单位：mm）

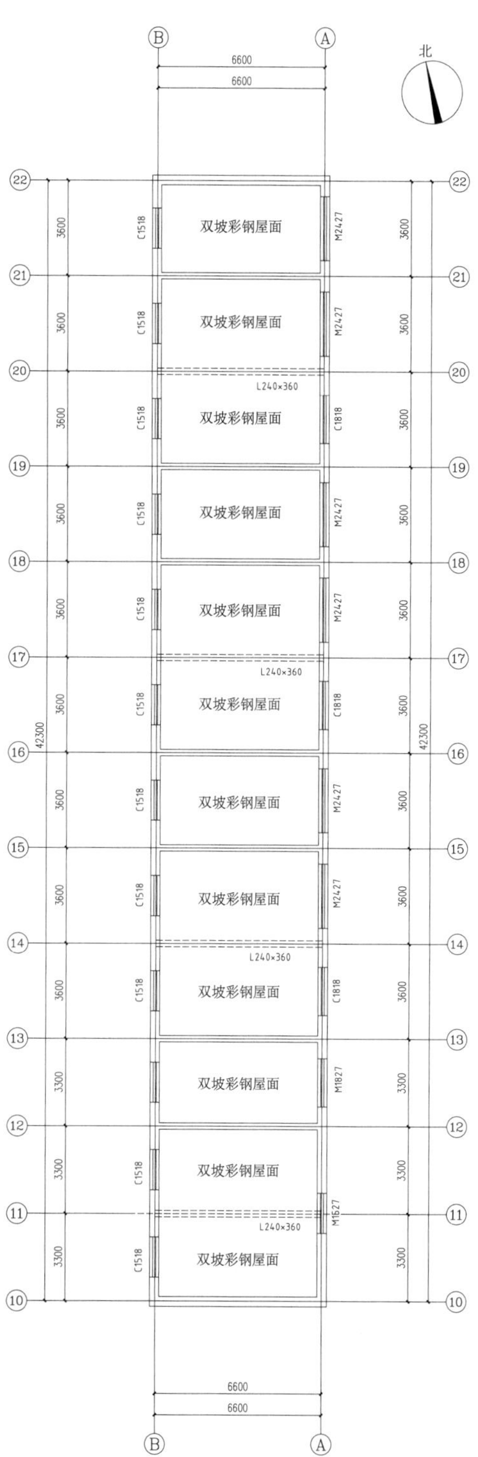

图 8-6　主体结构Ⅱ段二层结构布置示意图
（单位：mm）

三、检测鉴定的依据和设备

（一）检测鉴定依据

（1）《建筑结构检测技术标准》（GB/T 50344—2019）。
（2）《砌体工程现场检测技术标准》（GB/T 50315—2011）。
（3）《贯入法检测砌筑砂浆抗压强度技术规程》（JGJ/T 136—2017）。
（4）《砌体结构工程施工质量验收规范》（GB 50203—2011）。
（5）《混凝土结构工程施工质量验收规范》（GB 50204—2015）。
（6）《砌体结构设计规范》（GB 50003—2011）。
（7）《回弹法检测混凝土抗压强度技术规程》（JGJ/T 23—2011）。
（8）《混凝土中钢筋检测技术标准》（JGJ/T 152—2019）。
（9）《民用建筑可靠性鉴定标准》（GB 50292—2015）。
（10）《危险房屋鉴定标准》（JGJ 125—2016）。
（11）《建筑结构荷载规范》（GB 50009—2012）。

（二）检测设备

（1）激光测距仪（ZT-234）。
（2）钢卷尺（ZT-232）。
（3）砖回弹仪（ZT-066）。
（4）砂浆贯入仪（ZT-097）。
（5）经纬仪（ZT-113）。
（6）游标卡尺（ZT-180）。
（7）钢筋探测仪（ZT-036）。
（8）混凝土回弹仪（ZT-228）。
（9）碳化深度尺（ZT-236）。
（10）数码照相机。

四、现场检查、检测情况

于 2022 年 9 月 1 日开始对综合用房-7—办公用房现状进行了现场检查、检测，具体结果如下。

（一）建筑结构使用条件与环境检查

根据委托方提供的资料及现场检查和调查，该建筑使用功能为食堂和办公用房，使用条件及环境未见明显异常。

（二）建筑地基现状调查

根据委托方未提供有效设计图纸资料，通过现场结构现状检查，未发现该建筑有影响房屋安全的明显沉降和倾斜，未发现由于地基承载力不足或不均匀沉降所造成的主要承重构件开裂和变形。

（三）建筑基础和上部承重结构现状调查

该建筑结构为二层砖混结构，主要由纵、横墙承重，外承重墙体采用烧结普通砖墙，墙厚约为370mm，内墙墙体采用烧结普通砖墙，墙厚约为240mm，一层至二层烧结普通砖强度设计等级不详，一层至二层砌筑混合砂浆强度设计等级不详；一层顶采用现浇板，二层顶采用双玻彩钢屋面。该建筑四角及楼梯间四角设置了构造柱，每层均设置圈梁。

通过现场结构现状检查，未发现该建筑有影响房屋安全的明显沉降和倾斜，未发现由于基础老化、腐蚀、酥碎所造成的上部结构出现明显倾斜、位移、变形等现象。

经现场检查，主要承重墙构件未发现明显的倾斜、歪扭等现象以及明显影响结构安全性的变形，纵横墙交接处现状未见明显异常，屋盖板现状未见明显异常，且未发现明显歪扭、变形。砌体墙未见开裂、风化酥碱等现象，混凝土构件未发现明显的倾斜、歪扭等现象以及明显影响结构安全性的变形、损伤。

（四）围护结构现状检查

经现场检查，围护结构位置处门、窗洞口过梁均未发现明显的倾斜、歪扭等现象以及明显影响结构安全性的缺陷及损伤。

（五）上部承重结构现场检测结果

1. 砖强度

采用回弹法对墙体进行砖强度抽样检测，检测结果见表8-1、表8-2。

表8-1 回弹法检测砖强度汇总（一层）

<table>
<tr><th rowspan="2">序号</th><th rowspan="2">构件名称及部位</th><th colspan="3">抗压强度换算值/MPa</th><th rowspan="2">变异系数</th><th rowspan="2">抗压强度标准值 f_{1k}/MPa</th><th rowspan="2">强度等级推定标准</th><th rowspan="2">推定强度等级</th></tr>
<tr><th>换算平均值</th><th>检验批平均值 $f_{1,m}$</th><th>标准差</th></tr>
<tr><td>1</td><td>一层①-②/Ⓐ墙</td><td>17.4</td><td rowspan="10">17.63</td><td rowspan="10">1.46</td><td rowspan="10">0.08</td><td rowspan="10">15.0</td><td rowspan="10">$f_{1,m}\geqslant15.0$
$f_{1k}\geqslant10.0$</td><td rowspan="10">MU15</td></tr>
<tr><td>2</td><td>一层③-④/Ⓐ墙</td><td>17.6</td></tr>
<tr><td>3</td><td>一层⑤-⑥/Ⓐ墙</td><td>15.0</td></tr>
<tr><td>4</td><td>一层⑥-⑦/Ⓐ墙</td><td>16.2</td></tr>
<tr><td>5</td><td>一层⑧-⑨/Ⓐ墙</td><td>19.0</td></tr>
<tr><td>6</td><td>一层⑩-⑪/Ⓑ墙</td><td>19.9</td></tr>
<tr><td>7</td><td>一层⑬-⑭/Ⓑ墙</td><td>19.2</td></tr>
<tr><td>8</td><td>一层⑭-⑮/Ⓑ墙</td><td>17.3</td></tr>
<tr><td>9</td><td>一层⑯-⑰/Ⓑ墙</td><td>17.2</td></tr>
<tr><td>10</td><td>一层⑪-⑫/Ⓑ墙</td><td>17.6</td></tr>
</table>

该建筑一层砖抗压强度推定等级均达到MU15。

表 8-2　回弹法检测砖强度汇总（二层）

序号	构件名称及部位	抗压强度换算值/MPa			变异系数	抗压强度标准值 f_{1k}/MPa	强度等级推定标准	推定强度等级
		换算平均值	检验批平均值/$f_{1,m}$	标准差				
1	二层⑬/Ⓐ-Ⓑ墙	18.1	16.53	1.23	0.07	14.3	$f_{1,m}\geqslant15.0$ $f_{1k}\geqslant10.0$	MU15
2	二层⑬-⑭/Ⓐ墙	15.4						
3	二层⑭-⑮/Ⓐ墙	18.3						
4	二层⑯-⑰/Ⓐ墙	15.2						
5	二层⑲-⑳/Ⓐ墙	17.2						
6	二层㉑-㉒/Ⓐ墙	17.8						
7	二层⑩-⑪/Ⓐ墙	15.5						
8	二层⑫-⑬/Ⓐ墙	16.3						
9	二层⑰-⑱/Ⓐ墙	16.0						
10	二层⑱-⑲/Ⓐ墙	15.4						

该建筑二层砖抗压强度推定等级均达到 MU15。

2. 砂浆强度

采用贯入法对部分区域墙砂浆强度进行抽样检测，检测结果见表 8-3、表 8-4。

表 8-3　砂浆强度检测结果（首层）

序号	构件名称及部位	贯入深度平均值/mm	抗压强度换算值/MPa			变异系数	抗压强度推定/MPa
			强度换算值	换算平均值	换算强度标准差		
1	一层①-②/Ⓐ墙	5.59	4.6	4.0	0.52	0.13	3.6
2	一层③-④/Ⓐ墙	5.87	4.1				
3	一层⑤-⑥/Ⓐ墙	6.26	3.6				
4	一层⑭-⑮/Ⓑ墙	6.07	3.8				
5	一层⑯-⑰/Ⓑ墙	6.57	3.2				
6	一层⑪-⑫/Ⓑ墙	5.69	4.4				

该建筑一层砂浆抗压强度推定值达到 3.6MPa。

表 8-4 砂浆强度检测结果（二层）

序号	构件名称及部位	贯入深度平均值/mm	抗压强度换算值/MPa			变异系数	抗压强度推定/MPa
			强度换算值	换算平均值	换算强度标准差		
1	二层①/Ⓐ-Ⓑ墙	4.91	6.1	6.0	0.35	0.06	5.5
2	二层①-②/Ⓐ墙	4.97	5.9				
3	二层②-③/Ⓐ墙	4.79	6.3				
4	二层③-④/Ⓐ墙	4.75	6.4				
5	二层④-⑤/Ⓐ墙	5.04	5.7				
6	二层⑤-⑥/Ⓐ墙	5.14	5.5				

该建筑二层砂浆抗压强度推定值达到 5.5MPa。

3. 混凝土强度

采用回弹法对该建筑可检区域内构件混凝土强度进行抽检检测，应委托方要求不进行钻芯修正，依据《民用建筑可靠性鉴定标准》(GB 50292—2015) 附录 K 中老龄混凝土回弹值龄期修正的规定，混凝土浇筑时间约为 2005 年，依据表 K.0.3 混凝土抗压强度换算值修正系数取 0.94，检测结果见表 8-5。

表 8-5 回弹法检测混凝土强度汇总（单个评定梁）

序号	构件名称及位置	抗压强度换算值/MPa			
		换算强度平均值	标准差	强度推定值	强度修正值
1	一层梁⑦/Ⓐ-Ⓑ	46.7	1.63	44.0	41.3
2	一层梁③/Ⓐ-Ⓑ	46.0	1.36	43.8	41.1
3	一层梁⑪/Ⓐ-Ⓑ	46.5	1.34	44.3	41.6
4	一层梁⑭/Ⓐ-Ⓑ	46.1	1.50	43.6	41.0

4. 钢筋配置

采用钢筋探测仪和游标卡尺对梁、板的钢筋配置进行检测，检测结果见表 8-6、表 8-7。

表 8-6 梁箍筋配置、纵筋数量抽样检测汇总

序号	构件名称及部位	箍筋间距实测均值/mm	底部纵筋数量	钢筋直径实测值/mm
1	一层梁⑦/Ⓐ-Ⓑ	199	3	—
2	一层梁③/Ⓐ-Ⓑ	203	3	24.72（底部角筋）
3	一层梁⑪/Ⓐ-Ⓑ	201	3	—

表 8-7 板箍筋配置抽样检测汇总

序号	构件名称及部位	东西箍筋间距实测均值/mm	南北箍筋间距实测均值/mm
1	一层梁③-④/Ⓐ-Ⓑ	207	195
2	一层梁⑥-⑦/Ⓐ-Ⓑ	204	208

续表

序号	构件名称及部位	东西箍筋间距实测均值/mm	南北箍筋间距实测均值/mm
3	一层梁⑦-⑧/Ⓐ-Ⓑ	198	195
4	一层梁⑬-⑭/Ⓐ-Ⓑ	195	197
5	一层梁⑭-⑮/Ⓐ-Ⓑ	201	195

5. 建筑倾斜

对该建筑的倾斜进行检测，检测结果见表 8-8。

表 8-8　房屋整体倾斜检测结果汇总

楼号	测量位置	倾斜方向	偏差值/mm	测斜高度/mm	倾斜率/%
7＃办公用房	东北角	东	8	6600	0.12
		北	7	6600	0.10

根据测量结果，该建筑的整体倾斜未超过规范允许的限值。

五、承载能力验算

依据现行《建筑结构可靠性设计统一标准》(GB 50068—2018)《建筑结构荷载规范》(GB 50009—2012) 和《砌体结构设计规范》(GB 50003—2011) 等规范，对该建筑的主要结构构件进行结构承载力验算。

鉴于该建筑结构图纸缺失，本次模型根据实测结构构件尺寸、材料强度，按实测参数并计入风化、锈蚀等损伤情况进行复核计算。荷载和荷载组合按照现行《建筑结构可靠性设计统一标准》(GB 50068—2018) 的规定，采用 PKPM 软件建模计算，承载力验算参数见表 8-9。

表 8-9　承载力验算参数表

分类	具体参数取值		
结构布置	现场检查、检测结果		
材料强度	砖	一层、二层	MU15、MU15
	砂浆	一层、二层	3.6MPa、5.5MPa
	混凝土梁	一层、二层	C40
荷载取值	风荷载	按 50 年重现期	0.45 kN/m^2
	雪荷载	按 50 年重现期	0.40 kN/m^2
	楼面	恒荷载（包括板自重）	4.5kN/m^2、7.0kN/m^2（楼梯间）
	屋面板	恒荷载（包括板自重）	2.5kN/m^2
	楼面（除阳台外）	活荷载	2.0kN/m^2、3.5kN/m^2（楼梯间）
	楼面（走廊）	活荷载	2.5kN/m^2
	屋面（不上人）	活荷载	0.5kN/m^2
结构重要性系数 γ_0		1.0	

该建筑为1993年建造的砖混结构，依据《危险房屋鉴定标准》（JGJ 125—2016）中5.1.2规定，该建筑房屋类型属于Ⅱ类，混凝土与砌体构件结构构件抗力与效应之比的调整系数分别取1.10和1.05。

六、房屋安全性鉴定

（一）第一阶段鉴定（地基危险性鉴定）

根据《危险房屋鉴定标准》（JGJ 125—2016），地基的危险性鉴定包括地基承载力、地基沉降、土体位移等内容。地基危险性状态鉴定应符合下列规定。

（1）可通过分析房屋近期沉降、倾斜观测资料和其上部结构因不均匀沉降引起的反应的检查结果进行判定。

（2）必要时，宜通过地质勘察报告等资料对地基的状态进行分析和判断，缺乏地质勘察资料时，宜补充地质勘察。

通过现场检查，未发现该建筑墙体存在由不均匀沉降产生的裂缝。地基稳定，房屋整体结构没有明显倾斜迹象，结合建筑周边环境及建筑自身上部结构状况判断，该建筑物地基和基础无明显缺陷，基本满足承载力和稳定性要求。因此，评定地基为非危险状态。

（二）第二阶段鉴定（基础及上部结构危险性鉴定）

1. 构件危险性鉴定（第一层次）

（1）基础构件危险性鉴定

根据《危险房屋鉴定标准》（JGJ 125—2016），基础构件的危险性鉴定应包括基础构件的承载能力、构造与连接、裂缝和变形等内容。基础构件的危险性鉴定应符合下列规定。

①可通过分析房屋近期沉降、倾斜观测资料和其因不均匀沉降引起上部结构反应的检查结果进行判定。判定时，应检查基础与承重砖墙连接处的水平、竖向和斜向阶梯形裂缝状况，基础与框架柱根部连接处的水平裂缝状况，房屋的倾斜位移状况，地基滑坡、稳定、特殊土质变形和开裂等状况。

②必要时，宜结合开挖方式对基础构件进行检测，通过验算承载力进行判定。

通过现场检查，未发现该建筑近期有明显沉降、倾斜，未发现由于基础老化、腐蚀、酥碎所造成的上部结构出现明显倾斜、位移、变形等现象，故判断该建筑基础构件均为非危险构件，基础危险等级为A_u级。

（2）砌体结构构件危险性鉴定

根据《危险房屋鉴定标准》（JGJ 125—2016），砌体结构构件的危险性鉴定应包括承载能力、构造与连接、裂缝和变形等内容。砌体结构构件检查应包括下列主要内容。

①查明不同类型构件的构造连接部位状况。

②查明纵横墙交接处的斜向或竖向裂缝状况。

③查明承重墙体的变形、裂缝和拆改情况。

④查明拱脚裂缝和位移状况，以及圈梁构造柱的完损情况。

⑤确定裂缝宽度、长度、深度、走向、数量分布，并应观测裂缝的发展趋势。

根据现场检查、检测及计算结果，依据《危险房屋鉴定标准》(JGJ 125—2016) 中5.3规定，主要受力构件未发现明显倾斜、歪扭等现象以及明显影响结构安全性的缺陷及损伤，结构抗力与作用效应比值调整后大于0.9，构件工作正常，评定为非危险构件。

(3) 混凝土结构构件危险性鉴定

根据《危险房屋鉴定标准》(JGJ 125—2016)，混凝土结构构件的危险性鉴定应包括承载能力、构造与连接、裂缝和变形等内容。混凝土结构构件应重点检查墙、柱、梁、板的受力裂缝和钢筋锈蚀状况，柱根、柱顶的裂缝状况，屋架倾斜以及支撑系统的稳定性情况等。

根据现场检查、检测结果，依据《危险房屋鉴定标准》(JGJ 125—2016) 中5.4规定，该建筑混凝土主要受力构件未发现明显倾斜、歪扭等现象以及明显影响结构安全性的缺陷及损伤，构件工作正常，全部为非危险构件。

(4) 围护结构承重构件危险性鉴定

根据《危险房屋鉴定标准》(JGJ 125—2016)，围护结构承重构件的危险性鉴定应包括承载能力、构造和连接、变形等内容。

同时，根据《危险房屋鉴定标准》(JGJ 125—2016) 中5.1.5规定，当构件同时符合下列条件时，可直接评定为非危险构件。

①构件未受结构性改变、修复或用途及使用条件改变的影响。

②构件无明显的开裂、变形等损坏。

③构件工作正常，无安全性问题。

根据现场检查、检测及计算结果，依据《危险房屋鉴定标准》(JGJ 125—2016) 规定，砌体及混凝土构件未发现明显倾斜、歪扭等现象以及明显影响结构安全性的缺陷及损伤，构件工作正常，全部为非危险构件。该建筑结构主要受力构件危险情况见表8-10、表8-11。

表8-10　结构主要受力构件危险情况汇总（Ⅰ段）

构件名称	墙体	混凝土梁	楼屋面板	围护构件
一层构件总数	21	3	8	15
一层危险构件数	0	0	0	0
二层构件总数	21	3	8	15
二层危险构件数	0	0	0	0

表8-11　结构主要受力构件危险情况汇总（Ⅱ段）

构件名称	墙体	混凝土梁	楼屋面板	围护构件
一层构件总数	33	4	20	25
一层危险构件数	0	0	0	0
二层构件总数	33	4	20	24
二层危险构件数	0	0	0	0

2. 基础及楼层危险性鉴定（第二层次）

基础及上部结构各楼层的危险构件综合比例依据《危险房屋鉴定标准》（JGJ 125—2016）公式 6.3.1、6.3.3 进行计算和评定，通过现场检查、检测及计算结果，该建筑基础及各层危险性等级评定结果见表 8-12、表 8-13。

表 8-12　基础及楼层构件评级汇总（Ⅰ段）

楼层	楼层危险构件综合比例/%	楼层危险性等级
基础	0	A_u
一层	0	A_u
二层	0	A_u

表 8-13　基础及楼层构件评级汇总（Ⅱ段）

楼层	楼层危险构件综合比例/%	楼层危险性等级
基础	0	A_u
一层	0	A_u
二层	0	A_u

3. 房屋整体结构危险性鉴定（第三层次）

依据《危险房屋鉴定标准》（JGJ 125—2016）中 6.3 综合评定方法确定房屋整体结构危险性等级，整体结构危险构件综合比例 R 按公式 6.3.5 确定。

综上检查、检测及计算结果，综合用房-7—办公用房结构危险构件综合比例为 0%，依据《危险房屋鉴定标准》（JGJ 125—2016）中 6.3.6 规定，该建筑Ⅰ段处于 A 级房屋状态，Ⅱ段处于 A 级房屋状态（无危险构件，房屋结构能满足安全使用要求）。

七、鉴定结论及处理建议

（一）鉴定结论

根据现场检查、检测及计算结果，依据现行《危险房屋鉴定标准》（JGJ 125—2016）进行房屋危险性鉴定，结果为综合用房-7—办公用房Ⅰ段处于 A 级房屋状态，Ⅱ段处于 A 级房屋状态（无危险构件，房屋结构能满足安全使用要求）。

（二）处理建议

（1）使用人及所有人应定期对建筑进行检查、维护。若发现有异常情况，如结构构件出现倾斜、变形等异常情况，应及时采取安全措施进行处理并报告有关部门，以确保安全。

（2）使用过程中如使用功能或荷载发生变化，必须征得设计单位或鉴定单位同意。

第九章　钢　结　构

案例九　某厂房危房鉴定

一、房屋建筑概况

厂房位于北京市大兴区采育镇北京采育经济开发区采伟路6号，结构形式为地上二层钢结构（一层为钢框架结构、二层为门式刚架结构）。该建筑建于2007年，建筑总面积约为8531.15m²（建筑总面积为委托方提供），本次鉴定总面积约为8531.15m²。该建筑总长度约为87.8m，总宽度约为58.46m，总高度约为9.5m。该建筑设计单位（委托方提供的结构安全检测报告中描述该建筑设计单位为北京本土建筑设计有限公司，因委托方未提供图纸，因此设计单位信息不能确定）、施工单位及监理单位不详。委托方提供该建筑结构安全检测报告一份[康桥检测（2014）综字第（100-1）号]，未提供其他相关资料。该建筑主要承重构件为钢柱（GZ）和钢梁（GL），主要受力体系一层为钢框架结构、二层为门式刚架结构，钢结构连接采用螺栓及焊接方式连接，柱脚为刚性连接。围护结构墙体采用钢檩条+彩色钢板岩棉夹心板墙。房屋概况如下。

（1）地基：委托方未提供该建筑图纸资料，地基持力层不详。

（2）基础：因现场条件限制，基础未开挖。

（3）上部承重结构：该建筑主要承重构件为钢柱（GZ）和钢梁（GL），主要受力体系一层为钢框架结构、二层为门式刚架结构，钢结构连接采用螺栓及焊接方式连接，柱脚为刚性连接。钢结构柱、梁均采用焊接H型钢，钢梁与钢柱为螺栓及焊接方式连接，柱脚为刚性连接。一层层高均为4.6m，二层层高均为4.3m。一层楼板为预制混凝土板，一层钢梁为等截面焊接H型钢梁，二层钢梁为变截面焊接H型钢梁，钢柱为等截面焊接H型钢柱。

（4）围护结构承重构件：围护结构外墙采用钢檩条+彩色钢板岩棉夹心板墙，内隔墙采用彩色钢板岩棉夹心板及部分玻璃隔墙。二层屋面檩条为C型钢檩条，C型钢截面尺寸（mm）为160×60×20×3，檩条间距约为1.5m，二层屋面板为轻质彩钢复合板。

为了解该房屋危险程度，确保房屋的安全使用，委托方特委托中国建材检验认证集团股份有限公司对该项目1#厂房的工程结构实体进行第三方危险性检测鉴定。建筑外观见图9-1，主体结构布置示意图见

图9-1　建筑外观

图 9-2～图 9-6。

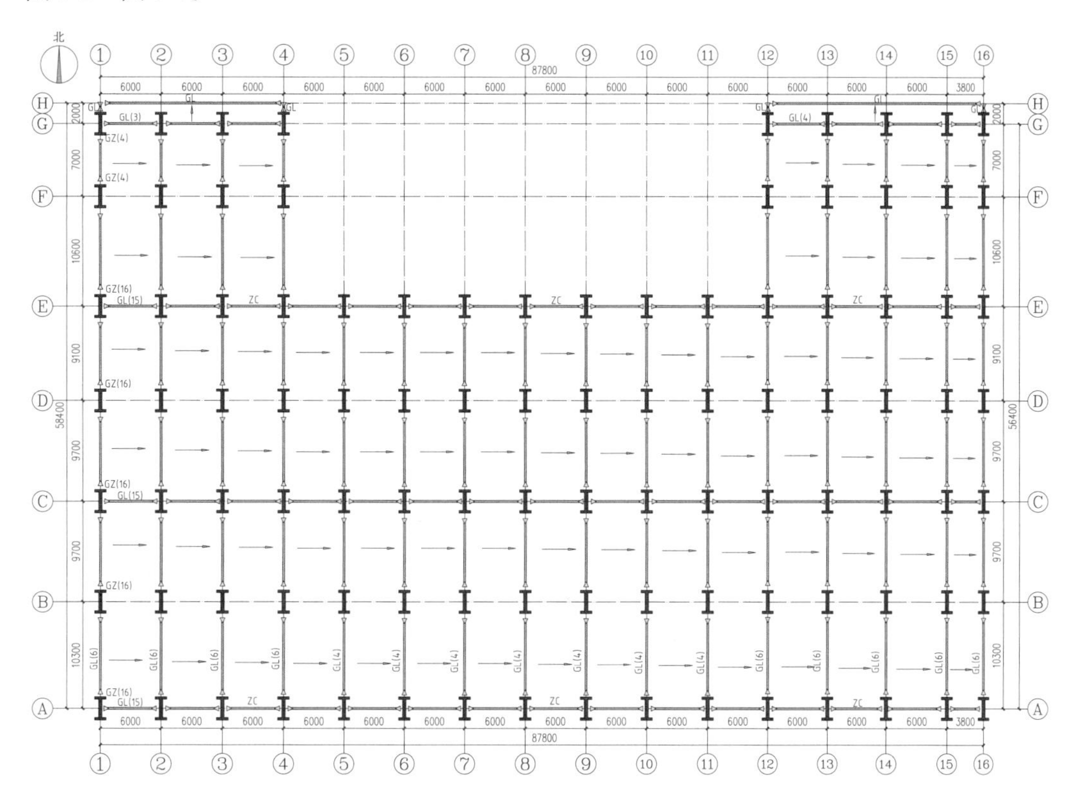

图 9-2　一层结构布置示意图（单位：mm）

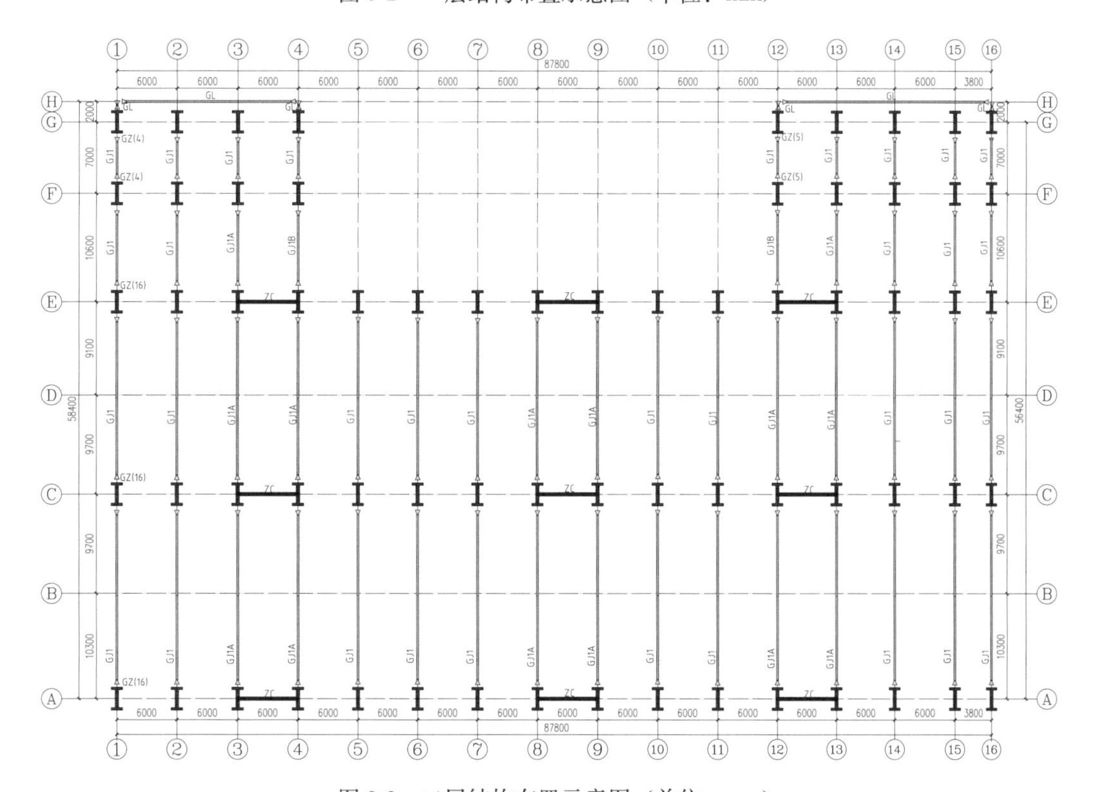

图 9-3　二层结构布置示意图（单位：mm）

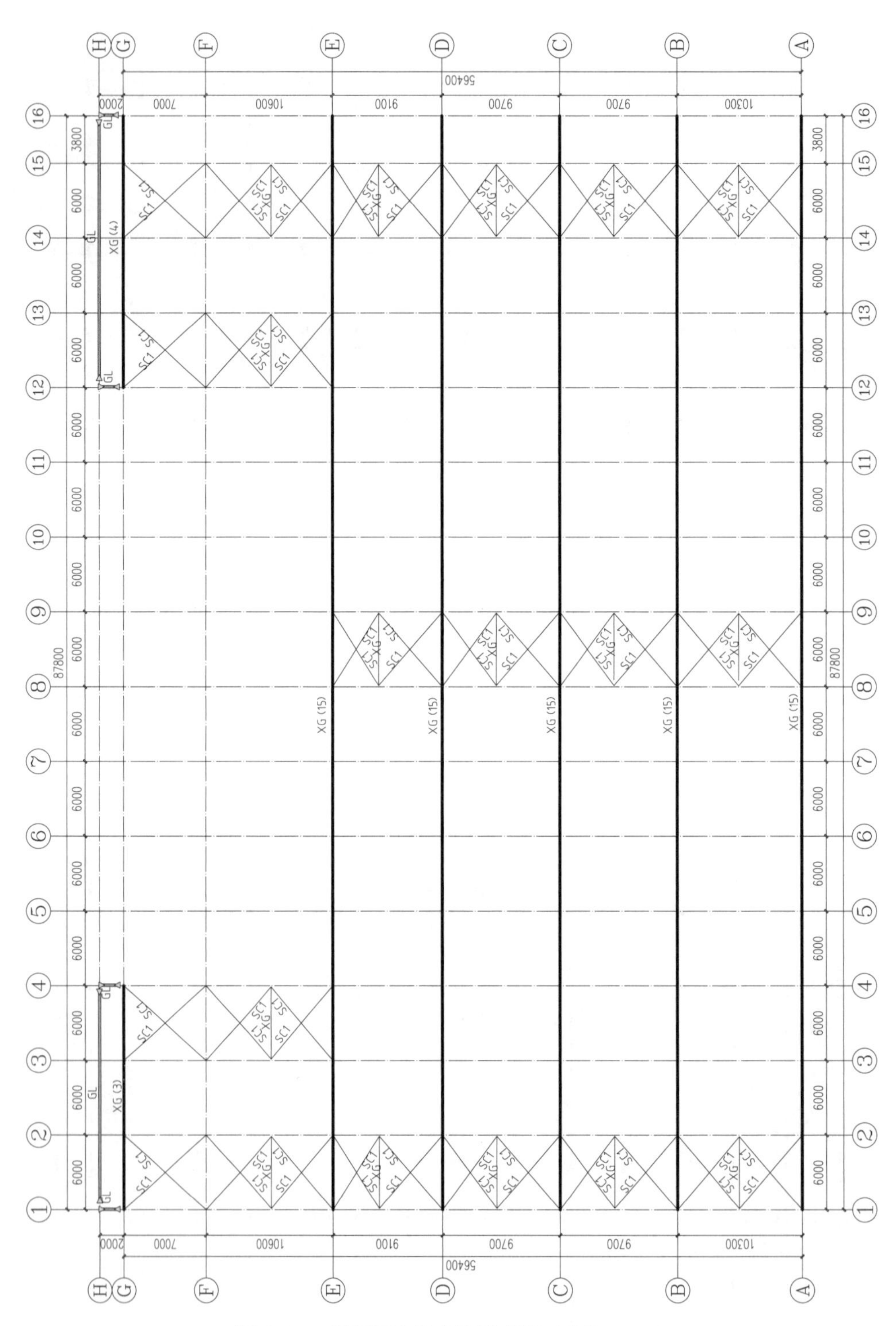

图 9-4　二层屋面支撑布置示意图（单位：mm）

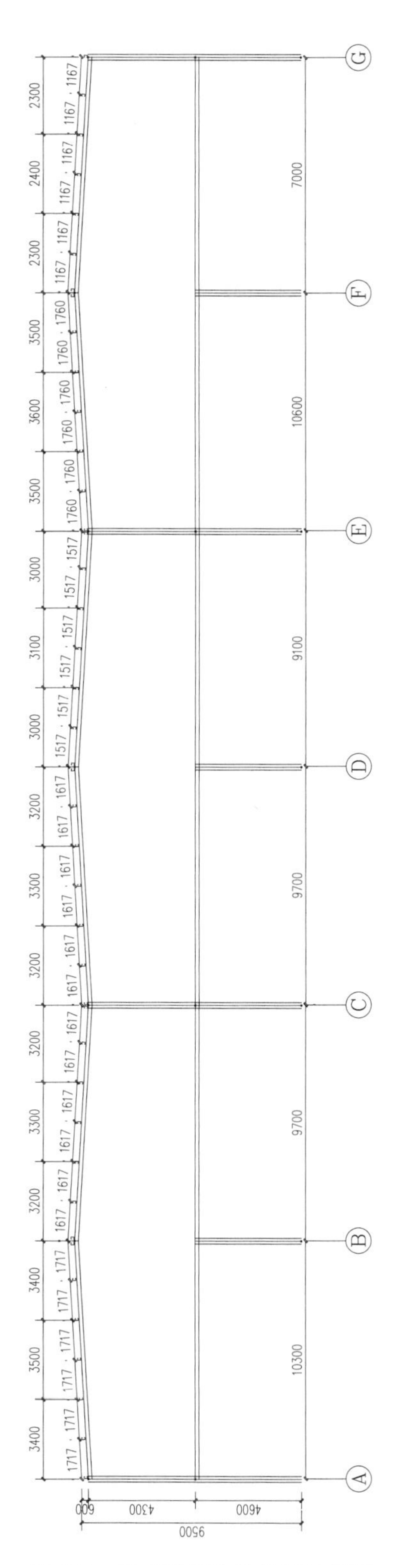

图 9-5 门式刚架构件布置示意图
（单位：mm）

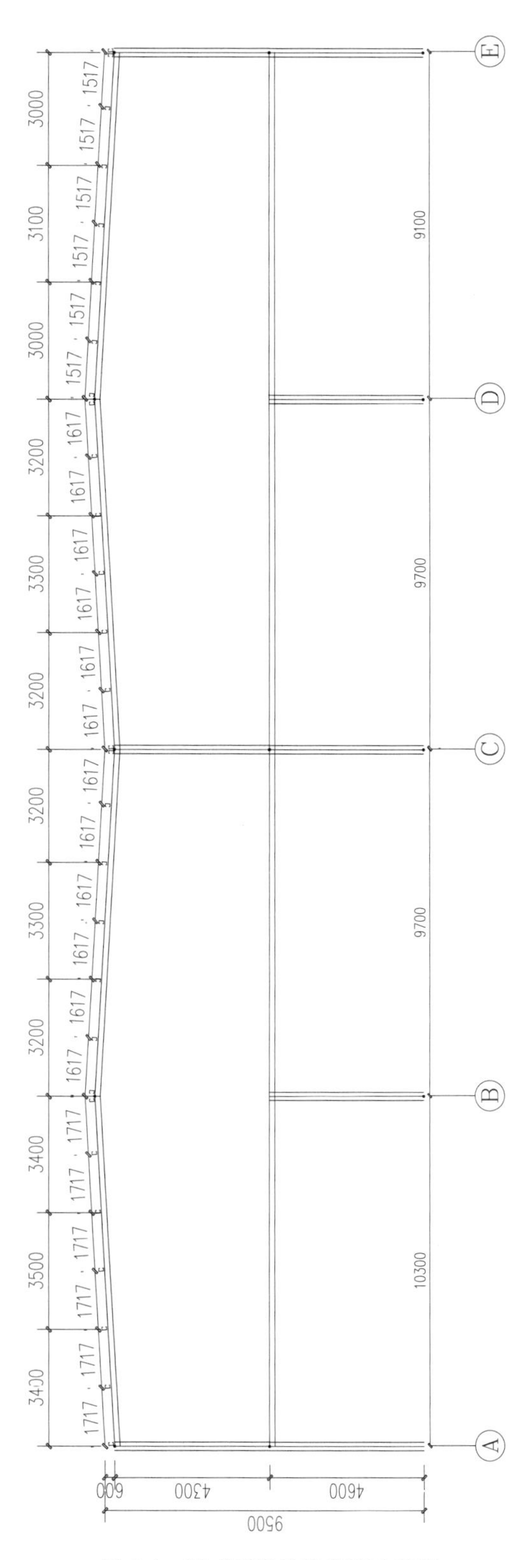

图 9-6 门式刚架构件布置示意图
（单位：mm）

二、鉴定范围和内容

（一）鉴定范围

对1#厂房结构整体范围（见图9-2、图9-3）进行鉴定。

（二）鉴定内容

（1）建筑结构使用条件与环境检查。

对建筑结构使用条件与环境进行核查。

（2）地基。

通过对建筑物现状及沉降、变形等情况进行检查。

（3）基础和上部结构现状检查。

（4）围护结构承重部分现状检查。

（5）上部承重结构检测。

①对钢构件尺寸进行检测。

②钢构件钢材强度检测。

③整体倾斜——使用全站仪进行检测。

（6）房屋危险性鉴定。

根据检查、检测结果，依据《危险房屋鉴定标准》（JGJ 125—2016）对该房屋结构危险性进行鉴定，并提出相关处理意见。

三、检测鉴定的依据和设备

（一）检测鉴定依据

（1）《建筑结构检测技术标准》（GB/T 50344—2019）。

（2）《门式刚架轻型房屋钢结构技术规范》（GB 51022—2015）。

（3）《钢结构工程施工质量验收标准》（GB 50205—2020）。

（4）《钢结构现场检测技术标准》（GB/T 50621—2010）。

（5）《热轧钢板和钢带的尺寸、外形、重量及允许偏差》（GB/T 709—2019）。

（6）《碳素结构钢》（GB/T 700—2006）。

（7）《低合金高强度结构钢》（GB/T 1591—2018）。

（8）《钢结构设计标准》（GB 50017—2017）。

（9）《危险房屋鉴定标准》（JGJ 125—2016）。

（10）《建筑变形测量规范》（JGJ 8—2016）。

（二）检测设备

（1）钢卷尺（ZT-195）。

（2）激光测距仪（ZT-213）。

（3）钢直尺（ZT-189）。

（4）超声波测厚仪（GJ-062）。

（5）里氏硬度计（GJ-066）。

（6）全站仪（ZT-035）。

（7）数码照相机。

四、检测鉴定抽样

根据双方合同约定、现场实际情况及相关单位意见，按照《危险房屋鉴定标准》（JGJ 125—2016）和《建筑结构检测技术标准》（GB/T 50344—2019）等确定该房屋检测项目及抽样规范。检测项目及抽样方法见表 9-1。

表 9-1 检测项目及抽样方法

项目编号	检测项目内容	抽检方法
1	钢构件尺寸检测	按 GB/T 50344—2019 抽样
2	钢结构构件钢材强度检测	按 GB/T 50344—2019 抽样
3	构件损伤的识别与测定	全数检测
4	建筑物倾斜	按 JGJ 8—2016 抽样

五、现场检查、检测情况

于 2021 年 2 月 1 日到 2021 年 2 月 9 日对该项目 1＃厂房现状进行了现场检查、检测，具体结果如下。

（一）建筑结构使用条件与环境检查

经现场检查和调查，该建筑用于办公及生产车间使用。该建筑未发现使用环境明显异常。委托方未提供设计建筑图及结构图等有效图纸。

（二）建筑地基现状调查

通过现场结构现状检查，未发现该建筑有影响房屋安全的明显沉降和倾斜，未发现由于地基承载力不足或不均匀沉降所造成的上部构件节点脱开和构件损伤。

（三）建筑基础和上部承重结构现状调查

经检查该建筑主要承重构件为钢柱（GZ）和钢梁（GL），主要受力体系一层为钢框架结构、二层为门式刚架结构。钢结构柱、梁均采用焊接 H 型钢，钢梁与钢柱采用螺栓及焊接方式形成刚性连接，柱脚采用螺栓及焊接形成刚性连接。

该建筑在端部和中部设置柱侧向支撑及屋面横向支撑，二层屋面纵向方向布置系杆，梁侧向布置隅撑与檩条相连，支撑布置基本满足《门式刚架轻型房屋钢结构技术规范》（GB 51022—2015）相关要求。

一层钢梁为等截面焊接 H 型钢，一层钢柱为等截面焊接 H 型钢，一层楼板为预制混凝土板，钢柱与钢梁采用焊接和螺栓形成刚性连接，钢柱与基础连接板采用螺栓连接，并在翼缘通过加劲板固定形成固结节点。预制混凝土板两端搭接在钢梁上翼缘。

二层钢梁为变截面起拱焊接 H 型钢梁，二层钢柱为等截面焊接 H 型钢。钢梁与钢柱采用螺栓及焊接方式形成刚性连接。

钢柱、钢梁可见防腐涂装，可见防火涂层。未发现主要承重钢柱、钢梁存在锈蚀或变形等现象，钢构件连接节点未发现有拉开、变形、滑移、松动、剪坏等现象影响结构安全的缺陷，未发现钢柱与钢梁连接处有损坏现象，未发现柱脚与基础连接部位有损坏现象。

(四) 围护结构现状检查

经现场检查，围护结构外墙采用钢檩条+彩色钢板岩棉夹心板墙。内隔墙采用轻钢龙骨轻质隔墙及玻璃隔墙，二层屋面檩条为钢檩条，檩条为C型钢，C型钢截面尺寸(mm)为160×60×20×3，檩条间距约为1.5m，二层屋面板为轻质彩钢复合板。围护结构墙体、挑檐、屋面钢檩条及屋面板等外观质量基本完好，未发现明显的倾斜、歪扭等现象。

(五) 建筑倾斜检测结果

根据《危险房屋鉴定标准》(JGJ 125—2016)规定，两层及两层以下房屋整体倾斜率不超过3%。在现场具备测量条件的位置进行建筑物倾斜测量结果见表9-2。

表9-2 建筑倾斜测量结果

测量位置	倾斜方向	偏差值/mm	测斜高度/m	倾斜率/‰
东南角	东	10	8.5	1.2
	北	9	8.5	1.1
西南角	东	7	8.5	0.8
	北	11	8.5	1.3
东北角	—	—	—	—
	—	—	—	—
西北角	—	—	—	—
	—	—	—	—

注："—"表示现场条件限制，无法观测

根据上表检测结果，该建筑整体倾斜率未超过规范限值。

(六) 钢构件截面尺寸检测结果

对钢结构柱、钢梁截面尺寸进行抽样检测，检测结果见表9-3、表9-4。

表9-3 钢结构柱构件截面尺寸汇总

序号	构件名称及位置	高×宽×腹板×翼板(北翼板、南翼板)实测尺寸/mm
1	一层⑤/Ⓐ柱	551×222×6.8×9.7(北)×9.8(南)
2	一层⑦/Ⓐ柱	553×222×6.8×9.7(北)×9.5(南)
3	一层⑨/Ⓐ柱	550×220×7.2×9.9(北)×9.6(南)
4	一层⑪/Ⓐ柱	552×222×6.9×9.6(北)×9.5(南)
5	一层⑭/Ⓐ柱	553×219×6.8×9.8(北)×9.8(南)
6	一层⑥/Ⓑ柱	551×222×7×9.8(北)×9.7(南)
7	一层⑦/Ⓑ柱	551×222×7.1×9.6(北)×9.7(南)
8	一层⑧/Ⓑ柱	551×221×6.8×9.8(北)×9.7(南)
9	一层⑩/Ⓑ柱	553×222×6.9×9.5(北)×9.7(南)
10	一层⑫/Ⓑ柱	552×222×7.3×9.7(北)×9.7(南)
11	一层⑭/Ⓑ柱	551×221×7×9.6(北)×9.6(南)

续表

序号	构件名称及位置	高×宽×腹板×翼板（北翼板、南翼板）实测尺寸/mm
12	一层⑧/Ⓒ柱	552×220×6.7×9.6（北）×9.9（南）
13	一层⑩/Ⓒ柱	551×221×7.2×9.7（北）×9.7（南）
14	一层⑪/Ⓒ柱	551×222×7×9.9（北）×9.8（南）
15	一层⑫/Ⓒ柱	551×222×6.9×9.6（北）×9.7（南）
16	一层⑧/Ⓓ柱	551×223×6.8×9.7（北）×9.8（南）
17	一层⑩/Ⓓ柱	551×220×6.9×9.8（北）×9.8（南）
18	一层⑪/Ⓓ柱	550×220×7.1×9.7（北）×9.7（南）
19	一层⑫/Ⓓ柱	551×221×7.1×9.7（北）×9.8（南）
20	一层⑭/Ⓓ柱	551×222×6.8×9.6（北）×9.6（南）
21	二层⑦/Ⓐ柱	551×219×6.9×9.8（北）×9.7（南）
22	二层⑨/Ⓐ柱	552×221×7.3×9.7（北）×9.8（南）
23	二层⑪/Ⓐ柱	551×221×6.9×9.6（北）×9.9（南）
24	二层⑬/Ⓐ柱	552×221×7.2×9.7（北）×9.6（南）
25	二层⑭/Ⓐ柱	552×220×6.9×9.7（北）×9.8（南）
26	二层⑨/Ⓒ柱	552×221×7×9.9（北）×9.8（南）
27	二层⑩/Ⓒ柱	552×222×6.7×9.8（北）×9.7（南）
28	二层⑪/Ⓒ柱	551×220×6.8×9.8（北）×9.7（南）
29	二层⑫/Ⓒ柱	551×222×6.6×9.7（北）×9.9（南）
30	二层⑨/Ⓔ柱	551×222×7.1×9.6（北）×9.8（南）
31	二层⑩/Ⓔ柱	552×220×7.2×9.6（北）×9.6（南）
32	二层⑪/Ⓔ柱	551×220×7×9.5（北）×9.7（南）
33	二层⑫/Ⓔ柱	552×222×6.9×9.8（北）×9.7（南）

表 9-4 钢结构梁构件截面尺寸汇总

序号	构件名称及位置	高×宽×腹板×翼板（下翼板、上翼板）实测尺寸/mm
1	一层⑤/Ⓒ-Ⓓ梁	700×302×7.4×9.8（下）×9.7（上）
2	一层⑥/Ⓒ-Ⓓ梁	701×302×7.5×9.9（下）×9.9（上）
3	一层⑦/Ⓒ-Ⓓ梁	700×300×7.5×9.9（下）×9.9（上）
4	一层⑧/Ⓒ-Ⓓ梁	701×301×7.5×9.9（下）×9.9（上）
5	一层⑧/Ⓑ-Ⓒ梁	700×301×7.4×9.9（下）×9.9（上）
6	一层⑨/Ⓑ-Ⓒ梁	700×301×7.3×9.8（下）×9.9（上）
7	一层⑦/Ⓓ-Ⓔ梁	701×301×7.4×9.8（下）×9.8（上）
8	一层⑨/Ⓓ-Ⓔ梁	701×301×7.4×9.7（下）×9.8（上）
9	一层⑪/Ⓓ-Ⓔ梁	701×301×7.4×9.9（下）×9.9（上）
10	一层⑫/Ⓒ-Ⓓ梁	702×300×7.5×9.9（下）×9.8（上）
11	一层⑬/Ⓓ-Ⓔ梁	702×301×7.4×9.7（下）×9.8（上）
12	一层⑭/Ⓐ-Ⓑ梁	701×301×7.3×9.8（下）×9.7（上）

续表

序号	构件名称及位置	高×宽×腹板×翼板（下翼板、上翼板）实测尺寸/mm
13	一层⑮/Ⓒ-Ⓓ梁	700×302×7.3×9.9（下）×9.8（上）
14	一层⑩/Ⓒ-Ⓓ梁	703×301×7.4×9.8（下）×9.8（上）
15	一层⑪/Ⓒ-Ⓓ梁	701×301×7.4×9.8（下）×9.8（上）
16	一层⑫/Ⓒ-Ⓓ梁	700×301×7.4×9.8（下）×9.8（上）
17	一层⑬/Ⓒ-Ⓓ梁	701×302×7.4×9.9（下）×9.8（上）
18	一层⑤/Ⓐ-Ⓑ梁	703×302×7.4×9.8（下）×9.8（上）
19	一层⑥/Ⓐ-Ⓑ梁	699×302×7.5×9.8（下）×9.8（上）
20	一层⑦/Ⓐ-Ⓑ梁	701×301×7.4×9.8（下）×9.8（上）
21	一层⑪/Ⓑ-Ⓒ梁	700×301×7.4×9.8（下）×9.8（上）
22	一层⑫/Ⓑ-Ⓒ梁	700×300×7.4×9.9（下）×9.8（上）
23	一层⑬/Ⓑ-Ⓒ梁	700×302×7.5×9.8（下）×9.8（上）
24	一层⑤/Ⓓ-Ⓔ梁	699×302×7.5×9.8（下）×9.9（上）
25	一层⑥/Ⓓ-Ⓔ梁	701×301×7.4×9.8（下）×9.8（上）
26	一层⑤-⑥/Ⓒ梁	302×152×6.4×8.6（下）×8.6（上）
27	一层⑦-⑧/Ⓒ梁	301×150×6.4×8.6（下）×8.6（上）
28	一层⑨-⑩/Ⓒ梁	302×151×6.4×8.6（下）×8.6（上）
29	一层⑥-⑦/Ⓔ梁	300×151×6.4×8.6（下）×8.6（上）
30	一层⑧-⑨/Ⓔ梁	301×151×6.4×8.6（下）×8.5（上）
31	一层⑩-⑪/Ⓔ梁	302×151×6.4×8.6（下）×8.6（上）
32	一层⑦-⑧/Ⓐ梁	301×152×6.4×8.6（下）×8.5（上）
33	二层⑤/Ⓑ-Ⓒ梁	300×201×5.7×7.4（下）×7.5（上）
34	二层⑤/Ⓒ-Ⓓ梁	301×201×5.7×7.5（下）×7.5（上）
35	二层⑧/Ⓐ-Ⓑ梁	301×201×5.7×7.4（下）×7.5（上）
36	二层⑧/Ⓓ-Ⓔ梁	300×200×5.7×7.5（下）×7.5（上）
37	二层⑨/Ⓒ-Ⓓ梁	301×202×5.7×7.4（下）×7.4（上）
38	二层⑩/Ⓐ-Ⓑ梁	301×202×5.7×7.5（下）×7.5（上）
39	二层⑪/Ⓒ-Ⓓ梁	300×201×5.7×7.4（下）×7.4（上）
40	二层⑪/Ⓑ-Ⓒ梁	301×200×5.7×7.4（下）×7.4（上）

（七）钢结构构件钢材强度检测结果

采用表面硬度法对钢材强度进行检测，即直接测试钢材上的里氏硬度，根据《金属材料 里氏硬度试验 第1部分：试验方法》（GB/T 17394.1—2014）将所测得的里氏硬度HL转化成维氏硬度（HV），通过《黑色金属硬度及强度换算值》（GB/T 1172—1999）中碳钢维氏硬度与抗拉强度的换算值表换算出所测钢材的抗拉强度值，检测结果见表9-5、表9-6。

表 9-5　钢柱构件强度检测结果汇总

序号	构件	位置	里氏硬度平均值	换算强度值/（N/mm²）	强度平均值/（N/mm²）
1	一层⑤/Ⓐ柱	南翼板	408	467	436
		北翼板	398	447	
		腹板	368	395	
2	一层⑦/Ⓐ柱	南翼板	388	430	437
		北翼板	406	463	
		腹板	382	418	
3	一层⑨/Ⓐ柱	南翼板	398	447	448
		北翼板	402	457	
		腹板	393	439	
4	一层⑪/Ⓐ柱	南翼板	415	484	445
		北翼板	404	459	
		腹板	365	393	
5	一层⑭/Ⓐ柱	南翼板	405	463	454
		北翼板	410	471	
		腹板	386	427	
6	一层⑥/Ⓑ柱	南翼板	404	459	434
		北翼板	389	433	
		腹板	376	409	
7	一层⑦/Ⓑ柱	南翼板	386	427	426
		北翼板	388	430	
		腹板	383	421	
8	一层⑧/Ⓑ柱	南翼板	396	444	435
		北翼板	390	433	
		腹板	386	427	
9	一层⑩/Ⓑ柱	南翼板	398	447	434
		北翼板	399	451	
		腹板	371	403	
10	一层⑫/Ⓑ柱	南翼板	395	440	433
		北翼板	405	463	
		腹板	369	397	
11	一层⑭/Ⓑ柱	南翼板	405	463	449
		北翼板	401	455	
		腹板	387	430	
12	一层⑧/Ⓒ柱	南翼板	414	482	450
		北翼板	392	437	
		腹板	388	430	

续表

序号	构件	位置	里氏硬度平均值	换算强度值/(N/mm²)	强度平均值/(N/mm²)
13	一层⑩/©柱	南翼板	401	455	428
		北翼板	386	427	
		腹板	372	403	
14	一层⑪/©柱	南翼板	408	467	439
		北翼板	389	433	
		腹板	381	418	
15	一层⑫/©柱	南翼板	395	440	450
		北翼板	406	463	
		腹板	397	447	
16	一层⑧/Ⓓ柱	南翼板	401	455	436
		北翼板	383	421	
		腹板	390	433	
17	一层⑩/Ⓓ柱	南翼板	403	459	439
		北翼板	396	444	
		腹板	379	415	
18	一层⑪/Ⓓ柱	南翼板	413	480	446
		北翼板	390	433	
		腹板	385	424	
19	一层⑫/Ⓓ柱	南翼板	386	427	442
		北翼板	415	484	
		腹板	380	415	
20	一层⑭/Ⓓ柱	南翼板	401	455	432
		北翼板	397	447	
		腹板	368	395	
21	二层⑦/Ⓐ柱	南翼板	404	459	442
		北翼板	403	459	
		腹板	374	407	
22	二层⑨/Ⓐ柱	南翼板	410	471	458
		北翼板	415	484	
		腹板	382	418	
23	二层⑪/Ⓐ柱	南翼板	406	463	434
		北翼板	394	439	
		腹板	370	399	
24	二层⑬/Ⓐ柱	南翼板	386	427	420
		北翼板	386	427	
		腹板	373	407	

续表

序号	构件	位置	里氏硬度平均值	换算强度值/（N/mm²）	强度平均值/（N/mm²）
25	二层⑭/Ⓐ柱	南翼板	409	469	441
		北翼板	395	440	
		腹板	380	415	
26	二层⑨/Ⓒ柱	南翼板	415	484	461
		北翼板	414	482	
		腹板	382	418	
27	二层⑩/Ⓒ柱	南翼板	409	469	450
		北翼板	401	455	
		腹板	386	427	
28	二层⑪/Ⓒ柱	南翼板	392	437	441
		北翼板	408	467	
		腹板	382	418	
29	二层⑫/Ⓒ柱	南翼板	395	440	442
		北翼板	398	447	
		腹板	394	439	
30	二层⑨/Ⓔ柱	南翼板	391	437	431
		北翼板	408	467	
		腹板	364	389	
31	二层⑩/Ⓔ柱	南翼板	395	440	430
		北翼板	395	440	
		腹板	376	409	
32	二层⑪/Ⓔ柱	南翼板	395	440	439
		北翼板	401	455	
		腹板	384	421	
33	二层⑫/Ⓔ柱	南翼板	402	457	437
		北翼板	403	459	
		腹板	367	395	

表 9-6　钢梁构件强度检测结果汇总

序号	构件	位置	里氏硬度平均值	换算强度值/（N/mm²）	强度平均值/（N/mm²）
1	一层⑤/Ⓒ-Ⓓ梁	上翼板	410	471	442
		下翼板	397	447	
		腹板	375	409	
2	一层⑥/Ⓒ-Ⓓ梁	上翼板	402	457	452
		下翼板	405	463	
		腹板	391	437	

续表

序号	构件	位置	里氏硬度平均值	换算强度值/(N/mm²)	强度平均值/(N/mm²)
3	一层⑦/Ⓒ-Ⓓ梁	上翼板	388	430	446
		下翼板	412	475	
		腹板	390	433	
4	一层⑧/Ⓒ-Ⓓ梁	上翼板	412	475	444
		下翼板	396	444	
		腹板	378	412	
5	一层⑧/Ⓑ-Ⓒ梁	上翼板	396	444	434
		下翼板	394	439	
		腹板	382	418	
6	一层⑨/Ⓑ-Ⓒ梁	上翼板	406	463	453
		下翼板	403	459	
		腹板	391	437	
7	一层⑦/Ⓓ-Ⓔ梁	上翼板	405	463	452
		下翼板	410	471	
		腹板	384	421	
8	一层⑨/Ⓓ-Ⓔ梁	上翼板	406	463	446
		下翼板	408	467	
		腹板	373	407	
9	一层⑪/Ⓓ-Ⓔ梁	上翼板	405	463	442
		下翼板	407	467	
		腹板	369	397	
10	一层⑫/Ⓒ-Ⓓ梁	上翼板	405	463	459
		下翼板	408	467	
		腹板	397	447	
11	一层⑬/Ⓓ-Ⓔ梁	上翼板	394	439	426
		下翼板	399	451	
		腹板	364	389	
12	一层⑭/Ⓐ-Ⓑ梁	上翼板	390	433	430
		下翼板	401	455	
		腹板	371	403	
13	一层⑮/Ⓒ-Ⓓ梁	上翼板	405	463	436
		下翼板	389	433	
		腹板	378	412	
14	一层⑩/Ⓒ-Ⓓ梁	上翼板	387	430	449
		下翼板	408	467	
		腹板	399	451	

续表

序号	构件	位置	里氏硬度平均值	换算强度值/（N/mm²）	强度平均值/（N/mm²）
15	一层⑪/Ⓒ-Ⓓ梁	上翼板	402	457	460
		下翼板	407	467	
		腹板	401	455	
16	一层⑫/Ⓒ-Ⓓ梁	上翼板	399	451	439
		下翼板	398	447	
		腹板	382	418	
17	一层⑬/Ⓒ-Ⓓ梁	上翼板	409	469	451
		下翼板	410	471	
		腹板	378	412	
18	一层⑤/Ⓐ-Ⓑ梁	上翼板	390	433	448
		下翼板	412	475	
		腹板	391	437	
19	一层⑥/Ⓐ-Ⓑ梁	上翼板	418	489	451
		下翼板	398	447	
		腹板	381	418	
20	一层⑦/Ⓐ-Ⓑ梁	上翼板	402	457	439
		下翼板	392	437	
		腹板	385	424	
21	一层⑪/Ⓑ-Ⓒ梁	上翼板	392	437	453
		下翼板	417	489	
		腹板	390	433	
22	一层⑫/Ⓑ-Ⓒ梁	上翼板	411	475	454
		下翼板	395	440	
		腹板	398	447	
23	一层⑬/Ⓑ-Ⓒ梁	上翼板	401	455	445
		下翼板	396	444	
		腹板	391	437	
24	一层⑤/Ⓓ-Ⓔ梁	上翼板	402	457	451
		下翼板	407	467	
		腹板	387	430	
25	一层⑥/Ⓓ-Ⓔ梁	上翼板	409	469	454
		下翼板	397	447	
		腹板	397	447	
26	一层⑤-⑥/Ⓒ梁	上翼板	401	455	453
		下翼板	408	467	
		腹板	392	437	

续表

序号	构件	位置	里氏硬度平均值	换算强度值/(N/mm²)	强度平均值/(N/mm²)
27	一层⑦-⑧/Ⓒ梁	上翼板	398	447	439
		下翼板	398	447	
		腹板	385	424	
28	一层⑨-⑩/Ⓒ梁	上翼板	397	447	450
		下翼板	408	467	
		腹板	392	437	
29	一层⑥-⑦/Ⓔ梁	上翼板	386	427	449
		下翼板	413	480	
		腹板	393	439	
30	一层⑧-⑨/Ⓔ梁	上翼板	404	459	453
		下翼板	413	480	
		腹板	383	421	
31	一层⑩-⑪/Ⓔ梁	上翼板	404	459	452
		下翼板	397	447	
		腹板	399	451	
32	一层⑦-⑧/Ⓐ梁	上翼板	398	447	444
		下翼板	406	463	
		腹板	384	421	
33	二层⑤/Ⓑ-Ⓒ梁	上翼板	398	447	439
		下翼板	401	455	
		腹板	379	415	
34	二层⑤/Ⓒ-Ⓓ梁	上翼板	392	437	431
		下翼板	402	457	
		腹板	370	399	
35	二层⑧/Ⓐ-Ⓑ梁	上翼板	404	459	446
		下翼板	404	459	
		腹板	383	421	
36	二层⑧/Ⓓ-Ⓔ梁	上翼板	402	457	442
		下翼板	402	457	
		腹板	378	412	
37	二层⑨/Ⓒ-Ⓓ梁	上翼板	385	424	424
		下翼板	394	439	
		腹板	375	409	
38	二层⑩/Ⓐ-Ⓑ梁	上翼板	389	433	430
		下翼板	403	459	
		腹板	370	399	

续表

序号	构件	位置	里氏硬度平均值	换算强度值/（N/mm²）	强度平均值/（N/mm²）
39	二层⑪/Ⓒ-Ⓓ梁	上翼板	396	444	444
		下翼板	413	480	
		腹板	376	409	
40	二层⑪/Ⓑ-Ⓒ梁	上翼板	397	447	438
		下翼板	404	459	
		腹板	373	407	

依据《碳素结构钢》（GB/T 700—2006）中规定 Q235 钢材的抗拉强度范围为 370～500MPa，通过检测结果表明，钢柱及钢梁抗拉强度符合 Q235 钢材要求。

六、房屋危险性鉴定评级

（一）第一阶段鉴定（地基危险性鉴定）

根据《危险房屋鉴定标准》（JGJ 125—2016），地基的危险性鉴定包括地基承载力、地基沉降、土体位移等内容。地基危险性状态鉴定应符合下列规定。

（1）可通过分析房屋近期沉降、倾斜观测资料和其上部结构因不均匀沉降引起的反应的检查结果进行判定。

（2）必要时，宜通过地质勘察报告等资料对地基的状态进行分析和判断，缺乏地质勘察资料时，宜补充地质勘察。

通过现场检查发现，该建筑近期没有出现由于地基危险状态而导致的沉降速率过大、上部结构构件出现严重裂缝、房屋倾斜过大等现象。因此，评定地基为非危险状态。

（二）第二阶段鉴定（基础及上部结构危险性鉴定）

1. 构件危险性鉴定

（1）基础构件危险性鉴定

根据《危险房屋鉴定标准》（JGJ 125—2016），基础构件的危险性鉴定应包括基础构件的承载能力、构造与连接、裂缝和变形等内容。基础构件的危险性鉴定应符合下列规定。

①可通过分析房屋近期沉降、倾斜观测资料和其因不均匀沉降引起上部结构反应的检查结果进行判定。判定时，应检查基础与承重砖墙连接处的水平、竖向和斜向阶梯形裂缝状况，基础与框架柱根部连接处的水平裂缝状况，房屋的倾斜位移状况，地基滑坡、稳定、特殊土质变形和开裂等状况。

②必要时，宜结合开挖方式对基础构件进行检测，通过验算承载力进行判定。

通过现场检查，未发现该建筑近期有明显沉降、倾斜，也未发现因地基不均匀沉降引起上部结构的裂缝、位移等不良反应，故判断该建筑基础构件均为非危险构件，基础危险等级为 A_u 级。

（2）钢结构构件危险性鉴定

根据《危险房屋鉴定标准》（JGJ 125—2016），钢结构构件的危险性鉴定应包括承载能力、构造与连接、变形等内容。钢结构构件重点检查应包括下列主要内容。

①检查各连接节点的焊缝、螺栓、铆钉等情况。

②检查钢柱与梁连接形式，支撑杆件，柱脚与基础部位的损坏情况。

③检查钢屋架杆件弯曲、截面扭曲、节点板弯折情况和钢屋架挠度、侧向倾斜等偏差情况。

根据现场检查、检测结果，依据5.6.3规定，钢柱、钢屋架结构承重构件危险情况见表9-7。

(3) 围护结构承重构件危险性鉴定

根据《危险房屋鉴定标准》(JGJ 125—2016)，围护结构承重构件的危险性鉴定应包括承载能力、构造和连接、变形等内容。

根据现场检查、检测结果，依据5.7.3规定，围护结构承重构件危险情况见表9-7。

表9-7　结构主要受力构件危险情况汇总

	钢柱危险构件数	钢梁危险构件数	楼面板危险构件数	围护构件危险构件数
一层	0	0	0	0
二层	0	0	—	0

2. 房屋整体结构危险性鉴定

依据《危险房屋鉴定标准》(JGJ 125—2016) 中6.2.4规定，对传力体系简单的两层及两层以下房屋，可根据危险构件影响范围直接评定其危险性等级，计算结果见表9-8。

表9-8　危险构件影响范围评级

房屋名称	危险面积/m^2	鉴定房屋面积/m^2	危险面积/鉴定房屋面积	房屋危险性等级
1#厂房	0	8531.15	0	*A*级

综上检查、检测结果，该项目1#厂房整体结构危险构件综合比例为0%，处于*A*级房屋状态（注：*A*级——无危险构件，房屋结构能满足安全使用要求）。

七、鉴定结论及处理建议

（一）鉴定结论

根据现场检查、检测结果，依据《危险房屋鉴定标准》(JGJ 125—2016) 中6.2.4规定，对该项目1#厂房的危险程度做出评定：该建筑处于*A*级，无危险构件，房屋构件能满足安全使用要求。

（二）处理建议

(1) 使用人及所有人应定期对建筑进行检查、维护。若发现有异常情况，如结构构件出现倾斜、变形等异常情况，应及时采取安全措施进行处理并报告有关部门，以确保安全。

(2) 建议定期对钢结构构件做好防锈处理，对未进行防火涂装的钢结构构件进行防火涂装处理。

（3）该建筑在后续使用过程中，使用人及所有人未经具有专业资质的单位进行设计或鉴定时，不应随意改变原有结构布置及使用功能。

（4）使用过程中如使用功能或荷载发生变化，必须征得设计单位或鉴定单位同意。

第四部分

既有幕墙鉴定

第十章　既有玻璃幕墙

案例十　某天文馆玻璃幕墙鉴定

一、房屋概况

某天文馆位于北京市西城区西直门外大街，建于2004年，主体结构为混合结构，地下二层，地上五层，建筑高度约为30.1m，总建筑面积约为20909.32m^2。建筑外立面围护结构为石材幕墙与玻璃幕墙，幕墙面积约为8000m^2。

该建筑幕墙及室内幕墙造型弦体设计单位为深圳市三鑫特种玻璃技术股份有限公司，玻璃幕墙施工单位为深圳市三鑫特种玻璃技术股份有限公司，石材幕墙施工单位为北京北国建筑工程有限责任公司，建设单位为北京天文馆。委托方提供了该建筑幕墙部分有效竣工图纸资料。该建筑东立面左侧为干挂石材幕墙，右侧为玻璃幕墙（隐框玻璃幕墙）；南立面主要为干挂石材幕墙；西立面左侧为玻璃幕墙（隐框玻璃幕墙），右侧为干挂石材幕墙；该建筑北立面为玻璃幕墙（隐框玻璃幕墙）。

石材幕墙面板接缝位置使用硅酮密封胶进行闭缝处理，幕墙面板材质为灰麻花岗岩光板石材和灰麻花岗岩烧毛线条石材，玻璃幕墙面板采用钢化中空玻璃，外立面玻璃幕墙面板接缝位置使用硅酮密封胶进行闭缝处理，室内幕墙造型弦体采用钢化夹胶玻璃。

受该天文馆的委托，对其建筑玻璃幕墙进行检测鉴定服务。

某天文馆的幕墙外观实景见图10-1。

图10-1　某天文馆幕墙外观实景

二、鉴定范围和内容

（一）鉴定范围

对该建筑外立面玻璃幕墙及室内幕墙造型弦体玻璃幕墙进行安全鉴定。

（二）鉴定内容

北京市西城区西直门外大街某天文馆建筑幕墙检测鉴定，委托方提供的建筑幕墙图纸资料为有效设计资料，且房屋建筑使用用途与设计相符，依据相关规范、标准以及与委托单位协商确定的检验方案，结合现场实际情况，本工程实施的检验项目如下。

1. 有关资料调查和现场调查

（1）了解房屋建筑的基本情况和房屋建筑相关建设及维修责任单位主体，收集并核查建筑的房屋权属证明、幕墙工程竣工图纸、维护管理类资料、幕墙工程相关检验报告、施工和竣工验收的相关原始资料。

（2）调查房屋建筑幕墙现状、使用期间的损伤情况。

2. 建筑幕墙部分

（1）玻璃面板现状和外观质量检查。

（2）玻璃面板厚度检测。

（3）密封材料检查检测。

（4）钢型材外观质量、尺寸检查检测。

（5）玻璃幕墙承载力验算。

三、检测鉴定的依据和设备

（一）检测鉴定依据

（1）《建筑幕墙》（GB/T 21086—2007）。

（2）《金属与石材幕墙工程技术规范》（JGJ 133—2001）。

（3）《玻璃幕墙工程技术规范》（JGJ 102—2003）。

（4）《玻璃幕墙工程质量检验标准》（JGJ/T 139—2020）。

（5）《既有玻璃幕墙安全性检测与鉴定技术规程》（DB 11/T 1812—2020）。

（6）委托方提供的本项目设计图纸等相关资料。

（二）检测鉴定设备

（1）照相机。

（2）卷尺（ZT-198）。

（3）玻璃测厚仪（ZT-151）。

（4）超声波测厚仪（GJ-064）。

（5）邵氏硬度计（ZT-154）。

（6）靠尺（ZT-038）。

（7）钢直尺（ZT-191）。

（8）经纬仪（ZT-113）。

四、现场检查检测结果

（一）有关资料调查

委托方提供了建设工程规划许可证、工程竣工验收备案资料、工程结构竣工图、工程建筑竣工图、幕墙工程竣工图、工程可行性研究报告、工程监理规划资料、岩土工程勘查报告等相关原始资料。

（二）建筑幕墙部分

1. 玻璃幕墙面板现状检查

现场对建筑玻璃幕墙的面板进行全数检查，发现钢化玻璃面板大量存在中空玻璃起雾，镀膜玻璃氧化变色等外观质量问题，个别钢化玻璃爆裂，存在安全隐患。玻璃幕墙、采光顶及室内幕墙造型弦体玻璃幕墙面板总数约 4000 块。其中，外立面玻璃幕墙及采光顶玻璃面板总数约 2050 块，存在外观质量问题玻璃面板数量约 595 块，占外立面玻璃幕墙及采光顶玻璃面板总数比例为 29%。玻璃幕墙面板接缝处部分硅酮密封胶存在老化开裂、剥离、脱落等现象。室内幕墙造型弦体玻璃幕墙面板的外观质量整体情况良好，未见明显异常。检查中发现的问题及部分典型照片如图 10-2～图 10-13 所示。

图 10-2　立面玻璃幕墙东起 24 列 5 层玻璃破碎

图 10-3　北立面玻璃幕墙东起 27 列 7 层玻璃幕墙边框松动

图 10-4　北立面玻璃幕墙东起 5 列 3 层玻璃夹层漏气，中空玻璃起雾

图 10-5　南立面石材幕墙东起 31 列 23 层钢化玻璃开裂

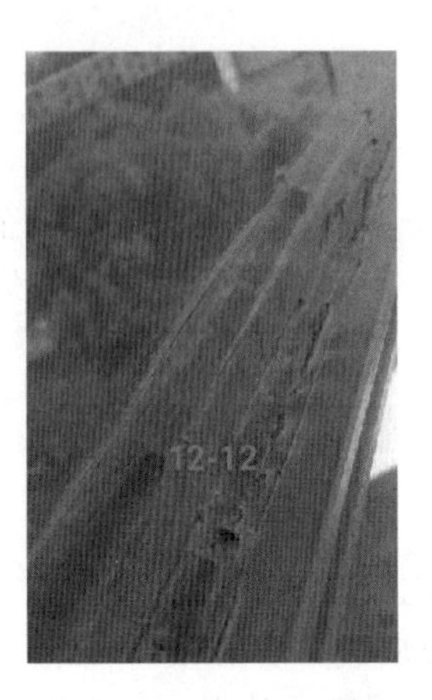

图 10-6　西立面玻璃幕墙南起 12 列 12 层玻璃密封胶老化

图 10-7　室内幕墙造型弦体夹胶玻璃未见异常

图 10-8　室内幕墙造型弦体钢化玻璃外观未见异常二

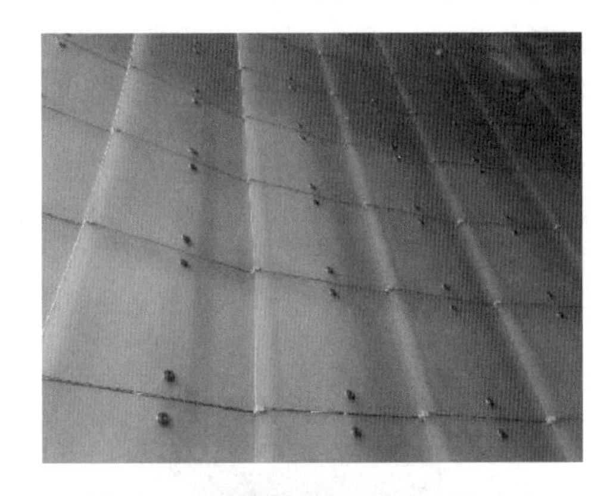

图 10-9　室内幕墙造型弦体夹胶玻璃外观未见异常一

图 10-10　屋顶幕墙造型 2＃弦体底部个别夹胶玻璃损坏开裂

图 10-11　北立面玻璃幕墙东起 35 列 9 层钢化玻璃角部开裂

图 10-12　玻璃采光顶玻璃肋条未见异常

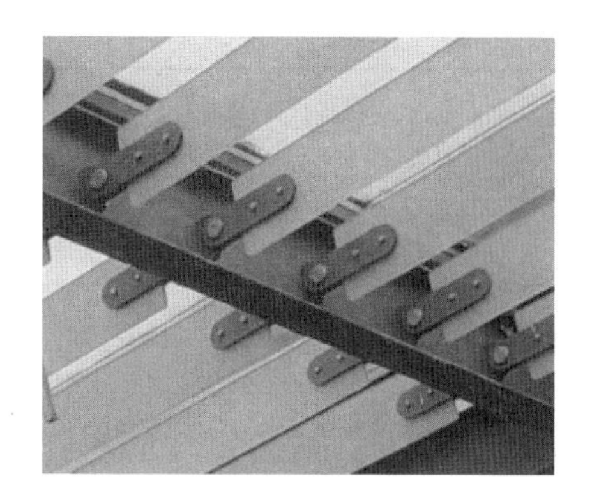

图 10-13　玻璃采光顶玻璃肋条与钢梁连接未见异常

2. 玻璃幕墙面板厚度检验

现场随机抽取 50 块外立面内片玻璃面板进行厚度检验，检验结果见表 10-1。

表 10-1　玻璃面板厚度检验结果汇总

序号	玻璃面板位置	厚度/mm		序号	玻璃面板位置	厚度/mm	
		实测值	设计值			实测值	设计值
1	北立面玻璃幕墙东起 1 列 26 层	8.0	8.0	12	北立面玻璃幕墙东起 13 列 30 层	8.0	8.0
2	北立面玻璃幕墙东起 2 列 27 层	8.0	8.0	13	北立面玻璃幕墙东起 14 列 26 层	8.0	8.0
3	北立面玻璃幕墙东起 3 列 29 层	8.0	8.0	14	北立面玻璃幕墙东起 20 列 28 层	8.0	8.0
4	北立面玻璃幕墙东起 4 列 30 层	8.0	8.0	15	北立面玻璃幕墙东起 21 列 28 层	8.0	8.0
5	北立面玻璃幕墙东起 6 列 28 层	8.0	8.0	16	北立面玻璃幕墙东起 22 列 27 层	8.0	8.0
6	北立面玻璃幕墙东起 7 列 27 层	8.0	8.0	17	北立面玻璃幕墙东起 23 列 29 层	8.0	8.0
7	北立面玻璃幕墙东起 8 列 30 层	8.0	8.0	18	北立面玻璃幕墙东起 24 列 28 层	8.0	8.0
8	北立面玻璃幕墙东起 9 列 27 层	8.0	8.0	19	北立面玻璃幕墙东起 25 列 29 层	8.0	8.0
9	北立面玻璃幕墙东起 10 列 29 层	8.0	8.0	20	北立面玻璃幕墙东起 26 列 27 层	8.0	8.0
10	北立面玻璃幕墙东起 11 列 29 层	8.0	8.0	21	北立面玻璃幕墙东起 28 列 28 层	8.0	8.0
11	北立面玻璃幕墙东起 12 列 28 层	8.0	8.0	22	北立面玻璃幕墙东起 30 列 29 层	8.0	8.0

续表

序号	玻璃面板位置	厚度/mm		序号	玻璃面板位置	厚度/mm	
		实测值	设计值			实测值	设计值
23	北立面玻璃幕墙东起31列29层	8.0	8.0	37	北立面玻璃幕墙东起49列29层	8.0	8.0
24	东立面玻璃幕墙北起32列26层	8.0	8.0	38	北立面玻璃幕墙东起50列28层	8.0	8.0
25	北立面玻璃幕墙东起33列27层	8.0	8.0	39	东立面玻璃幕墙北起1列29层	8.0	8.0
26	北立面玻璃幕墙东起34列29层	8.0	8.0	40	东立面玻璃幕墙北起2列26层	8.0	8.0
27	北立面玻璃幕墙东起35列6层	8.0	8.0	41	东立面玻璃幕墙北起3列26层	8.0	8.0
28	北立面玻璃幕墙东起36列7层	8.0	8.0	42	东立面玻璃幕墙北起4列27层	8.0	8.0
29	北立面玻璃幕墙东起38列7层	8.0	8.0	43	东立面玻璃幕墙北起5列28层	8.0	8.0
30	北立面玻璃幕墙东起39列6层	8.0	8.0	44	东立面玻璃幕墙北起6列28层	8.0	8.0
31	北立面玻璃幕墙东起40列8层	8.0	8.0	45	西立面玻璃幕墙北起1列28层	8.0	8.0
32	北立面玻璃幕墙东起41列6层	8.0	8.0	46	西立面玻璃幕墙北起2列29层	8.0	8.0
33	北立面玻璃幕墙东起42列5层	8.0	8.0	47	西立面玻璃幕墙北起3列26层	8.0	8.0
34	北立面玻璃幕墙东起43列7层	8.0	8.0	48	西立面玻璃幕墙北起4列27层	8.0	8.0
35	北立面玻璃幕墙东起47列28层	8.0	8.0	49	西立面玻璃幕墙北起5列28层	8.0	8.0
36	北立面玻璃幕墙东起48列30层	8.0	8.0	50	西立面玻璃幕墙北起6列28层	8.0	8.0

由检测结果可知，所检玻璃面板内片玻璃厚度值检验结果满足行业标准《玻璃幕墙工程质量检验标准》(JGJ/T 139—2020) 中2.4.2对玻璃厚度的要求。

3. 玻璃幕墙硅酮密封胶检验

(1) 外观质量检查

现场对建筑外立面玻璃幕墙的硅酮密封胶进行外观质量检查，所检的硅酮密封胶整体情况一般，部分玻璃幕墙面板接缝处的硅酮密封胶存在老化开裂、剥离、脱落、胶缝外有胶渍、不光滑、弯曲扭斜等现象。

（2）玻璃幕墙硅酮密封胶邵氏硬度检测

玻璃幕墙面板接缝处采用硅酮密封胶进行了密封处理，现场随机各抽取50个部位进行密封胶邵氏硬度检验，邵氏硬度的检验结果见表10-2。

表10-2　玻璃幕墙硅酮密封胶邵氏硬度检验结果汇总

序号	检验位置	邵氏硬度	结论	序号	检验位置	邵氏硬度	结论
1	北立面玻璃幕墙东起1列26层	52	符合要求	17	北立面玻璃幕墙东起42列5层	44	符合要求
2	北立面玻璃幕墙东起3列29层	50	符合要求	18	北立面玻璃幕墙东起47列28层	51	符合要求
3	北立面玻璃幕墙东起6列28层	62	不符合要求	19	北立面玻璃幕墙东起49列29层	54	符合要求
4	北立面玻璃幕墙东起8列30层	47	符合要求	20	东立面玻璃幕墙北起1列29层	48	符合要求
5	北立面玻璃幕墙东起10列29层	46	符合要求	21	东立面玻璃幕墙北起3列26层	49	符合要求
6	北立面玻璃幕墙东起12列28层	50	符合要求	22	东立面玻璃幕墙北起5列28层	49	符合要求
7	北立面玻璃幕墙东起14列26层	46	符合要求	23	西立面玻璃幕墙北起1列28层	50	符合要求
8	北立面玻璃幕墙东起21列28层	47	符合要求	24	西立面玻璃幕墙北起3列26层	47	符合要求
9	北立面玻璃幕墙东起23列29层	51	符合要求	25	西立面玻璃幕墙北起5列28层	50	符合要求
10	北立面玻璃幕墙东起25列29层	44	符合要求	26	北立面玻璃幕墙东起2列27层	45	符合要求
11	北立面玻璃幕墙东起28列28层	45	符合要求	27	北立面玻璃幕墙东起4列30层	53	符合要求
12	北立面玻璃幕墙东起31列29层	48	符合要求	28	北立面玻璃幕墙东起7列27层	48	符合要求
13	北立面玻璃幕墙东起33列27层	49	符合要求	29	北立面玻璃幕墙东起9列27层	51	符合要求
14	北立面玻璃幕墙东起35列6层	49	符合要求	30	北立面玻璃幕墙东起11列29层	45	符合要求
15	北立面玻璃幕墙东起38列7层	43	符合要求	31	北立面玻璃幕墙东起13列30层	45	符合要求
16	北立面玻璃幕墙东起40列8层	49	符合要求	32	北立面玻璃幕墙东起20列28层	49	符合要求

续表

序号	检验位置	邵氏硬度	结论	序号	检验位置	邵氏硬度	结论
33	北立面玻璃幕墙东起22列27层	44	符合要求	42	北立面玻璃幕墙东起43列7层	39	符合要求
34	北立面玻璃幕墙东起24列28层	42	符合要求	43	北立面玻璃幕墙东起48列30层	43	符合要求
35	北立面玻璃幕墙东起26列27层	45	符合要求	44	北立面玻璃幕墙东起50列28层	44	符合要求
36	北立面玻璃幕墙东起30列29层	48	符合要求	45	东立面玻璃幕墙北起2列26层	44	符合要求
37	东立面玻璃幕墙北起32列26层	43	符合要求	46	东立面玻璃幕墙北起4列27层	47	符合要求
38	北立面玻璃幕墙东起34列29层	41	符合要求	47	东立面玻璃幕墙北起6列28层	36	符合要求
39	北立面玻璃幕墙东起36列7层	40	符合要求	48	西立面玻璃幕墙北起2列29层	48	符合要求
40	北立面玻璃幕墙东起39列6层	44	符合要求	49	西立面玻璃幕墙北起4列27层	45	符合要求
41	北立面玻璃幕墙东起41列6层	42	符合要求	50	西立面玻璃幕墙北起6列28层	44	符合要求

由检验结果可知，所检玻璃幕墙用硅酮密封胶的邵氏硬度个别检验结果不符合《玻璃幕墙工程技术规范》（JGJ 102—2003）中3.6.1规定的密封胶邵氏硬度值为20～60的技术指标要求。

4. 钢型材外观质量、尺寸检验

（1）外观质量检查

在现场可直接目测范围内进行检查，经现场检查，所检的外立面玻璃幕墙钢管、钢方通、钢横梁等主要受力构件表面外观质量良好，涂层基本完好，无明显皱纹、裂纹、起皮、灼伤、流痕等缺陷，个别构件表面涂层存在局部脱落现象。幕墙玻璃内侧面板四周通过结构胶粘结的附框钢型材外观造型规整，表面防腐措施外观良好，沿杆件长度方向观察，未见明显变形、结构损伤的现象，与玻璃面板粘结牢固，未见松动迹象。铝合金前扣板与其他金属接触部位未发现有电化学腐蚀现象。钢型材的外观质量满足行业标准JGJ/T 139—2020中2.3.4的要求。

室内幕墙造型弦体钢柱、钢横梁、幕墙驳接爪等主要受力构件表面外观质量良好，涂层基本完好，无明显质量缺陷及损伤，屋顶幕墙造型弦体主要受力部位的钢型材涂层脱落现象严重，局部锈蚀。

（2）尺寸检测

现场室内随机抽取20处外立面幕墙玻璃面板的钢方通立柱及钢横梁进行尺寸检测，结果见表10-3、表10-4。

表 10-3　钢方通立柱尺寸检测结果汇总

序号	立柱位置	尺寸/mm		壁厚/mm	
		实测值	设计值	实测值	设计值
1	北立面玻璃幕墙东起 1 列	130×74	130×75	4.9	5.0
2	北立面玻璃幕墙东起 3 列	130×75	130×75	4.8	5.0
3	北立面玻璃幕墙东起 6 列	129×75	130×75	4.9	5.0
4	北立面玻璃幕墙东起 8 列	130×75	130×75	4.8	5.0
5	北立面玻璃幕墙东起 10 列	130×74	130×75	4.7	5.0
6	北立面玻璃幕墙东起 12 列	130×75	130×75	4.9	5.0
7	北立面玻璃幕墙东起 14 列	129×75	130×75	4.8	5.0
8	北立面玻璃幕墙东起 21 列	130×75	130×75	4.9	5.0
9	北立面玻璃幕墙东起 23 列	130×74	130×75	4.8	5.0
10	北立面玻璃幕墙东起 25 列	130×75	130×75	4.7	5.0
11	北立面玻璃幕墙东起 28 列	129×75	130×75	4.9	5.0
12	北立面玻璃幕墙东起 31 列	130×75	130×75	4.8	5.0
13	北立面玻璃幕墙东起 33 列	130×74	130×75	4.9	5.0
14	北立面玻璃幕墙东起 47 列	130×74	130×75	4.7	5.0
15	北立面玻璃幕墙东起 49 列	129×75	130×75	4.7	5.0
16	东立面玻璃幕墙北起 1 列	130×75	130×75	4.9	5.0
17	东立面玻璃幕墙北起 3 列	130×74	130×75	4.8	5.0
18	东立面玻璃幕墙北起 5 列	130×75	130×75	4.9	5.0
19	西立面玻璃幕墙北起 1 列	129×75	130×75	4.8	5.0
20	西立面玻璃幕墙北起 3 列	139×74	130×75	4.8	5.0

表 10-4　钢横梁尺寸检测结果汇总

序号	横梁位置	尺寸/mm		壁厚/mm	
		实测值	设计值	实测值	设计值
1	北立面玻璃幕墙东起 1 列	74	75	4.8	5.0
2	北立面玻璃幕墙东起 3 列	74	75	4.8	5.0
3	北立面玻璃幕墙东起 6 列	75	75	4.7	5.0
4	北立面玻璃幕墙东起 8 列	74	75	4.8	5.0
5	北立面玻璃幕墙东起 10 列	74	75	4.7	5.0
6	北立面玻璃幕墙东起 12 列	74	75	4.7	5.0
7	北立面玻璃幕墙东起 14 列	74	75	4.7	5.0
8	北立面玻璃幕墙东起 21 列	75	75	4.9	5.0
9	北立面玻璃幕墙东起 23 列	74	75	4.8	5.0
10	北立面玻璃幕墙东起 25 列	74	75	4.7	5.0
11	北立面玻璃幕墙东起 28 列	74	75	4.8	5.0
12	北立面玻璃幕墙东起 31 列	74	75	4.8	5.0

续表

序号	横梁位置	尺寸/mm		壁厚/mm	
		实测值	设计值	实测值	设计值
13	北立面玻璃幕墙东起 33 列	75	75	4.7	5.0
14	北立面玻璃幕墙东起 47 列	74	75	4.7	5.0
15	北立面玻璃幕墙东起 49 列	74	75	4.8	5.0
16	东立面玻璃幕墙北起 1 列	74	75	4.9	5.0
17	东立面玻璃幕墙北起 3 列	73	75	4.7	5.0
18	东立面玻璃幕墙北起 5 列	75	75	4.9	5.0
19	西立面玻璃幕墙北起 1 列	74	75	4.8	5.0
20	西立面玻璃幕墙北起 3 列	74	75	4.8	5.0

由以上结果可知，所检幕墙钢型材尺寸检测结果符合设计要求。

5. 整体及局部变形检验

随机各抽取 5 处竖缝、5 处横缝、5 块面板，测量竖缝及墙面垂直度、竖缝直线度、横缝直线度、幕墙平面度，结果见表 10-5。

表 10-5　玻璃幕墙变形检测结果

检测项目	位置	实测值/mm	允许偏差/mm
竖缝及墙面垂直度	北立面玻璃幕墙东起 3 列	3.0	≤10
	东立面玻璃幕墙北起 3 列	4.0	
	西立面玻璃幕墙北起 3 列	6.0	
竖缝直线度	北立面玻璃幕墙东起 4 列	1.5	≤2.5
	北立面玻璃幕墙东起 11 列	2.0	
	北立面玻璃幕墙东起 23 列	1.0	
	东立面玻璃幕墙北起 2 列	1.5	
	西立面玻璃幕墙北起 3 列	1.0	
横缝直线度	北立面玻璃幕墙东起 5 列	2.0	≤2.5
	北立面玻璃幕墙东起 8 列	1.5	
	北立面玻璃幕墙东起 23 列	1.0	
	东立面玻璃幕墙北起 3 列	1.5	
	西立面玻璃幕墙北起 2 列	1.5	
幕墙平面度	北立面玻璃幕墙东起 3 列	1.5	≤2.5
	北立面玻璃幕墙东起 9 列	2.0	
	北立面玻璃幕墙东起 22 列	1.0	
	东立面玻璃幕墙北起 4 列	1.0	
	西立面玻璃幕墙北起 3 列	1.0	

检测结果表明：本工程幕墙整体变形及局部变形实测偏差值在《建筑幕墙》(GB/T 21086—2007) 规定的最大偏差值的 90%以内。

五、玻璃幕墙鉴定评级

（一）鉴定依据

根据《既有玻璃幕墙安全性检测与鉴定技术规程》（DB11/T 1812—2020），对所鉴定结构进行安全性鉴定评级时，应按子单元、分部单元和鉴定单元三个层次划分。每一层次分为四个安全性等级，从第一层开始，逐层进行鉴定评级按照《既有玻璃幕墙安全性检测与鉴定技术规程》（DB11/T 1812—2020）中相关规定的要求分层进行。

（二）子单元安全性评级

1. 幕墙材料

（1）玻璃

经现场检查和检测，该天文馆外立面玻璃幕墙面板部分玻璃幕墙边框松动、密封胶老化、缺失，钢化玻璃面板大量存在中空玻璃起雾，镀膜玻璃氧化变色等外观质量问题，个别钢化玻璃爆裂，玻璃面板子单元安全性等级评定，见表 10-6。

（2）支承结构材料

经现场检查和检测，本工程横梁、立柱截面规格符合设计要求，壁厚和表面涂层完好，基本无缺陷，横梁和立柱材料质量满足《既有玻璃幕墙安全性检测与鉴定技术规程》（DB11/T 1812—2020）的相关要求，支撑结构材料子单元安全性等级评定，见表 10-6。

（3）硅酮结构密封胶

经现场检查和检测，部分硅酮密封胶外观存在老化开裂、剥离、脱落等现象，所检玻璃幕墙用硅酮密封胶邵氏硬度检测结果中个别检测结果不符合相关规范要求，硅酮结构密封胶子单元安全性等级评定，见表 10-6。

（4）钢型材及其他配件

本工程玻璃幕墙中钢型材外观质量基本良好，与其接触的五金件加设绝缘垫片，转接件表面设有镀锌防腐层，外观质量基本良好，钢型材及其他配件子单元安全性等级评定，见表 10-6。

表 10-6　子单元集安全性鉴定等级分布

分布单元	各等级构件的数量及含量									
	子单元	总数	a_u		b_u		c_u		d_u	
			数量	占比	数量	占比	数量	占比	数量	占比
幕墙材料	幕墙玻璃	2050	1455	71%	399	19%	194	9%	2	1%
	支承结构材料	50	50	100%	0	0	0	0	0	0
	硅酮结构密封胶	50	1	2%	42	84%	6	12%	1	2%
	五金件及其他配件	50	50	100%	0	0	0	0	0	0

注：支承结构材料、硅酮结构密封胶、五金件及其他配件总数为抽样量总数。

2. 连接构造

（1）后置埋件与幕墙连接节点

经现场检查，现有与主体结构连接锚栓未见有变形和滑移现象，锚栓周边混凝土基体未见有开裂现象，后置埋件套管未见外漏现象现状良好。后置埋件与幕墙连接节点评为 a_u 级。

(2) 立柱与横梁等连接节点

经现场检查，横梁与立柱连接节点为柔性连接，未见松动变形现象，连接质量良好，评为 a_u 级。

(3) 玻璃幕墙开启窗

经现场检查，开启窗连接框与横梁、立柱之间连接牢固，未见有松动和螺钉缺失现象，符合规范标准要求，评为 a_u 级。

3. 整体及局部变形

经现场检查及检测，本工程玻璃幕墙的整体及局部变形度偏差满足规范要求，各子单元整体及局部变形安全性等级评为 a_u 级。

4. 结构承载力验算

经计算，本工程玻璃幕墙结构构件的承载力验算结果满足现行规范要求，结构承载力子单元安全性等级评为 a_u 级。

(三) 分部单元安全性鉴定评级

既有玻璃幕墙安全性的第二层次分部单元（幕墙材料、连接构造、整体及局部变形）各子单元集的安全性评级，应按《既有玻璃幕墙安全性检测与鉴定技术规程》(DB11/T 1812—2020) 中表 7.3.1 的规则评定，子单元集按表 7.3.1 评定后，取其中最低的级别作为所属分部单元的安全性等级（A_u、B_u、C_u、D_u）。既有玻璃幕墙结构承载力验算分部单元的安全性评级，应按《既有玻璃幕墙安全性检测与鉴定技术规程》(DB11/T 1812—2020) 表 7.2.4 评定后，取其中最低的级别（a_u、b_u、c_u、d_u）作为结构承载力验算分部单元的安全性等级（A_u、B_u、C_u、D_u）。分部单元安全性鉴定等级评定结果见表 10-7。

表 10-7 分部单元安全性鉴定等级

第二层次（分部单元）	子单元	各子单元集评级	分部单元评级
幕墙材料	玻璃	C_u	C_u
	支承结构材料	A_u	
	硅酮结构密封胶	C_u	
	五金件及其他配件	A_u	
连接构造	后置埋件与幕墙连接节点	A_u	A_u
	立柱与横梁等连接节点	A_u	
	玻璃幕墙开启窗	A_u	
整体及局部变形	竖缝及墙面垂直度	A_u	A_u
	面板平面度	A_u	
	竖缝直线度	A_u	
	横缝直线度	A_u	
结构承载力验算	结构构件及节点承载力	A_u	A_u
	结构的变形	A_u	

（四）鉴定单元安全性鉴定评级

既有玻璃幕墙第三层次鉴定单元的安全性鉴定评级，应根据其分部单元的安全性等级，以及与整幢建筑有关的其他安全问题进行综合评定。

鉴定单元安全性鉴定等级评定结果见表 10-8。

表 10-8　鉴定单元安全性鉴定等级

第三层次	第三层次		鉴定单元评级
	分部单元	分部单元评级	
鉴定单元	幕墙材料	C_u	C
	连接构造	A_u	
	整体及局部变形	A_u	
	结构承载力验算	A_u	

根据以上检测、检查及结构复核验算结果，依据《既有玻璃幕墙安全性检测与鉴定技术规程》（DB11/T 1812—2020）做综合评定，该玻璃幕墙鉴定单元安全性能等级为 C 级（安全性能不足，已显著影响玻璃幕墙的继续使用）。

六、检测鉴定结论及建议

（一）检测鉴定结论

天文馆外立面玻璃幕墙面板部分玻璃幕墙边框松动、密封胶老化、缺失，钢化玻璃面板大量存在中空玻璃起雾，镀膜玻璃氧化变色等外观质量问题，个别钢化玻璃爆裂，存在安全隐患。玻璃幕墙、采光顶及室内幕墙造型弦体玻璃幕墙面板总数约 4000 块。其中，外立面玻璃幕墙及采光顶玻璃面板总数约 2050 块，存在外观质量问题玻璃面板数量约 595 块，占外立面玻璃幕墙及采光顶玻璃面板总数比例为 29%；所检玻璃面板厚度值符合设计及标准要求；部分硅酮密封胶外观存在老化开裂、剥离、脱落等现象；所检玻璃幕墙用硅酮密封胶邵氏硬度检测结果中个别检测结果不符合相关规范要求，存在一定安全隐患。外立面玻璃幕墙钢型材的外观质量、尺寸符合设计及标准要求，钢型材壁厚检验结果符合设计要求。室内幕墙造型弦体玻璃幕墙面板及受力钢构件的外观质量整体情况良好；屋顶幕墙造型弦体主要受力部位钢型材涂层脱落现象严重，局部锈蚀。

根据以上检测、检查及结构复核验算结果，依据《既有玻璃幕墙安全性检测与鉴定技术规程》（DB11/T 1812—2020）做综合评定，该玻璃幕墙鉴定单元安全性能等级为 C 级。C 级为安全性能不足，显著影响玻璃幕墙的继续使用。

（二）处理建议

（1）外立面玻璃幕墙大量玻璃面板存在中空玻璃起雾，镀膜玻璃氧化变色现象，存在较大安全隐患，建议产权单位及使用单位委托有专业资质和能力的幕墙施工公司对存在外观质量问题的玻璃面板进行全数更换。由于该玻璃幕墙使用时间已达到 18 年，接近设计使用年限，未出现外观质量问题的玻璃面板在后续使用过程中可能会继续出现安全隐患，建议产权单位及使用单位在有条件的情况下对所有外幕墙玻璃面板进行全部更换。

（2）建议产权人及物业管理部门委托有专业资质和能力的幕墙施工公司对外立面玻璃幕墙硅酮密封胶采取重新注胶的方式进行更换。

（3）建议产权单位及使用单位委托有专业资质和能力的幕墙施工公司对石材面板开裂、松动的位置及屋顶幕墙造型弦体受力钢型材涂层进行局部修补加固，避免造成更大的安全问题。

（4）幕墙结构使用年限较长，参照《金属与石材幕墙工程技术规范》（JGJ 133—2001）和《玻璃幕墙工程技术规范》（JGJ 102—2003）标准，建议产权单位及使用单位密切关注幕墙的使用状况，在幕墙使用过程中应制定幕墙的保养、维修计划与制度。建议每年进行一次幕墙的清洗保养与维修，以减少酸雨侵蚀、冻融等带来的危害。建议使用单位每隔五年对幕墙进行一次全面检查，检查对象应包括玻璃面板、石材面板、密封条、密封胶、硅酮结构密封胶等，对发现的问题及时处理。

第十一章　石材幕墙

案例十一　某机关楼石材幕墙安全性鉴定

一、房屋概况

某机关楼位于北京市朝阳区日坛北街。该建筑建于2001年，地上十一层，地下三层，地上建筑主体高度约为40.9m，总建筑面积约为28225m²，结构类型为钢筋混凝土结构。该建筑外立面围护结构采用干挂石材幕墙形式，石材面板接缝位置使用密封胶进行闭缝处理，幕墙面板材质为花岗岩石材。

本次主要针对该建筑外立面石材幕墙的安全状况进行检测鉴定，检测鉴定内容包括幕墙安装结构及构造和幕墙面板接缝处密封材料物理性能检测、幕墙整体及局部变形检测、幕墙石材面板及密封材料安全性检查。

房屋建筑外观实景见图11-1。

图11-1　房屋建筑外观实景

二、鉴定范围和内容

依据相关规范、标准以及与委托单位协商确定的检测方案，结合现场实际情况，对该建筑外立面的全部石材幕墙进行安全性检测鉴定。本工程实施的检测项目如下。

（1）幕墙安装结构及构造和幕墙面板接缝处密封材料检测。
①石材幕墙安装结构、隐蔽构件检测。
②密封材料物理性能检测。
（2）幕墙整体及局部变形检测。
幕墙整体垂直度及局部构件变形检测。
（3）幕墙石材面板及密封材料安全性检查。
石材面板及密封材料安全性现状和外观质量检查。

三、检测鉴定的依据和设备

（一）检测鉴定依据

（1）《建筑幕墙》（GB/T 21086—2007）。
（2）《金属与石材幕墙工程技术规范》（JGJ 133—2001）。
（3）《碳素结构钢》（GB/T 700—2006）。
（4）《紧固件机械性能 不锈钢螺栓、螺钉和螺柱》（GB/T 3098.6—2014）。
（5）《天然石材装饰工程技术规程》（JCG/T 60001—2007）。
（6）委托方提供的本项目竣工图纸等相关资料。
（7）检测合同。

（二）检测设备

（1）全站仪（ZT-035）。
（2）邵氏硬度计（ZT-154）。
（3）钢卷尺（ZT-052）。
（4）激光测距仪（ZT-033）。
（5）建筑工程质量检测器（ZT-038）。
（6）塞尺（ZT-023）。
（7）涡流测厚仪（ZT-149）。
（8）超声测厚仪（GJ-043）。
（9）电液伺服万能试验机（ZT-092）。
（10）里氏硬度计（GJ-067）。

四、现场检查、检测情况

现场对该建筑石材幕墙面板及密封胶进行全面检查。由于该建筑九层楼面平台正在进行防水工程施工，应物业管理部门要求，在允许检查的范围内，对该建筑石材幕墙隐蔽结构进行抽查。

该工程于 2020 年 8 月 8 日进场。对其外立面石材幕墙安装结构及构造和幕墙面板接缝处密封材料、幕墙整体及局部变形、幕墙面板及密封材料安全性现状进行现场检查、检测，具体分项结果如下。

（一）幕墙安装结构及构造和幕墙面板接缝处密封材料检测

结合现场情况，经与委托方协商，选取主楼三处位置石材面板并进行拆解，然后对其内部的安装结构、隐蔽构件进行外观质量检查、规格尺寸测量、防腐涂层厚度及力学性能检测。主楼石材幕墙面板接缝处均采用密封胶进行了密封处理，现场在建筑4个外立面随机共抽取100个部位进行密封胶邵氏硬度检测。

1. 石材幕墙安装结构、隐蔽构件检测

（1）石材幕墙内部钢板转接件力学性能检测

现场对石材幕墙用钢板转接件的表面维氏硬度进行检测，检测结果见表11-1。

表11-1　钢板转接件力学性能检测结果汇总

序号	检测位置	设计材质等级	硬度测量平均值	换算抗拉强度值/MPa
1	九层西立面下部北数第1块石材面板内	Q235B	109	386
2	九层北立面下部西数第2块石材面板内	Q235B	113	397
3	九层东立面下部北数第7块石材面板内	Q235B	118	412

由检测结果可知，所检钢板转接件的抗拉强度值符合标准《碳素结构钢》（GB/T 700—2006）中表2规定的抗拉强度范围为370～500MPa的Q235B钢材的技术指标要求，检测结果表明，钢板转接件的材质等级符合设计要求。

（2）固定石材面板金属挂件的不锈钢螺栓规格尺寸、力学性能检测

现场取回不锈钢螺栓进行规格尺寸检测和实验室检测，其规格尺寸、力学性能检测的结果见表11-2、表11-3。

表11-2　不锈钢螺栓规格尺寸检测结果

序号	检测位置	设计规格/mm	实测规格/mm
1	九层西立面下部北数第1块石材面板内	M10×35	M10×35
2	九层北立面下部西数第2块石材面板内	M10×35	M10×35
3	九层东立面下部北数第7块石材面板内	M10×35	M10×35

由检测结果可知，所检不锈钢螺栓规格尺寸的检测结果符合标准《金属与石材幕墙工程技术规范》（JGJ 133—2001）中5.7.11规定的连接螺栓直径不应小于10mm的技术指标要求。

表11-3　不锈钢螺栓力学性能检测结果

<table>
<tr><th rowspan="2">序号</th><th rowspan="2">检测位置</th><th rowspan="2">设计性能等级</th><th colspan="2">规定塑性延伸率为0.2%时的应力/MPa</th><th colspan="2">抗拉强度/MPa</th><th colspan="2">断后伸长量/mm</th></tr>
<tr><th>标准要求</th><th>检测数值</th><th>标准要求</th><th>检测数值</th><th>标准要求</th><th>检测数值</th></tr>
<tr><td>1</td><td>九层西立面下部北数第1块石材面板内</td><td>A2-70</td><td rowspan="3">≥450</td><td>716</td><td rowspan="3">≥700</td><td>969</td><td rowspan="3">≥4.0</td><td>5.3</td></tr>
<tr><td>2</td><td>九层北立面下部西数第2块石材面板内</td><td>A2-70</td><td>687</td><td>953</td><td>4.8</td></tr>
<tr><td>3</td><td>九层东立面下部北数第7块石材面板内</td><td>A2-70</td><td>732</td><td>984</td><td>5.6</td></tr>
</table>

由检测结果可知，所检不锈钢螺栓规定塑性延伸率为0.2%时的应力、抗拉强度、断后伸长量的检测结果符合标准《紧固件机械性能 不锈钢螺栓、螺钉和螺柱》（GB/T 3098.6—2014）中规定的技术指标要求。

(3) 石材面板金属挂件的规格尺寸检测

现场对石材面板用不锈钢挂件的规格尺寸进行检测，检测结果见表 11-4。

表 11-4　不锈钢挂件规格尺寸检测结果

序号	检测位置	厚度标准要求/mm	实测尺寸（宽度×厚度）/mm	
1	九层西立面下部北数第 1 块石材面板内	≥3.0	挂件 1	50×4.1
2	九层北立面下部西数第 2 块石材面板内		挂件 2	50×4.0
3	九层东立面下部北数第 7 块石材面板内		挂件 3	50×4.1

由检测结果可知，所检不锈钢挂件板厚的检测结果符合标准《金属与石材幕墙工程技术规范》(JGJ 133—2001) 中 6.3.4 规定的不锈钢挂件厚度不宜小于 3.0mm 的技术指标要求。

(4) 角钢横梁的规格尺寸、力学性能检测

现场对角钢横梁的规格尺寸、力学性能进行检测的结果见表 11-5、表 11-6。

表 11-5　角钢横梁规格尺寸的检测结果

序号	检测位置	实测尺寸（边宽×边宽×边厚）/mm
1	九层西立面下部北数第 1 块石材面板内	50.11×50.08×5.02
2	九层北立面下部西数第 2 块石材面板内	50.06×50.07×5.06
3	九层东立面下部北数第 7 块石材面板内	50.03×50.09×4.98

由检测结果可知，所检角钢横梁边厚的检测结果符合标准《金属与石材幕墙工程技术规范》(JGJ 133—2001) 中 5.6.1 规定的钢型材截面主要受力部分厚度不应小于 3.5mm 的技术指标要求。

表 11-6　角钢横梁力学性能的检测结果

序号	检测位置	设计材质等级	硬度测量平均值	换算抗拉强度值/MPa
1	九层西立面下部北数第 1 块石材面板内	Q235B	112	395
2	九层北立面下部西数第 2 块石材面板内	Q235B	108	384
3	九层东立面下部北数第 7 块石材面板内	Q235B	116	407

由检测结果可知，所检角钢横梁的抗拉强度值符合标准《碳素结构钢》(GB/T 700—2006) 中规定的抗拉强度范围为 370～500MPa 的 Q235B 钢材的技术要求，检测结果表明，角钢横梁的材质等级符合设计要求。

(5) 槽钢立柱的规格尺寸、力学性能检测

现场对槽钢立柱的规格尺寸、力学性能进行检测的结果见表 11-7、表 11-8。

表 11-7　槽钢立柱规格尺寸的检测结果

序号	检测位置	实测尺寸（高度×腿宽×腰厚）/mm
1	九层西立面下部北数第 1 块石材面板内	50.10×40.12×4.76
2	九层北立面下部西数第 2 块石材面板内	50.02×40.08×4.61
3	九层东立面下部北数第 7 块石材面板内	50.08×40.03×4.98

由检测结果可知，所检槽钢立柱的腰厚的检测结果符合标准《金属与石材幕墙工程技术规范》(JGJ 133—2001) 中 5.7.1 规定的钢型材截面主要受力部分的厚度不应小于 3.5mm 技术指标要求。

表 11-8　槽钢立柱力学性能的检测结果

序号	检测位置	设计材质等级	硬度测量平均值	换算抗拉强度值/MPa
1	九层西立面下部北数第 1 块石材面板内	Q235B	114	399
2	九层北立面下部西数第 2 块石材面板内	Q235B	117	409
3	九层东立面下部北数第 7 块石材面板内	Q235B	119	415

由检测结果可知，所检槽钢立柱的抗拉强度值符合标准《碳素结构钢》(GB/T 700—2006) 中规定的抗拉强度范围为 370～500MPa 的 Q235B 钢材的技术要求，检测结果表明，槽钢立柱的材质等级符合设计要求。

(6) 石材幕墙隐蔽构件检测典型照片

通过现场检查发现，该建筑物幕墙石材面板挂件、紧固件均为不锈钢材质，符合标准《天然石材装饰工程技术规程》(JCG/T 60001—2007) 中 5.3.1.2 和 4.6.1.2 的技术要求。槽钢立柱、角钢横梁、钢板转接件为普通碳素结构钢，材质为 Q235B 钢材，通过现场对三处石材面板内部的隐蔽构件外观质量检查发现，槽钢立柱、角钢横梁、钢板转接件及其焊接部位均采取了防腐措施，外观质量良好。

2. 幕墙面板接缝处密封材料物理性能检测

主楼石材幕墙面板接缝处均采用密封胶进行了密封处理，现场在 4 个外立面随机共抽取 100 个部位进行密封胶邵氏硬度检测，检测结果见表 11-9。

表 11-9　密封胶邵氏硬度检测结果

序号	密封胶缝位置	邵氏硬度实测值	序号	密封胶缝位置	邵氏硬度实测值
1	东立面十层由南向北数第 1 个窗左侧	52	18	东立面四层由南向北数第 6 个窗右侧	62
2	东立面十层由南向北数第 2 个窗左侧	56	19	东立面四层由南向北数第 7 个窗右侧	47
3	东立面十层由南向北数第 3 个窗右侧	51	20	东立面三层由南向北数第 2 个窗左侧	51
4	东立面九层由南向北数第 1 个窗左侧	48	21	东立面三层由南向北数第 3 个窗右侧	56
5	东立面九层由南向北数第 2 个窗左侧	62	22	东立面三层由南向北数第 4 个窗右侧	42
6	东立面八层由南向北数第 3 个窗右侧	53	23	东立面三层由南向北数第 5 个窗右侧	48
7	东立面八层由南向北数第 4 个窗右侧	59	24	东立面三层由南向北数第 6 个窗右侧	58
8	东立面八层由南向北数第 5 个窗右侧	63	25	东立面三层由南向北数第 7 个窗右侧	41
9	东立面七层由南向北数第 1 个窗左侧	50	26	南立面九层由西向东数第 1 个窗左侧	39
10	东立面七层由南向北数第 4 个窗右侧	56	27	南立面九层由西向东数第 2 个窗左侧	46
11	东立面六层由南向北数第 3 个窗左侧	45	28	南立面九层由西向东数第 3 个窗左侧	57
12	东立面六层由南向北数第 6 个窗左侧	67	29	南立面九层由西向东数第 4 个窗右侧	62
13	东立面五层由南向北数第 2 个窗左侧	52	30	南立面九层由西向东数第 5 个窗右侧	44
14	东立面五层由南向北数第 3 个窗右侧	48	31	南立面八层由西向东数第 1 个窗左侧	50
15	东立面四层由南向北数第 3 个窗左侧	55	32	南立面八层由西向东数第 3 个窗左侧	46
16	东立面四层由南向北数第 4 个窗左侧	46	33	南立面八层由西向东数第 4 个窗左侧	41
17	东立面四层由南向北数第 5 个窗右侧	53	34	南立面八层由西向东数第 5 个窗左侧	43

续表

序号	密封胶缝位置	邵氏硬度实测值	序号	密封胶缝位置	邵氏硬度实测值
35	南立面八层由西向东数第 7 个窗左侧	45	68	西立面六层由南向北数第 8 个窗左侧	40
36	南立面八层由西向东数第 9 个窗左侧	61	69	西立面五层由南向北数第 1 个窗左侧	44
37	南立面七层由西向东数第 2 个窗左侧	52	70	西立面五层由南向北数第 3 个窗左侧	51
38	南立面七层由西向东数第 3 个窗左侧	48	71	西立面四层由南向北数第 1 个窗右侧	62
39	南立面七层由西向东数第 4 个窗右侧	52	72	西立面四层由南向北数第 5 个窗左侧	58
40	南立面六层由西向东数第 3 个窗左侧	54	73	西立面三层由南向北数第 2 个窗右侧	45
41	南立面六层由西向东数第 4 个窗左侧	50	74	西立面三层由南向北数第 7 个窗左侧	42
42	南立面六层由西向东数第 5 个窗左侧	53	75	西立面三层由南向北数第 8 个窗左侧	64
43	南立面五层由西向东数第 1 个窗右侧	40	76	北立面十层由南向北数第 1 个窗左侧	53
44	南立面五层由西向东数第 3 个窗左侧	45	77	北立面十层由南向北数第 2 个窗右侧	41
45	南立面四层由西向东数第 5 个窗右侧	47	78	北立面十层由南向北数第 3 个窗右侧	55
46	南立面四层由西向东数第 7 个窗左侧	51	79	北立面十层由南向北数第 7 个窗右侧	48
47	南立面三层由西向东数第 3 个窗左侧	42	80	北立面九层由南向北数第 1 个窗右侧	51
48	南立面三层由西向东数第 9 个窗左侧	53	81	北立面九层由南向北数第 5 个窗左侧	60
49	南立面三层由西向东数第 10 个窗左侧	44	82	北立面八层由南向北数第 2 个窗左侧	63
50	南立面三层由西向东数第 11 个窗左侧	48	83	北立面八层由南向北数第 4 个窗左侧	41
51	西立面十层由南向北数第 1 个窗左侧	53	84	北立面八层由南向北数第 8 个窗左侧	46
52	西立面十层由南向北数第 2 个窗左侧	41	85	北立面七层由南向北数第 2 个窗右侧	55
53	西立面十层由南向北数第 3 个窗左侧	57	86	北立面七层由南向北数第 5 个窗左侧	40
54	西立面九层由南向北数第 1 个窗左侧	50	87	北立面七层由南向北数第 9 个窗右侧	61
55	西立面九层由南向北数第 2 个窗左侧	42	88	北立面六层由南向北数第 3 个窗左侧	49
56	西立面九层由南向北数第 3 个窗左侧	39	89	北立面六层由南向北数第 7 个窗右侧	52
57	西立面八层由南向北数第 1 个窗左侧	41	90	北立面六层由南向北数第 9 个窗右侧	50
58	西立面八层由南向北数第 3 个窗左侧	57	91	北立面六层由南向北数第 10 个窗左侧	44
59	西立面八层由南向北数第 4 个窗右侧	53	92	北立面五层由南向北数第 2 个窗左侧	49
60	西立面八层由南向北数第 5 个窗右侧	52	93	北立面五层由南向北数第 3 个窗右侧	58
61	西立面七层由南向北数第 1 个窗左侧	51	94	北立面五层由南向北数第 10 个窗左侧	61
62	西立面七层由南向北数第 3 个窗左侧	49	95	北立面四层由南向北数第 1 个窗右侧	40
63	西立面七层由南向北数第 5 个窗左侧	53	96	北立面四层由南向北数第 3 个窗左侧	53
64	西立面七层由南向北数第 6 个窗右侧	52	97	北立面四层由南向北数第 4 个窗右侧	51
65	西立面六层由南向北数第 2 个窗右侧	48	98	北立面三层由南向北数第 3 个窗左侧	42
66	西立面六层由南向北数第 3 个窗右侧	41	99	北立面三层由南向北数第 7 个窗右侧	71
67	西立面六层由南向北数第 7 个窗右侧	46	100	北立面三层由南向北数第 8 个窗左侧	43

注：本表格中检测位置的参照物“窗”为石材幕墙中的窗户，该建筑南立面和北立面的玻璃幕墙窗户未作为检测位置的参照物。

由检测结果可知，所检石材幕墙用密封胶的邵氏硬度检测结果最小值不符合《金属与石材幕墙工程技术规范》(JGJ 133—2001) 中 3.4.3 规定的硅酮密封胶邵氏硬度值为 15～25 的技术指标要求。

(二) 幕墙整体及局部变形检测

现场对主楼外立面石材幕墙整体和幕墙面板局部位置的变形进行检测，对石材幕墙的垂直度、幕墙面板局部位置平面度、直线度等进行测量，检测的结果见表 11-10。

表 11-10　幕墙垂直度、局部构件变形检测结果

序号	检查项目	检测位置	允许偏差/mm	实测值/mm
1	幕墙墙面垂直度	东立面Ⓑ～Ⓕ轴间幕墙	≤15	3.0
		南立面②～④轴间幕墙		2.5
		西立面Ⓑ～Ⓕ轴间幕墙		0.7
		北立面①～③轴间幕墙		2.8
2	幕墙平面度	东立面Ⓒ～Ⓓ轴间七层幕墙	≤2.5	2.1
		南立面⑦～⑧轴间四层幕墙		1.7
		西立面Ⓓ～Ⓔ轴六层幕墙		1.5
		北立面⑦～⑧轴八层幕墙		1.9
3	竖缝直线度	东立面Ⓒ～Ⓓ轴间七层幕墙	≤2.5	2.1
		南立面⑦～⑧轴间四层幕墙		2.3
		西立面Ⓓ～Ⓔ轴六层幕墙		1.6
		北立面⑦～⑧轴八层幕墙		1.8
4	横缝直线度	东立面Ⓒ～Ⓓ轴间七层幕墙	≤2.5	1.5
		南立面⑦～⑧轴间四层幕墙		1.8
		西立面Ⓓ～Ⓔ轴六层幕墙		2.2
		北立面⑦～⑧轴八层幕墙		1.7

由检测结果可知，幕墙整体垂直度和组装就位后的安装偏差检测结果符合《建筑幕墙》(GB/T 21086—2007) 中 6.4.2 对幕墙垂直度、幕墙平面度、竖缝直线度、横缝直线度等允许偏差值的要求。

(三) 幕墙石材面板及密封材料安全性检查

现场对主楼外立面幕墙石材面板、密封胶进行全面检查。检查石材面板安装牢固程度以及连接部位是否存在崩坏和暗裂现象，检查石材面板表面是否存在凹坑、缺角、裂缝、斑痕及石材面板密封胶是否存在老化开裂、剥离、脱落、胶缝外有胶渍、不光滑、有污染、弯曲扭斜等现象，同时检查石材面板表面是否存在污渍腐蚀等问题。

通过现场检查，发现石材幕墙主要问题是石材面板局部开裂或脱落（共 2 处），同时在多处位置发现石材面板存在比较明显的松动迹象（共 43 处），不符合《金属与石材幕墙工程技术规范》(JGJ 133—2001) 中 8.0.3 第 7 款和 9.0.4 第 2 款的技术要求，检查中未发现其他部位有明显的崩坏、暗裂现象，建议对石材面板开裂的位置进行局部修补，对脱落面板的位置进行重新安装，同时对石材面板松动的位置进行加固或更换处理，避免造成更大的安全隐患。检查中还发现，部分石材面板表面有明显的污渍腐蚀现象，不符合《金属与石材幕墙工程技术规范》（JGJ 133—2001）中 7.4.1 的技术要求。

通过现场检查，发现石材幕墙密封胶主要问题是存在老化开裂、剥离、脱落等现象（共 32 处），其外观质量不符合《金属与石材幕墙工程技术规范》（JGJ 133—2001）中 8.0.3 第 2 款规定的密封胶外观质量的要求。此外，检查中还发现，部分石材面板表面有明显的污渍腐蚀现象，不符合《金属与石材幕墙工程技术规范》（JGJ 133—2001）中 7.4.1 的技术要求。

五、建筑石材幕墙密封胶鉴定结论及处理建议

（一）鉴定结论

某机关楼的石材幕墙整体状况一般，但在多处位置发现石材面板出现明显的松动迹象，并发现 2 处位置存在石材面板脱落和局部开裂问题，同时所抽检的石材面板密封胶的邵氏硬度值均超过了标准要求的上限值且在不同位置发现密封胶存在老化开裂、剥离、脱落等不良现象，存在一定的安全隐患。

（二）处理建议

（1）建议产权单位或物业管理部门委托有专业能力的幕墙施工公司对出现开裂、脱落和松动迹象的石材面板采取修复加固或更换措施，避免造成更大的安全隐患。

（2）该建筑石材幕墙工程使用时间较长，建议产权单位或物业管理部门在具备相应条件时，可委托有专业能力的幕墙施工公司对石材幕墙密封胶采取重新注胶的方式进行更换，同时需更换石材面板接缝处的衬垫材料。

（3）参照《金属与石材幕墙工程技术规范》（JGJ 133—2001）规定，建议产权单位或物业管理部门密切关注石材幕墙的使用状况，在幕墙使用过程中应制定幕墙的保养、维修计划与制度。建议每年进行一次幕墙的清洗保养与维修，以减少酸雨侵蚀、冻融等带来的危害，建议每隔五年对石材幕墙进行一次全面检查，检查对象应包括石材面板、密封胶、内部受力构件等，对发现的问题及时处理。

（4）由于该建筑物属于高层建筑，进入冬季后，风力较大，从安全角度考虑，建议物业管理部门定期对石材幕墙进行重点观察，从而降低安全隐患，避免安全事故的发生。

第五部分

司法鉴定

第十二章　司法鉴定

案例十二　某办公楼司法鉴定

一、工程概况及基本案情

钢结构办公楼（以下简称办公楼）位于河北省高碑店市高二村，本工程建于2015年，地上三层，一层至二层为钢框架结构，三层为门式刚架。

基本案情如下。

本司法鉴定项目涉案的双方为：高碑店市紫煜铸造厂（以下简称紫煜，原审被告，反诉原告）；保定安恒钢结构工程有限公司（以下简称安恒，原审原告，反诉被告）。

2015年，办公楼房屋建成后，房屋多处出现墙体贯穿性裂缝、房屋整体漏雨进风及房屋不明原因的振动和异响等现象。紫煜和安恒对办公楼工程质量的责任主体存在争议。

为进一步了解该房屋多处出现墙体贯穿性裂缝、房屋整体漏雨进风及房屋不明原因的振动和异响等现象的成因，应河北省高碑店市人民法院委托，对办公楼所出现的问题进行检测鉴定。

建筑外观实景见图12-1，建筑一层至三层结构平面布置示意图见图12-2、图12-3。

图12-1　高碑店市紫煜铸造厂钢结构办公楼外观实景

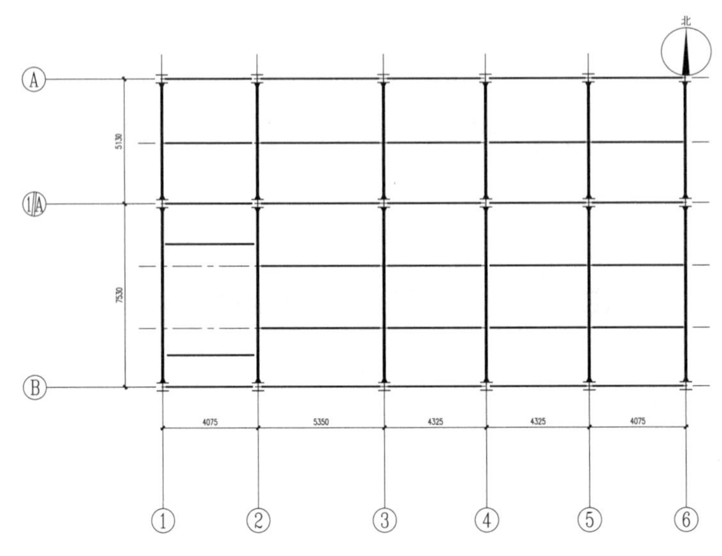

图 12-2　建筑一层、二层结构平面布置示意图（单位：mm）

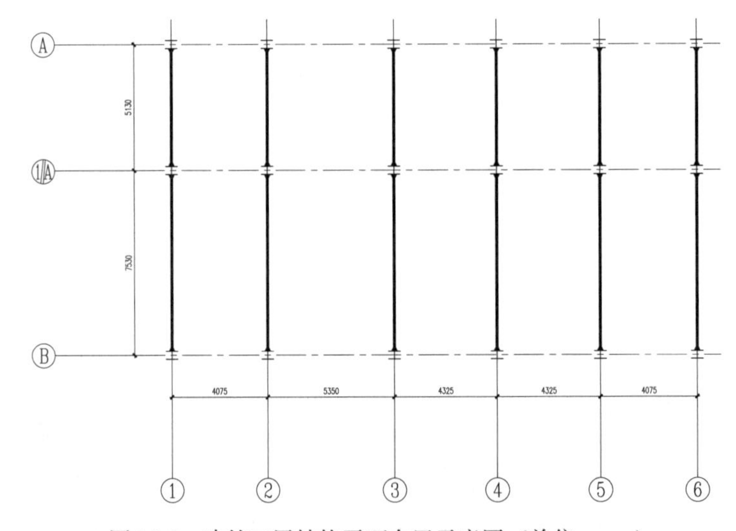

图 12-3　建筑三层结构平面布置示意图（单位：mm）

二、检测范围及内容

（一）结构现状宏观检查

（1）办公楼地基及基础现状检查。

（2）办公楼一层至三层房屋主体钢结构现状检查。

（3）办公楼一层至三层房屋围护结构现状检查。

（4）办公楼振动原因调查。

（二）工程资料核查与分析

对该办公楼施工图纸进行核查，分析房屋出现多处墙体贯穿性裂缝、房屋整体漏雨进风及房屋不明原因的振动和异响等现象的原因。

（三）房屋结构检测

（四）安全性鉴定

三、现场调查、检测

（一）工程资料核查及资料情况分析

委托方提供的该工程现有资料见表12-1。

表12-1　委托方提供的工程资料清单

序号	内容	数量	种类
1	办公楼结构施工图纸（非正规设计图纸）	一套	图纸文件
2	钢结构工程加工安装施工合同	一套	合同/报价
3	钢结构工程报价基本组成项	一套	
4	铸造厂办公楼土建施工合同	一套	
5	司法鉴定委托书	一套	—

依据《建筑工程质量管理条例》和《建筑工程施工许可管理办法》，通过对委托方提供的资料进行核查、分析，发现在高碑店市紫煜铸造厂钢结构办公楼项目工程建设过程中未形成有关确保工程质量的措施、材质证明、施工记录、检测检验报告及所做工作的成果记录等文件。

（二）建筑物基本情况调查

经现场调查，该办公楼正在使用，一层和二层作为办公用房使用，三层作为卧室和起居室使用，该办公楼外部和内部多处围护墙出现裂缝，房屋北侧墙体和屋顶有漏水迹象。办公楼东侧280m左右为正在使用的铁路轨道。办公楼现状见图12-4～图12-7。按高碑店法院公证的施工图纸，该建筑图纸与现场多处不符，如轴线间间距和钢构件尺寸，见办公楼结构施工图纸（非正规设计图纸）。

图12-4　办公楼北侧现状（墙体有水平裂缝和竖直裂缝）

图12-5　办公楼一层钢梁现状

图 12-6　南侧建筑与地面交接处现状一般

图 12-7　西侧建筑与地面交接处无明显异常

（三）建筑地基基础现状检查、检测

该办公楼已建成约五年，近期未发现由于地基危险状态而导致的沉降速率过大、房屋倾斜过大等现象，该办公楼地基基础目前基本稳定。

现场结合开挖方式对基础构件和地基进行检测复核。

结合现场实际情况，对办公楼西南角①/Ⓑ轴基础进行开挖检测，检测发现该办公楼基础形式为柱下独立基础，所检测基础短边尺寸为 650mm，基础最下阶高度为 250mm，垫层厚度为 100mm，基础现龄期混凝土强度实测值为 30.3MPa。

（四）建筑结构体系现状检查

根据现场检查实际情况，该办公楼结构体系为混合结构，钢梁和钢柱为等截面 H 型钢，一层和二层为钢框架结构，梁、柱均采用等截面焊接 H 型钢，一层及二层框架柱在南北方向与框架梁刚接，东西框架梁柱为铰接，主次梁为铰接；三层为门式刚架结构，双跨单坡刚架，北高南低，门式刚架未设置柱间支撑、屋盖横向支撑、钢檩条、隅撑，见表 12-2。

表 12-2　建筑结构体系问题汇总

现场检查结果	规范	规范相应要求条款
门式刚架未设置柱间支撑及屋面横向支撑	《门式刚架轻型房屋钢结构技术规程》(CECS 102—2002)	4.5.1：在每个温度区段或分期建设的区段中，应分别设置能独立构成空间稳定结构的支撑体系
门式刚架梁未设置隅撑		6.1.6：当实腹式刚架斜梁的下翼缘受压时，必须在受压翼缘侧面布置隅撑作为斜梁的侧向支承，隅撑的另一端连接在檫条上。 7.2.14：在檐口位置，刚架斜梁与柱内翼缘交接点附近的檩条和墙梁处，应各设置一道隅撑
支撑系统	《钢结构设计规范》(GB 50017—2003)	8.1.4：结构应根据其形式、组成和荷载的不同情况，设置可靠的支撑系统。在建筑物每一个温度区段或分期建设的区段中，应分别设置独立的空间稳定的支撑系统

（五）现场围护墙体开裂情况

通过现场检查，高碑店市紫煜铸造厂钢结构办公楼围护墙体一层至三层部分围护墙体出现裂缝，围护墙体为蒸压加气混凝土砌块，部分裂缝情况见图 12-8～图 12-15。

图 12-8　一层西侧①/Ⓑ-⑭外墙
贯穿性通长竖向裂缝

图 12-9　一层⑤-⑥/Ⓑ南侧窗台下
右下侧竖向裂缝

图 12-10　一层③/Ⓑ-⑭轴南侧
墙体斜裂缝

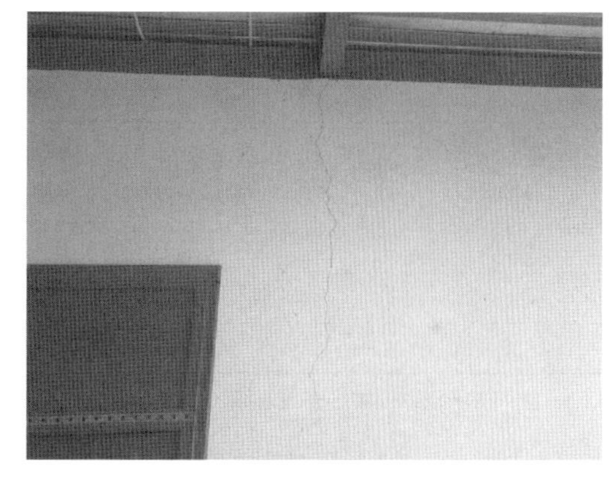

图 12-11　一层③/Ⓑ-⑭轴南侧
墙体竖向裂缝

图 12-12　一层西侧①/Ⓐ-⑭外墙
贯穿性竖向裂缝

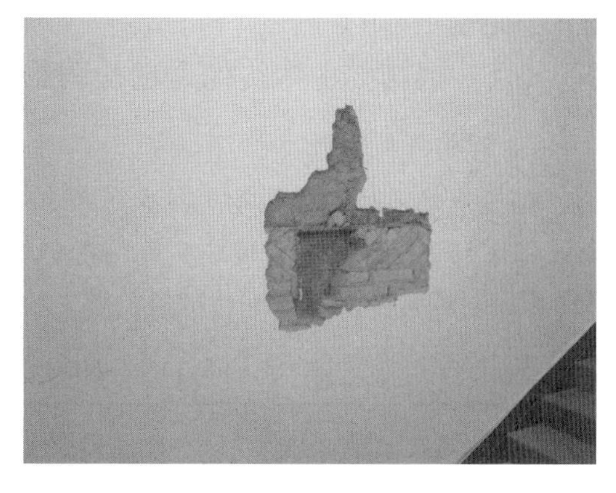

图 12-13　二层①/Ⓑ-⑭楼梯间钢梁
与墙体连接处水平裂缝

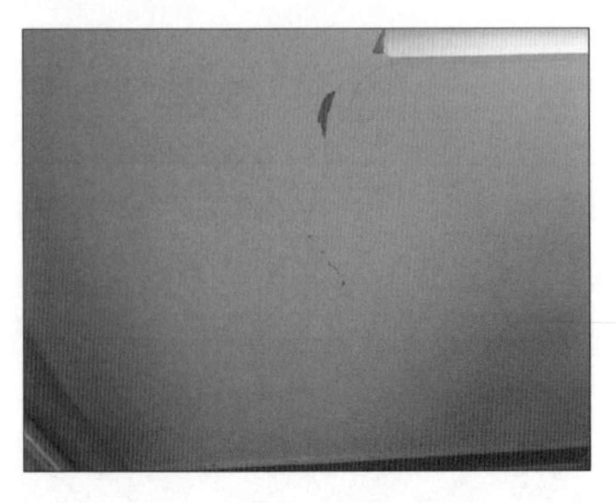

图 12-14 三层④-⑤/Ⓐ墙窗下左下角竖向裂缝

图 12-15 三层②-③/Ⓑ墙窗户左下方斜裂缝

通过现场裂缝检查发现，办公楼围护墙所产生的裂缝主要集中在门窗洞口边缘、围护墙内及围护墙与钢柱连接处，首层围护墙内裂缝最为严重，裂缝情况数量汇总见表 12-3。

表 12-3 裂缝情况数量汇总

	总条数	门窗洞口处裂缝	围护墙与钢柱连接处裂缝	围护墙内裂缝	水平裂缝	其他
一层	11	1	4	4（贯穿性）	1	1
二层	8	3	1	1	2	1
三层	10	4	4	2	—	—

注：由于该办公楼已完成装修，部分区域受现场条件限制无法检测。

现场多处框架柱与填充墙交接处产生竖向裂缝，且委托方提供的《办公楼结构施工图纸》（非正规设计图纸）未提及围护墙体构造布置情况，根据裂缝现象推断，现场填充墙和框架柱之间的构造措施设置，不符合《砌体结构设计规范》（GB 50003—2011）中 6.3 的要求。

（六）钢结构主体结构现场检测结果

1. 钢构件截面尺寸检测结果

依据《建筑结构检测技术标准》（GB/T 50344—2019）《钢结构现场检测技术标准》（GB/T 50621—2010）及现场实际情况，采用超声波测厚仪、钢卷尺对钢结构梁、柱（H 型钢）构件截面尺寸进行抽样检测，检测结果见表 12-4、表 12-5。

表 12-4 钢结构梁构件截面尺寸汇总

序号	构件名称及位置	实测尺寸/mm（高×宽×腹板×上翼缘｜下翼缘）
1	一层梁②-③/Ⓑ	298×150×—×—｜—
2	二层梁②-③/Ⓐ	299×150×5.7×—｜—

续表

序号	构件名称及位置	实测尺寸/mm （高×宽×腹板×上翼缘丨下翼缘）
3	二层梁①-②/Ⓐ	299×150×5.7×—丨6.5
4	首层梁②-③/ⓁⒶ	295×150×5.6×—丨6.4
5	二层梁②-③/⓶Ⓐ	295×—×5.6×6.5丨—
6	二层梁⑤-⑥/ⓁⒶ	—×—×5.5×—丨6.2
7	首层梁②/Ⓑ-ⓁⒶ	394×200×6.7×—丨9.5
8	首层梁③/Ⓑ-ⓁⒶ	392×200×6.9×—丨9.4
9	二层梁②/Ⓐ-ⓁⒶ	393×197×6.9×—丨9.3
10	二层梁⑥/Ⓑ-ⓁⒶ	393×—×6.8×9.1丨—

注“—”表示现场条件限制，无法检测

表 12-5　钢结构柱构件截面尺寸汇总

序号	构件名称及位置	实测尺寸/mm （高×宽×腹板×北（东）翼缘丨南（西）翼缘）
1	首层柱③/ⓁⒶ	345×250×8.1×11.8丨—
2	首层柱②/Ⓑ	—×—×8.2×—丨12.2
3	地上二层柱②/Ⓐ	—×—×8.1×12.3丨11.5
4	地上二层柱⑥/Ⓑ	—×—×7.9×11.6丨—

注：“—”表示现场条件限制，无法检测。

2. 钢材强度检测结果

因该建筑目前正在使用中，现场切割钢材进行抗拉强度试验会对该建筑造成局部损伤，综合考虑该建筑承载力的安全性，避免因司法鉴定引起该建筑新的安全隐患，故现场未进行钢材切割试验。

本次对该建筑钢材强度不作判定，报告中按 Q235 和 Q345 分别进行计算。若紫煜与安恒对钢材强度仍存有争议，后续应现场截取钢板进行抗拉强度试验，确定钢材强度。

四、复核计算

依据现行《建筑结构荷载规范》（GB 50009—2012）《钢结构设计标准》（GB 50017—2017）等规范，对该建筑的主要结构构件进行结构安全承载力验算。

计算软件：中国建筑科学研究院 PKPM；活荷载按结构实际使用功能取值（办公室活荷载按照 2.0 kN/m^2，屋面活荷载按照 0.5kN/m^2）；恒荷载按照实际调查取值；钢构件截面尺寸按现场实际测量取值，钢材强度按 Q235 和 Q345 分别取值验算。

由两种计算及鉴定结果可以看出，该建筑的结构安全性承载能力部分构件不满足相关规范要求。

五、房屋结构安全性鉴定

（一）钢结构构件安全性鉴定评级

钢结构构件的安全性鉴定，按承载能力、构造以及不适于继续承载的位移或变形等三个检查项目，分别评定每一受检构件的等级，并取其中最低一级作为该构件安全性等级。

该建筑结构各层构件的安全性评定汇总结果见表 12-6、表 12-7。

表 12-6　房屋结构构件、楼层结构承载力鉴定评级汇总（按 Q235 计算所得）

楼层	构件集	构件	检查构件总数	检查构件数量、级别和含量								结构评级		
				a_u	含量/%	b_u	含量/%	c_u	含量/%	d_u	含量/%	构件集评定		楼层评定
一层	主要构件	柱	18	—	—	—	—	—	—	18	100	d_u	d_u	d_u
		梁	27	20	74.1	1	3.7	—	—	6	22.2	d_u		
	一般构件	顶板	10	10	100	—	—	—	—	—	—	a_u	a_u	
		次梁	15	15	100	—	—	—	—	—	—	a_u		
二层	主要构件	柱	18	14	77.8	1	5.6	1	5.6	2	11.1	d_u	d_u	d_u
		梁	27	21	77.8	1	3.7	1	3.7	4	14.8	d_u		
	一般构件	顶板	10	10	100	—	—	—	—	—	—	a_u	a_u	
		次梁	15	15	100	—	—	—	—	—	—	a_u		
三层	主要构件	柱	18	18	100	—	—	—	—	—	—	a_u	d_u	d_u
		梁	12	8	66.7	—	—	—	—	4	33.3	d_u		
	一般构件	屋面板	5	5	100	—	—	—	—	—	—	a_u	a_u	
		檩条	—	—	—	—	—	—	—	—	—	—		

表 12-7　房屋结构构件、楼层结构承载力鉴定评级汇总（按 Q345 计算所得）

楼层	构件集	构件	检查构件总数	检查构件数量、级别和含量								结构评级		
				a_u	含量/%	b_u	含量/%	c_u	含量/%	d_u	含量/%	构件集评定		楼层评定
一层	主要构件	柱	18	—	—	—	—	—	—	18	100	d_u	d_u	d_u
		梁	27	26	96.3	—	—	—	—	1	3.7	c_u		
	一般构件	顶板	10	10	100	—	—	—	—	—	—	a_u	a_u	
		次梁	15	15	100	—	—	—	—	—	—	a_u		
二层	主要构件	柱	18	17	94.4	—	—	—	—	1	5.6	c_u	c_u	c_u
		梁	27	26	96.3	—	—	1	3.7	—	—	b_u		
	一般构件	顶板	10	10	100	—	—	—	—	—	—	a_u	a_u	
		次梁	15	15	100	—	—	—	—	—	—	a_u		
三层	主要构件	柱	18	18	100	—	—	—	—	—	—	a_u	d_u	d_u
		梁	12	8	66.7	—	—	—	—	4	33.3	d_u		
	一般构件	屋面板	5	5	100	—	—	—	—	—	—	a_u	a_u	
		檩条	—	—	—	—	—	—	—	—	—	—		

（二）子单元安全性鉴定评级

根据《民用建筑可靠性鉴定标准》（GB 50292—2015），民用建筑的第二层次鉴定评级，应按地基基础、上部承重结构和围护系统的承重部分划分为三个子单元。

1. 地基基础的安全性鉴定评级

根据现场检查检测结果，结构整体未出现明显倾斜现象，但上部围护结构墙体出现裂缝，结合建筑周边环境及建筑自身上部结构状况判断，该建筑物地基和基础满足承载力和稳定性要求。依据《民用建筑可靠性鉴定标准》（GB 50292—2015）第 7.2 关于地基基础的评级规定，评定地基基础安全性等级为 B_u级。

2. 上部承重结构的安全性鉴定评级

上部承重结构的安全性鉴定评级，应根据各种构件的承载功能等级、结构整体性等级以及结构侧向位移等级进行确定。上部承重结构的安全性鉴定评级见表 12-6、表 12-7。

（1）主要构件的安全性等级

根据结构构件的安全性评级，按层统计各类检查构件的数量和各类损伤构件与同类构件总数的百分比；根据各楼层检查结构构件安全性鉴定评级结果，结合损伤情况、数量和对相连构件的影响程度，依据《民用建筑可靠性鉴定标准》（GB 50292—2015）中 7.3.5 规定，主要构件各层的安全性等级评定见表 12-6、表 12-7。

（2）一般构件的安全性等级

上部承重结构中，一般构件为楼（屋）盖板、钢结构次梁等。依据《民用建筑可靠性鉴定标准》（GB 50292—2015）中 7.3.6 规定，根据现场对于钢结构构件的检查结果，评定部分楼层一般构件的安全性等级见表 12-6、表 12-7。

（3）结构整体牢固性等级

依据《民用建筑可靠性鉴定标准》（GB 50292—2015）中 7.3.9 规定，对钢结构上部承重结构整体性等级按结构布置及构造、支撑系统或其他抗侧力系统、结构、构件间的联系等三个项目进行评定，该建筑整体牢固性评定为 C_u级。

（4）上部承重结构侧向位移等级

经现场调查，建筑物未见明显倾斜，依据《民用建筑可靠性鉴定标准》（GB 50292—2015）中 7.3.10 规定，上部承重结构侧向位移安全性等级评定为 A_u 级。

（5）综合评定

依据《民用建筑可靠性鉴定标准》（GB 50292—2015）中 7.3.11 相关规定，各分项安全性评级结果见表 12-8。

表 12-8 上部承重结构安全性鉴定评级

楼层结构承载功能等级	结构整体牢固性等级	结构侧向位移等级
D_u	C_u	A_u

3. 围护结构安全性鉴定评级

目前该建筑一层至三层围护墙体出现多条裂缝。围护系统的结构承载功能的安全性等级，根据《民用建筑可靠性鉴定标准》（GB 50292—2015）中 7.3.6 相关规定，围护系统承载功能安全性等级评定结果为 D_u。

围护系统承重部分的结构整体性，根据《民用建筑可靠性鉴定标准》（GB 50292—2015）中 7.3.9 相关规定，围护系统承载部分的结构整体性评定结果为 D_u。

（三）鉴定单元安全性综合评级

依据《民用建筑可靠性鉴定标准》（GB 50292—2015）中规定，该建筑物的安全性评级结果见表 12-9、表 12-10。

表 12-9　安全性评级结果（按 Q235 计算所得）

<table>
<tr><th>鉴定项目</th><th colspan="6">子单元鉴定评级</th><th>鉴定单元鉴定评级</th></tr>
<tr><td rowspan="10">安全性鉴定</td><td rowspan="3">地基基础</td><td>地基变形评级</td><td colspan="3">B_u</td><td rowspan="3">B_u</td><td rowspan="10">D_{su}</td></tr>
<tr><td>边坡场地稳定性评级</td><td colspan="3">—</td></tr>
<tr><td>基础承载力评级</td><td colspan="3">—</td></tr>
<tr><td rowspan="5">上部承重结构</td><td rowspan="3">结构承载功能鉴定评级</td><td>一层</td><td>D_u</td><td rowspan="3">D_u</td><td rowspan="5">D_u</td></tr>
<tr><td>二层</td><td>D_u</td></tr>
<tr><td>三层</td><td>D_u</td></tr>
<tr><td>结构整体牢固性评级</td><td colspan="3">C_u</td></tr>
<tr><td>结构侧向位移评级</td><td colspan="3">A_u</td></tr>
<tr><td rowspan="2">围护系统</td><td>结构承载功能的安全性评级</td><td colspan="3">D_u</td><td rowspan="2">D_u</td></tr>
<tr><td>承重部分的结构整体性</td><td colspan="3">D_u</td></tr>
</table>

表 12-10　安全性评级结果（按 Q345 计算所得）

<table>
<tr><th>鉴定项目</th><th colspan="6">子单元鉴定评级</th><th>鉴定单元鉴定评级</th></tr>
<tr><td rowspan="10">安全性鉴定</td><td rowspan="3">地基基础</td><td>地基变形评级</td><td colspan="3">B_u</td><td rowspan="3">B_u</td><td rowspan="10">D_{su}</td></tr>
<tr><td>边坡场地稳定性评级</td><td colspan="3">—</td></tr>
<tr><td>基础承载力评级</td><td colspan="3">—</td></tr>
<tr><td rowspan="5">上部承重结构</td><td rowspan="3">结构承载功能鉴定评级</td><td>一层</td><td>D_u</td><td rowspan="3">D_u</td><td rowspan="5">D_u</td></tr>
<tr><td>二层</td><td>C_u</td></tr>
<tr><td>三层</td><td>D_u</td></tr>
<tr><td>结构整体牢固性评级</td><td colspan="3">C_u</td></tr>
<tr><td>结构侧向位移评级</td><td colspan="3">A_u</td></tr>
<tr><td rowspan="2">围护系统</td><td>结构承载功能的安全性评级</td><td colspan="3">D_u</td><td rowspan="2">D_u</td></tr>
<tr><td>承重部分的结构整体性</td><td colspan="3">D_u</td></tr>
</table>

通过对该办公楼进行安全性鉴定分析，按 Q235 和 Q345 分别进行计算，由计算结果可知，该办公楼安全性均严重不符合《民用建筑可靠性鉴定标准》（GB 50292—2015）对 A_{su}级的要求，严重影响整体承载，必须立即采取相应措施。

六、附近交通轨道振动影响测点复核

根据紫煜反映，办公楼存在不明原因的振动，经现场调查，办公楼东侧 280m 左右为正在使用的铁路轨道。

依据《建筑工程容许振动标准》（GB 50868—2013），对该办公楼顶层楼面和基础处分别测定振动速度峰值及对应的频率，基础处振动测点为测点 1，三层地板处测点为测点 2，测点 1 和测点 2 通道 X 为东西方向，通道 Y 为南北方向，通道 Z 为竖直方向，振动采样时间为 2020 年 10 月 15 日 22：00 至 2020 年 10 月 16 日 7：00，基础处测点 1 采样振动未触发，三层测点 2 共采集到 5 条有效振动波，检测结果见表 12-11。

表 12-11　采集振动波参数表

采样时间	通道号	通道名称	最大值/(cm/s)	最大值时刻/s	半波主频/Hz	量程/(cm/s)	灵敏度/[V/(m/s)]
2020—10—15 22：12 至 2020—10—15 22：13	1	CH1（X）	0.13	69.0260	4.13	37.72	26.51
	2	CH2（Y）	0.06	69.3930	4.13	37.43	26.72
	3	CH3（Z）	0.02	68.5100	4.24	38.49	25.98
2020—10—15 23：45 至 2020—10—15 23：46	1	CH1（X）	0.11	64.3675	4.13	37.72	26.51
	2	CH2（Y）	0.07	42.2060	4.44	37.43	26.72
	3	CH3（Z）	0.02	44.8420	4.74	38.49	25.98
2020—10—16 3：18 至 2020—10—16 3：20	1	CH1（X）	0.13	79.9435	4.22	37.72	26.51
	2	CH2（Y）	0.08	77.3165	4.46	37.43	26.72
	3	CH3（Z）	0.02	79.2975	4.59	38.49	25.98
2020—10—16 5：32 至 2020—10—16 5：33	1	CH1（X）	0.12	64.8465	4.17	37.72	26.51
	2	CH2（Y）	0.06	66.0480	4.31	37.43	26.72
	3	CH3（Z）	0.02	76.3500	5.68	38.49	25.98
2020—10—16 6：25 至 2020—10—16 6：26	1	CH1（X）	0.11	60.7010	4.17	37.72	26.51
	2	CH2（Y）	0.06	61.1820	4.26	37.43	26.72
	3	CH3（Z）	0.02	58.8305	4.78	38.49	25.98

依据《建筑工程容许振动标准》（GB 50868—2013）建筑顶层允许振动为 0.5cm/s，自建房屋取 70%（即 0.5cm/s×0.7=0.35cm/s），本次采样时间段内振动波速度最大值为 0.13cm/s，未超出《建筑工程容许振动标准》（GB 50868—2013）规范中的允许振动范围。

综上所述，附近交通振动的影响不是引起办公楼围护墙体产生裂缝的因素，但房屋长期受交通振动的影响，会加速房屋围护墙体裂缝的发展。

七、鉴定意见及处理建议

（一）鉴定意见

根据现场调查、检测及对工程资料的核查分析可知：

（1）高碑店紫煜铸造厂办公楼房屋出现墙体贯穿性裂缝的原因为该办公楼安全性处于 D_{su} 级（严重不符合《民用建筑可靠性鉴定标准》对 A_{su} 级的要求），且房屋构造措施不符合相应规范要求，导致办公楼围护墙体出现多处裂缝，且房屋长期受交通振动的影响，加速了房屋围护墙体裂缝的发展。

（2）房屋振动和异响的原因为该办公楼侧向（东西向）刚度不足，三层刚架未做东西向支撑，导致柱端在东西向约束不足，在建筑附近铁路经过重型火车时，房屋振动异响明显。

（3）房屋漏水的原因主要为围护墙体存在多处贯穿性裂缝。

（二）处理建议

对该建筑立即进行正规专业加固处理。

第六部分

安全评估

第十三章　安全评估鉴定

案例十三　某大厦安全评估鉴定

一、房屋概况

某大厦位于北京市朝阳区建国门外大街，建于2002年，为框架剪力墙结构，地下四层，地上三十一层，建筑高度约为140.5m，总建筑面积为150343.33m²，此次评估面积为150343.33m²。

此房屋按照正规设计文件、施工程序建造，有施工图纸。建设单位为北京乐喜金星大厦发展有限公司，勘察单位为北京市勘察设计研究院，设计单位为创造建筑士事务所，施工单位为中建一局建设发展公司，监理单位为北京五环建设监理公司，现产权单位为新汇（北京）房地产开发有限公司。

（1）地基：以粉质黏土为持力层，承载力标准值为260kPa。

（2）基础：筏板基础。

（3）构件：基础及基础墙的混凝土设计强度等级为C40，地下四层至地上五层楼板的混凝土计强度等级为C30，地下四层至地上五层梁的混凝土计强度等级为C35，地下四层至地上六层塔楼核心墙的混凝土设计强度等级为C60，地上七层至地上二十层塔楼核心墙的混凝土设计强度等级为C50，地上二十一层至地上三十一层塔楼核心墙的混凝土设计强度等级为C40。

（4）楼盖：楼盖为现浇钢筋混凝土梁板结构。

（5）屋盖：屋盖为现浇钢筋混凝土梁板结构。

以上数据为资料核查与现场检查结果。

该建筑建成于2004年，截至2020年底已使用16年，根据《北京市房屋建筑安全评估与鉴定管理办法》，学校、幼儿园、医院、体育场馆、商场、图书馆、公共娱乐场所、宾馆、饭店以及客运车站候车厅、机场候机厅等人员密集的公共建筑，应当每五年进行一次安全评估；现受北京仲量联行物业管理服务有限公司第一分公司的委托，对某大厦房屋结构、设备安全及幕墙结构进行安全评估服务。

本次评估为该房屋建筑的第一次安全评估。鉴于本工程图纸资料基本齐全，根据《房屋建筑安全评估技术规程》（DB11/T 882—2012）中3.1.3相关要求，本工程属Ⅰ类建筑。房屋外观实景见图13-1。

二、评估范围和内容

本工程委托方提供有效设计资料，房屋建筑状况良好，为Ⅰ类建筑，评估范围和内容如下。

图 13-1　某大厦外观实景

（1）现场调查和有关资料调查。

①了解房屋建筑的基本情况和房屋建筑相关建设及维修责任单位主体，收集并核查建筑的房屋权属证明、日常检查资料、施工和竣工验收的相关原始资料。

②调查房屋建筑的结构现状、环境条件、使用期间的加固与维修情况、用途与荷载等变更情况。

（2）地基基础。

根据建筑物周边散水及地面是否存在开裂下沉，以及基础不均匀沉降在上部结构中的反应，包括构件的裂缝、结构的倾斜等现象，对建筑物地基基础进行安全评估。

（3）建筑结构。

①资料核查。

②房屋建筑混凝土构件外观质量检查。

③房屋建筑及主要受力构件变形及损伤检查。

④房屋建筑外观宏观检查。

（4）建筑构件与部件。

①资料核查。

②空调外支架现场检查，包括与房屋建筑结构连接部位的松动、钢构件的锈蚀情况。

（5）建筑装饰装修。

①资料核查。

②现场状况检查，包括建筑的内部抹灰、楼地面，以及房屋建筑外墙保温、门窗等现状损伤检查。

（6）建筑防雷系统。

①资料核查。

②现状检查。

接闪器状况检查：接闪器与建筑物顶部外露的其他金属物是否可靠连接；接闪器是否存在腐蚀及机械损伤情况；接闪器是否固定牢靠；钢制支持件是否存在锈蚀情况。

引下线状况检查：引下线敷设形式；明敷引下线是否存在损伤、锈蚀情况；明敷引下线固定用支持件是否牢固；钢制支持件是否存在锈蚀情况。

（7）建筑防火系统。

①资料核查。

②现状检查。

房屋建筑使用功能检查：防火防烟分区；安全疏散；电气防火、消防给水系统、防排烟系统、固定灭火系统及火灾自动报警系统等。

（8）建筑设备及系统。

①资料核查。

②现场状况检查，包括房屋建筑配套燃气、供电、给排水、采暖、空调系统的公共部分以及公共照明设施设备的检查。

（9）建筑特种设备及系统。

①资料核查。

②现场状况检查，包括建筑电梯、自动扶梯和自动人行道、锅炉、压力容器等特种设备的检查。

三、安全评估的依据和设备

（一）安全评估依据

（1）《房屋建筑安全评估技术规程》（DB 11/T 882—2012）。

（2）《建筑结构检测技术标准》（GB/T 50344—2019）。

（二）评估设备

（1）照相机。

（2）盒尺。

（3）激光测距仪。

四、分项现场检查结果

（一）资料调查

委托方提供了房屋权属证明、建筑竣工图纸、建筑施工图纸、分部工程质量验收记录表、人防系统设备单机试运转记录、二次供水许可证等资料。

经现场检查，本工程作为商场、办公楼正在使用，建筑周围环境正常，无侵蚀性液体或气体的影响，未进行过抗震加固，使用荷载未发生明显变化。

根据委托单位介绍以及现场图纸与结构布置现状对比，确认该工程主体结构未进行过改造。

（二）地基基础

1. 资料核查

委托方提供了地下基础分部工程质量验收记录表和地基基础日常检查记录表等资料。

2. 现状检查

经现场检查，该建筑外墙、楼梯间墙体、框架柱未发现存在由于基础不均匀沉降而引起的上部墙体和框架柱倾斜、开裂等危及结构安全的现象。

经现场检查，未发现该建筑周围地面存在明显下沉的现象，未发现地面存在开裂、破损现象。

（三）建筑结构

1. 资料核查

委托方提供了结构施工图纸、预拌混凝土出厂合格证、半成品钢筋出厂合格证、混凝土抗压强度试验报告、钢筋保护层厚度试验记录、主体结构分部工程质量验收记录表和建筑结构日常检查记录表等资料。

2. 现状检查

该商场、办公楼目前处于开业状态，建筑内部大部分结构或构件均采用了装饰装修工程进行处理，造成主体结构和主要承重构件不能全部看到，因此现场对地上部分及地下一层建筑结构根据其外部装饰装修表观质量进行安全检查，对建筑地下二层、地下三层及地下四层建筑结构根据其实际表观质量进行安全检查。

（1）裂缝情况

经现场检查，该建筑墙、梁、柱等构件未发现评估范围内的承重构件存在受力裂缝，未发现混凝土楼板存在受力开裂的现象。

（2）混凝土构件外观质量

经现场检查，该建筑混凝土构件外观质量未发现评估范围内的混凝土表面出现蜂窝、孔洞、夹渣、露筋、疏松区等外观质量缺陷。

（3）建筑物及主要受力构件的变形及损伤

经现场检查，该建筑未发现明显变形现象；宏观检查承重构件，未发现该建筑评估范围内的混凝土构件存在明显变形，未发现现浇混凝土楼板存在明显变形。

经现场检查，该建筑未发现存在环境损坏、灾害损伤及人为损伤等现象。

（4）建筑物宏观检查

经现场检查，该建筑承重构件的外观质量未发现存在裂缝、空鼓、风化等现象。

（四）建筑构件与部件

1. 资料核查

委托方提供了建筑构件与部件日常检查记录表。

2. 现状检查

经现场检查，该建筑评估范围内非承重墙体、女儿墙未发现存在开裂、风化、脱落等现象。防护栏杆高度满足规范要求，整体外观良好且与结构构件连接可靠，表面未见拼接变形、损伤等缺陷，金属构件表面防腐措施良好，未见锈蚀现象。附属广告牌整体外观良好且与建筑结构构件之间连接可靠，广告牌构件之间的金属连接部分外观良好、连接牢固、未见锈蚀现象。建筑雨棚与房屋建筑结构连接处未发现存在开裂现象。

（五）建筑装饰装修

1. 资料核查

委托方提供了建筑幕墙工程竣工图纸、建筑幕墙板产品合格证、装饰装修隐蔽工程验收记录、装饰装修材料产品检验报告和建筑装饰装修日常检查记录表等资料。

2. 现状检查

经现场检查，该建筑公共部分构件抹灰发现存在局部破损；宏观检查该建筑内部地面，发现个别部位存在开裂破损现象。

经现场检查，该建筑公共部分的楼梯间，未发现外门框存在松动现象。

经现场检查，该建筑外幕墙未发现渗漏及脱落的现象。

经现场检查，发现并总结问题包括：地下四层 E52 车位附近墙体抹灰局部破损；地下三层 E49-E50 车位附近墙体底部地坪材料局部破损；地下三层 W21 车位附近地坪局部破损；地下二层 3 号消防管井附近地坪局部破损；东塔三层消防电梯前室附近防火门旁抹灰开裂；西塔 25 层弱电室附近吊顶板移位、开洞。

（六）建筑防雷系统

1. 资料核查

委托方提供了建筑防雷装置定期检测报告（2020 年检测，报告结论显示符合要求）和建筑防雷系统日常检查记录表等资料。

2. 现状检查

经现场检查，该建筑所有突出屋面的金属物与避雷带可靠连接；接闪器未发现存在严重腐蚀情况及机械损伤且固定牢靠；未发现避雷设施的支持件存在松动、脱落及脱离移位情况；该建筑采用非专设引下线，屋顶非专设引下线等电位连接正常。

（七）建筑防火系统

1. 资料核查

委托方提供了建筑消防工程施工图、建筑气体灭火系统隐蔽工程检查记录、建筑消防设施定期检测报告（2020 年检测，报告结论显示符合要求）、建筑电气防火定期检测报告（2020 年检测，报告结论显示符合要求）、消火栓箱定期检查记录、灭火器定期检查记录和每日防火巡查记录等资料。

2. 现状检查

经现场检查，该建筑防火防烟分区、安全疏散、电气防火、消防给水系统、防排烟系统、固定灭火系统及火灾自动报警系统等基本正常。现场检查发现建筑内部各楼层吊顶安装的消防喷淋设备和烟雾感应设备设置合理、外观良好；建筑各楼层均合理安装了消火栓箱和消防报警装置，消火栓箱有定期检查记录；建筑安全通道内安装的安全出口指示标识设置合理、外观良好。

（八）建筑设备及系统

1. 资料核查

委托方提供了建筑给排水工程施工图纸、建筑电气工程施工图纸、建筑暖通空调系统工程施工图、给排水工程用材料检验报告、换热机组产品质量合格证、建筑暖通空调系统工程运转记录、弱电竖井巡查记录、强电竖井巡视记录、热力站生活热水运行记录表、配电室日常交接检查记录、水箱间巡视记录表等资料。

2. 现状检查

经现场检查，该建筑配套的燃气、供电、供热、给排水、公共空调系统的公共部分运行正常，公共照明设施设备未发现存在老化、锈蚀、腐蚀现象，照明系统基本完好。

（九）建筑特种设备及系统

1. 资料核查

委托方提供了建筑电梯出厂合格证、建筑电梯限速器动作速度校验记录、建筑电梯特种设备登记卡、建筑电梯定期检验报告、电梯特种设备型式试验合格证、电梯特种设备使用标志和特种设备电梯日常检查记录表等资料。

2. 现状检查

经现场检查，该建筑电梯内照明系统完好；层门紧锁、自动关闭层门装置完好；金属表面无明显老化、锈蚀和严重磨损现象；运行试验能可靠制停，平层无明显振动和异响。

经现场检查，该建筑自动扶梯梳齿板流齿或踏板面齿完好；扶手带入口处手指和手的保护装置完好有效；扶手带无明显老化，金属表面无明显锈蚀和严重磨损；运行试验无明显振动和异常声响。

五、安全评估结论

（一）地基基础

经现场检查，该建筑外墙、楼梯间墙体、框架柱未发现存在由于基础不均匀沉降而引起的上部墙体和框架柱倾斜、开裂等危及结构安全的现象。经现场检查，未发现该建筑周围地面存在明显下沉的现象，未发现地面存在开裂、破损现象。

该建筑地基基础可评为满足要求。

（二）建筑结构

经现场检查，该建筑墙、梁、柱等构件未发现评估范围内的承重构件存在受力裂缝，未发现混凝土楼板存在受力开裂的现象。经现场检查，该建筑混凝土构件未发现评估范围内的混凝土表面出现蜂窝、孔洞、夹渣、露筋、疏松区等外观质量缺陷。经现场检查，该建筑未发现明显变形现象。宏观检查承重构件，未发现该建筑评估范围内的混凝土构件存在明显变形，未发现现浇混凝土楼板存在明显变形。经现场检查，该建筑未发现存在环境损坏、灾害损伤及人为损伤等现象。经现场检查，该建筑承重构件的外观质量未发现存在裂缝、空鼓、风化等现象。该建筑结构可评为未发现存在结构安全与使用安全隐患的房屋建筑。

（三）建筑构件与部件

经现场检查，该建筑评估范围内非承重墙体、女儿墙未发现存在开裂、风化、脱落等现象。防护栏杆高度满足规范要求，整体外观良好且与结构构件连接可靠，表面未见拼接变形、损伤等缺陷，金属构件表面防腐措施良好，未见锈蚀现象。附属广告牌整体外观良好且与建筑结构构件之间连接可靠，广告牌构件之间的金属连接部分外观良好、连接牢固、未见锈蚀现象。该建筑构件与部件可评为建筑构件未发现存在使用安全的隐患。

（四）建筑装饰装修

经现场检查，该建筑公共部分构件抹灰存在局部破损现象；宏观检查该建筑内部地面，发现个别部位存在开裂破损现象；该建筑公共部分的楼梯间，未发现外门框存在松动现象；该建筑外幕墙未发现渗漏及脱落的现象。

经现场检查，发现并总结问题如下：地下四层E52车位附近墙体抹灰局部破损；地下三层E49-E50车位附近墙体底部地坪材料局部破损；地下三层W21车位附近地坪局部破损；地下二层3号消防管井附近地坪局部破损；东塔三层消防电梯前室附近防火门旁抹灰开裂；西塔二十五层弱电室附近吊顶板移位、开洞。该建筑装饰装修可评为局部存在使用安全隐患，应进行修缮处理。

（五）建筑防雷系统

经现场检查，该建筑所有突出屋面的金属物与避雷带可靠连接；接闪器未发现存在严重腐蚀情况及机械损伤且固定牢靠；未发现避雷设施的支持件存在松动、脱落及脱离移位情况；该建筑采用非专设引下线，屋顶非专设引下线等电位连接正常。该建筑防雷系统可评为未发现存在影响安全运行隐患的防雷设备。

（六）建筑防火系统

经现场检查，该建筑防火防烟分区、安全疏散、电气防火、消防给水系统、防排烟系统、固定灭火系统及火灾自动报警系统等基本正常。现场检查发现建筑内部各楼层吊顶安装的消防喷淋设备和烟雾感应设备设置合理、外观良好；建筑各楼层均合理安装了消火栓箱和消防报警装置，消火栓箱有定期检查记录；建筑安全通道内安装的安全出口指示标识设置合理、外观良好。该建筑防火系统可评为未发现影响安全运行的隐患和故障。

（七）建筑设备及系统

经现场检查，该建筑配套的燃气、供电、给排水、公共空调系统的公共部分运行正常，公共照明设施设备未发现存在老化、锈蚀、腐蚀现象，照明系统基本完好。该建筑设备及系统可评为未发现影响安全运行的隐患和故障。

（八）建筑特种设备及系统

经现场检查，该建筑特种设备系统的公共部分，电梯内照明系统完好；层门紧锁、自动关闭层门装置完好；金属表面无明显老化、锈蚀和严重磨损；运行试验能可靠制停，平层无明显振动和异响现象。

经现场检查，该建筑自动扶梯梳齿板流齿或踏板面齿完好；扶手带入口处手指和手的保护装置完好有效；扶手带无明显老化，金属表面无明显锈蚀和严重磨损；运行试验无明显振动和异常声响。该建筑特种设备及系统可评为未发现影响安全运行的隐患和故障。

六、处理建议

该房屋建筑在使用过程中应定期进行检查，对发现的问题及时采取必要措施，合理地进行修缮处理。